국가 첨단 산업 지정

클라우드,
클라우드 네이티브
"Cloud vs. Cloud Native"
"클라우드 우선 정책(Cloud First Policy)"

추천 : 오 명(전)부총리
감수 : (사)국제개발컨설팅협회

저자 : 최 성 교수

(주)광문각출판미디어
www.kwangmoonkag.co.kr

세계는 정보화 사회를 넘어 지식지능화 시대로 접어들고 있다. 세계 국가들은 디지털부를 설립하여 "Cloud First"를 법제화하여 정보 생산성과 대 국민서비스를 강화하고 있다. 대한민국은 OECD 디지털 정부 지수에서 세계 최고 수준의 국가로 평가받고 있다. 공공행정 분야 혁신을 위해 1위 국가인 대한민국과도 적극 협력하길 희망한다고 한다. 그래서 디지털전환 모델을 배우고자 공무원이 방문하고 있다고 한다. 또한, 많은 한류를 따라온 관광객들도 귀국 후 한국형 IT서비스 모델(K-Digital Service)의 편리성을 민원으로 요청한다고 한다.

키르키즈스탄을 비롯한 서아시아 국가들은 디지털전환(Digital Transformation)을 중점 사업으로 디지털부에서 G-Cloud를 구축하여, 지식 지능정보화로 국가 생산성을 높이기 위한 도전을 하고 있다. 이를 위하여 한국의 도움을 정식으로 요청하고 있다고 하니 고무적인 일이다. 그동안 대한민국의 디지털변환(DX)이 정보화를 통한 국가 전반에 걸친 생산성을 극대화시켜 왔다. 혁신국가는 지능정보 강국이 되어 혁신을 통하여 창의적인 일자리가 IT산업에서 출현한다.

세계는 독불장군으로 살아갈 수 없다. 서로 협력하고 도움이 되는 관계를 만들어 가야 한다. 문제 해결은 협력을 통해서 가능하다. 세계인 모두 잘 살아가려면 국가 관계가 서로 이익이 될 수 있는 순조로운 협조가 이루어져야 한다. 국가 클라우드 시스템 개발(G-Cloud)이 순조롭게 이루어져 "가상화"를 통한 "공유경제"가 국가 생산성 극대화로 끌어가는 구체적인 해결방안을 제시하고 있다.

국민들이 원하는 문제에 대해 직간접적으로 필요한 문제에 관심을 가지고 협력하여 개발도상국가가 보다 나은 방향으로 살아갈 수 있는 정보화의 지식환경을 만드는데 지혜를 모으는 것이 필요하다.

국민들이 보다 나은 삶의 조건을 만드는 정보화 국가에 대한 경험적 내용을 다양하게 도움을 전하는 것이 파트너십이다. 앞으로 국민들이 정보화 개발에 의한 국가 생산성을 높이는 것은 당연한 것이다. 국민들을 위하여 보다 나은 삶의 질을 높이기 위한 국가 정보화 개발이 가장 우선적이어야 한다. 문제해결을 위한 의논과 타협, 공동의 이익 등을 고려하는 파트너십을 가져야 한다.

최 성 교수의 《클라우드, 클라우드 네이티브》 저서를 통하여 국가 정보화로서 "디지털화"의 구체적인 문제 해결 방향을 찾기를 바라며, 국가 생산성을 올리기 위한 정보화, 지능화를 위한 디지털 전환을 위한 지식과 지혜를 얻기 바란다.

오 명/前 부총리 겸 과학기술부 장관

본 저서는 국가 첨단산업으로 지정된 "대한민국 클라우드 기반 산업"을 2024년 4월 중순 일주일간 서아시아 키르키즈스탄 디지털기술부 차관과 대통령실 책임자 외 국가IT부문 최고위층 10분께서 "국가 클라우드 전략"을 배우기 위해 방문하였다. 이 분들에게 "Cloud vs Cloud Native(클라우드 발전법)" 중심의 강의 자료를 정리한 것이다. 키르키스탄을 비롯한 서아시아 국가들은 디지털 기술의 핵심 그릇인 "클라우드"로 "대국민 서비스를 위하여 국가 디지털 전환을 통한 생산성 향상 실행 방안"으로 도입을 배우려고 노력하는 국가들이다.

클라우드의 기술 철학은 "공유"와 "접촉"으로서, "가상화"기술로 생성시키는 것이다. IT기술을 논리적으로 잘라서 정보의 생산성을 극대화 시키는 것이다.

전 세계 모든 국가들이 디지털전환을 국정목표로 클라우드(Cloud Computing) 시스템을 추진하고 있다. 차세대 인터넷 비즈니스의 코어 서비스인 클라우드 컴퓨팅과 네이티브의 주요 이슈에 대하여 대안을 모색하고 국내외 인프라, 플랫폼 등의 실제 구축서비스 사례에 대하여 지속적인 발전을 조성하고자 발간한다.

클라우드는 4차산업 혁명의 기반 기술이며, 이 컴퓨팅 위에 빅데이터를 쌓고 인공지능을 개발하여 대국민 서비스를 구축하는 것이다. 정보화로 국가 생산성을 위한 기반기술이 클라우드 컴퓨팅이다. 클라우드(cloud)서비스 조직인 전산실 자체서버(on-premise)사용의 장단점을 비교해 보면 서버 HW구매/관리의 초기 투자비용 저렴하게 든다. 그리고 수요에 따라 리소스를 자유롭게 scale up/down이 가능하며, 다양한 구성의 HW를 선택 가능하고, 높은 서비스 안정성과 보안서비스가 가능하다. 그러므로 대 국민 서비스를 위하고 국가 전체의 정보 생산성 향상을 위해서 클라우드 컴퓨팅은 반드시 필요로 한다.

클라우드 컴퓨팅은 범용적으로 재사용될 수 있는 전산 자원이나 소프트웨어를 인터넷을 통하여 서비스 형태로 제공하고, 이를 구독하여 사용하는 새로운 컴퓨팅 방식이다. 서비스 사용자에게는 구매, 설치, 운영, 유지보수를 적은 비용과 노력으로, 원하는 자원이나 소프트웨어를 저비용으로 확보 사용할 수 있는 등 여러 장점이 있다. 서비스 제공자에게는 다수 사용자들이 필요로 하는 기능을 클라우드서비스로 개발하여 운영하고 사용자 데이터를 관리해 주며, 사용된 만큼의 비용을 청구하는 인터넷 기반의 사업 모델이다.

모든 국가와 기업은 정보기술(IT)인프라의 과부하에 몸살을 앓고 있다. 각 국가별 기관과 기업은 급속히 늘어나는 천문학적인 컴퓨터와 네트워크 설비 등 장비로 개별 기업들의 컴퓨팅 데이터 센터는 이미 포화 상태이다. 매일 쏟아지는 엄청난 양의 데이터와 복잡한 IT기술들을 제대로 관리하기 힘들어 인프라 기능은 제대로 발휘하지 못하고 있다. 문제를 극복하려면 IT인프라에 관한 새로운 혁신 전략이 필요하다.

문제 해결의 실마리를 보여주는 것이 '클라우드 컴퓨팅(Cloud Computing)'기술이다. 인터넷이나 인트라넷 등 네트워크에 접속해 가상공간의 서버에서 데이터를 처리·저장하고 사용자 응용 프로그램을 사용하는 일을 의미한다. 기업은 전산실 시스템에 보관하지 않고 클라우드 데이터 센터(CDC)에 데이터나 애플리케이션을 원격으로 접속하여 정보를 처리한다. 공동으로 사용하기 때문에 "공유경제"가 등장하게 되는 것으로 4차산업 혁명의 기반을 의미하는 "디지털 혁명"이다.

클라우드 컴퓨팅(cloud computing)은 인터넷 기반(클라우드)의 컴퓨팅 기술을 의미한다. 컴퓨터 네트워크 구성도에서 인터넷을 구름으로 표현하고, 그 속에 복잡한 인프라 구조가 숨겨져 있다고 할 때, IT관련 기능들이 서비스 형태로 제공되는 컴퓨팅 스타일이다. 사용자들은 지원하는 기술 인프라스트럭처에 대한 전문 지식이 없어도, 제어할 줄 몰라도 인터넷 서비스를 이용할 수 있다. IEEE에서는 "정보가 인터넷 상의 서버에 영구적으로 저장되고 데스크탑이나 테이블 컴퓨터, 랩탑, 벽걸이 컴퓨터, 휴대용 기기 등과 같은 클라이언트에는 일시적으로 보관되는 패러다임이다."라고 한다. 이에 대하여 대표 상용 클라우드 서비스에 대한 사례 분석을 통하여, 클라우드 컴퓨팅의 사업화에 대한 구체적인 전략과 시각을 갖도록 하였다.

이 책은 4부로 구성이 되어 있다. 1부는 클라우드 컴퓨팅 서비스 개념, 2부는 클라우드 컴퓨팅 기술, 3부는 클라우드 네이티브, 4부는 컴퓨팅 정책 관리에 대하여 학습하도록 하였다.

클라우드에 대한 간략한 이해에 관심이 있는 분들은 1, 3부 위주로, 클라우드 컴퓨팅 전문 기술 전문적 연구에 관심을 가진 독자들은 1 ~ 3부 위주로, 클라우드 분야의 전문 직업을 원하는 독자들은 1 ~ 4부를 모두 보시기 바란다.

본 저서는 현업에서도 교재로 사용 할 수 있도록 체계적으로 되어 있다. 앞으로 서아시아 지역(키르키즈스탄, 우즈베키스탄 등 스탄 국가)의 국가 공용어인 러시아어로 번역하여 "클라우드 기반의 디지털 국가 생산성"을 돕도록 하겠다.

2024. 9. 30.

저자 최 성

목차 ━━━━━━━━━━━━━━━

제2부 클라우드 컴퓨팅 시스템 기술

제4장 클라우드 자원 제어와 모바일 기술

제1부

4차 산업혁명 기반인 클라우드 컴퓨팅

제1장

4차 산업혁명과
클라우드 데이터센터(CDC) 구축

학습 목표

클라우드는 인터넷을 통하여 컴퓨팅, 스토리지, 네트워킹 등의 인프라를 제공하는 산업이다. 클라우드를 육성하기 위해서는 안정적이고 고성능의 데이터센터(CDC) 구축이 필수적이다. 데이터센터는 데이터를 저장하고 처리하는 시설이며, 클라우드 산업에서는 서비스 제공 업체(CSP)의 인프라 역할을 하며, 데이터센터에서 제공되는 컴퓨팅, 스토리지, 네트워킹 등의 자원을 이용하여 서비스를 제공한다.

안정적인 고성능 데이터센터를 구축하여 클라우드 서비스의 속도와 성능 향상으로 디지털 서비스 산업을 활성화시킨다. 데이터센터가 구축되면 클라우드 서비스 제공 업체들은 디지털 비즈니스 사업에 진출하고 벤처기업이 활성화되는 환경이 조성된다.

정부도 클라우드 산업 육성을 위해 데이터센터 구축을 적극 지원하고 있다. 2022년 기준 국내는 120여 개의 인터넷 데이터센터(IDC)가 운영되고 있으며, 정부는 2027년까지 200여 데이터센터(CDC)를 추가로 구축할 계획이다. 참고로 현재 전 세계에서 2만여 데이터센터가 운영되고 있다.

클라우드 산업 기반으로 한 4차 산업혁명의 핵심인 인공지능(AI)이 개발되고 있다. 해외 AI/클라우드 전문 빅테크 기업과 국내 IT 대기업도 클라우드 산업을 선도하기 위해 안정적이고 고성능 데이터센터 구축에 고심하고 있다. 클라우드 컴퓨팅 기반 위에 4차 산업혁명의 핵심인 빅데이터, AI, 사물인터넷(IoT), 메타버스 등과 함께 현실(offline)과 가상세계(online)의 기술 융합(O2O: Online2Offline)을 진행해야 한다.

제1장 목차

(웹사이트) 4차산업혁명위원회 https://www.4th-ir.go.kr/

제1절
4차 산업혁명 등장

1. 4차 산업혁명으로 전환

세상은 '석유'의 시대가 끝나고 '인공지능' 시대로 대전환하고 있다. 인간이 만든 디지털 데이터가 무한히 팽창하는 '빅데이터' 자원의 시대로 진입하고 있다. 데이터의 연간 생산량은 미 의회도서관 장서에 해당하는 분량으로 증가하고 있다.

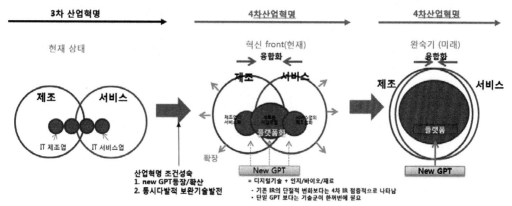

[그림 1-1] 4차 산업혁명의 변화

[출처: '4차 산업혁명이 제조업에 미치는 영향', 산업연구원(2017)]

주요 선진국에서는 인터넷을 넘어 클라우드 기반의 비즈니스 모델로 전환하고 있으며, 획기적인 산업의 변화가 오고 있다. 여기에 공공 서비스도 다양한 클라우드 기반을 활용한 대국민 서비스가 활성화되고 있다.

2. 4차 산업혁명 정의

2010년대 중반 이후 4차 산업은 제3차 산업을 주도한 ICT(정보통신기술: Information Communication Technology) 기술을 기반으로 물리·생물학 분야 기술과 상호 융합하면서 사회·경제에 혁명적 변화를 불러오고 있다. 핵심 기술과 신산업 분야는 기존 제조업과 서비스업의 구조와 범위에 영향을 미치며 변혁을 이루고 있다.

2016년 다보스 포럼에서 클라우스 슈밥은 "4차 산업혁명의 특징으로 속도(velocity), 범위와 깊이(breath & depth), 시스템적 충격(system impact) 측면에서 종전 산업혁명과는 확연히 구분되며, 근본적으로 그 궤를 달리한다."라고 하였다.

4차 산업혁명은 ICBM(인터넷, 클라우드, 빅데이터, 모바일)과 블록체인, 사물인터넷, 인공지능 등의 정보 처리 기술이 만들어 낸 초연결 기반 지능화 혁명이다.[1]

[그림 1-2] 4차 산업혁명 기반 기술(출처: NIA)

각 국가의 '국가 기본 정책'에서 '클라우드 기반 인공지능·빅데이터·네트워크의 디지털 기술로 촉발되는 초연결 기반 지능화 혁명'이라고 정의하고 있다. 그리고 "초연결·초지능·초실감 ICT 기술과 다양한 과학기술 융합에 기반한 차세대 산업혁명"으로 정의한다.

[표 1-1] 4차 산업혁명 핵심 키워드

핵심 키워드	'융합'과 '연결'
초연결성	- 사람과 사물, 사물과 사물이 인터넷을 통해 연결
초지능성	- 정보 데이터를 분석하여 패턴을 파악
예측 가능성	- 분석 결과를 토대로 인간의 행동을 예측

---

1) 4차 산업혁명은 이전의 산업혁명과는 다르게 전략적 지향점이 사전에 제시되고 있다는 점에서 정의나 개념이 다소 모호하며 현재 진행 중이다.

4차 산업혁명은 1~3차 산업혁명 기술과는 달리 특정 시점에 출현했다 사라지는 것이 아니라 범용 기술(general purpose technology)화되어서 지속해서 영향력을 발휘하게 된다. 다양한 분야의 기술 혁신을 유발하여 기존 생산 양식을 변화시키며, 새로운 기술을 이용하는 보완적 발명과 혁신이 장기간에 걸쳐 연쇄적으로 나타나게 된다.

[표 1-2] 4차 산업 주도 기술의 변화

기술	변화 내용
주도 기술	- 1~3차 산업혁명은 핵심 범용 기술 출현과 함께 시작되어 당시 산업 구조 혁신적 변화를 가져옴 - 1차 산업은 증기기관, 2차 산업은 전기 기술, 3차 산업은 ICT 기술이 혁신 성장을 주도한 것으로 평가
핵심 주도 유력 후보 기술	- 지능 정보 기술은 AI, IoT, 클라우드, 빅데이터, 모바일 등 데이터 활용 기술과 융합하여 기계에 인간의 인지·학습·추론 능력을 구현하는 기술을 지칭
기술 특징	- 물리적(physical), 디지털(digital), 생물학(biological)이 융합되면서 산업과 경제뿐만 아니라 사회생활 전반에 걸쳐 혁명적 변화
초연결, 지능화, 구조 변화 관계	- 디지털 데이터 경제의 도래와 전환의 가속화로 초연결·지능화·플랫폼화가 병행, 상호 상승 작용을 일으키면서 산업, 경제, 사회의 구조 변화 초래

4차 산업혁명을 구체적으로 표현하면 데이터 수집, 전송, 저장, 분석 및 처리와 관련되는 '디지털 데이터 경제 시대 도래'이다. 디지털 기술의 선도로 물리 및 생물 기술과 결합하여 경제와 사회 전반의 변화를 가속화하는 '디지털 전환(Digital Transformation)'이 전개되고 있다.

[표 1-3] 4차 산업혁명 유형별 분류 정의

종류(혁명)	유형별 정의
현실 세계 전반을 네트워크화·자동화하는 초연결 혁명	- 지금까지 경직된 자동화와 달리 각종 사물이 인터넷으로 연결되어 이용자 요구와 상황 변화에 유연하게 대응하는 자동화를 실현 - 스마트 공장·스마트팜 등의 생산 시설보다 스마트시티, 스마트홈, 무인자동차 등 생활 공간이 초연결 혁명을 주도 - Gartner에 의하면 2020년 기준 IoT의 64%가 소비 부문에서 발생
사물과 서비스에 지능을 입히는 초지능화 혁명	- 인공지능과 융합하여 자동차, 인터넷 등 각종 사물과 서비스가 스스로 의사 결정하고 행동할 수 있는 능력 보유 - 인공지능이 제품과 서비스의 가치를 결정하는 최대 변수로 등장

산업의 영역 간 경계를 뛰어넘는 초플랫폼 혁명	- 스마트시티, 스마트홈, 전기자동차처럼 공통의 플랫폼을 발전시켜 다양한 영역의 서비스가 자유로이 융·복합할 수 있는 새로운 환경 조성 - 독일 Industry 4.0이 대표적 사례로 산업, 기업, 제품 간의 경계를 넘는 개방적이고 유연한 생산 체계 지향
사회 구조를 뒤바꾸는 초지능사회 혁명	- 생산·산업·노동 구조가 바뀜에 따라 생활 방식, 직업, 교육 등 사회 전반의 구성과 운영 방식도 전면 재설계 - 과거 소수만 독점하는 지능 혹은 문제 해결 역량을 대중이 공유할 수 있고, 데이터 기반 객관적 의사 결정이 정치적 결정을 대신

3. 4차 산업혁명에 의한 변혁 [2]

이 혁명은 초지능·초연결·초실감 특성을 갖는 사이버 물리 시스템(CPS: Cyber Physical System) 기반을 통해 기존 하드웨어 제품 중심의 제조 및 조립 위주 생산 방식의 변화이다. 제품과 장비에 소프트웨어와 통신 시스템이 탑재되면서 제품의 마트화·커넥티드화·시스템화가 빠르게 진행되고 있다. 제품 및 제조 공정 혁신 외에도 제품 기획·연구개발(R&D)·시제품 제작·공급 사슬망 관리·서비스·유통·물류·고객 관리 등 가치사슬 전반에서 획기적 비용 절감이 된다. 그리고 산업의 고부가가치화와 상호 연계 융합으로 제조업과 서비스 간 융합이 급속히 이루어지고 있다.

[표 1-4] 4차 산업혁명 주요 기술 정의 및 역할

성격	기술	정의	역할
초지능	인공지능(AI)	- 인간의 인지 능력(언어·음성·시각·감성 등)과 컴퓨터 기술을 통해 학습·추론 등 지능을 구현하는 기술	판단 및 추론
초연결	사물인터넷(IoT)	- 인터넷 기반으로 사람-사물 혹은 사물-사물 사이의 모든 정보와 상호 작용하는 서비스	정보 취합 개체 간 연결
	모바일 (Mobile)	- 각 개체에서 수집된 정보 교환을 위한 무선 네트워크	전송
	클라우드 컴퓨팅 (Cloud Computing)	- 인터넷상 서버를 통해 IT 관련 서비스(데이터 저장, SW 사용, 네트워크, 콘텐츠 사용 등)를 한 번에 사용하는 정보 처리 환경	데이터 저장 및 정보 처리
	빅데이터 (BigData)	- 차원이 다른 대규모 데이터를 수집·저장·관리·분석하는 기술	데이터 축적 및 분석

---

2) 산업연구원(2017): 4차 산업혁명이 제조업에 미치는 영향 참조

		- 가상현실(VR)은 자신과 배경 환경 모두 현실이 아닌 가상의 이미지를 사용하는 기술	
초실감	가상·증강현실 XR(AR·VR·MetaVerse)	- 증강현실(AR)은 현실 이미지에 3차원 가상 이미지를 겹쳐 하나의 이미지로 구현하는 기술 - Metaverse는 가상현실에서 발전되어 인간과 상호 작용이 가능하며, 다른 가상 세계를 열어 주는 기술(세컨드라이프 구축)	실세계와 사이버 세계의 연계

클라우드, 모바일 기술, IoT 등과의 융합으로 초연결성 기반의 플랫폼이 발전하고 O2O(online2offline), 공유경제와 같은 신 비즈니스 모델이 등장한다. 산업의 디지털 전환, 공유경제 및 온디맨드 경제 등 신경제에서는 소비자 경험과 데이터 중심 서비스는 소프트웨어, AI, 빅데이터로 기업 간 다양한 형태의 협업이 이루어진다. 제조업, 서비스, IT 경제의 구분과 경계는 모호해지고 장기적으로 이들 세 영역이 융합된다.

4. 4차 산업혁명과 생산 체계의 변화 모습

18세기 영국에서 시작된 산업혁명을 이끈 대표적인 기술은 증기기관이었다. 증기기관으로 면직물 생산을 간이 자동화(Low Cost Automation: 기계 자동화)하여 대량 생산의 기틀을 마련하였다. 이를 통해 농·축산·어업 중심이었던 인류의 산업 구조는 중공업 중심으로 새롭게 변모하게 되었다. 4차 산업은 IT(Information Technology)가 기반이 되는 산업 구조로 인공지능, 빅데이터, 가상현실/증강현실/메타버스, 사물인터넷, 로봇, 3D 프린터 등 기술을 주축으로 향후 인류의 미래를 이끌어 가고 있다.

[그림 1-3] 4차 산업혁명 과정(출처: NIA)

[표 1-5] 4차 산업혁명 기술이 산업에 미치는 영향

구분	4차 산업혁명 이전	4차 산업혁명 이후
생산 방식	- 소품종 다량 생산 품목 위주 교역	- 다품종 유연 생산(Production Flexibility)
거래 방식	- Offline 위주의 물류가 주도	- IoT에 따라 디지털 무역(Digital Trade) 주도
국제 무역	- 제조업 위주의 무역 거래 - 자본과 노동의 비교 우위 원천	- 비교 우위의 변화로 서비스 무역 확대 - 입지(Location)가 비교 우위 원천으로 부각
가치사슬	- 생산·조립 단계의 가치사슬 주도 - 생산 과정 국제 분할(snake 유형)	- 제품 가치사슬_스마일 커브(Smile Curve) - 생산 과정의 복합화(Spider 유형)
해외 투자	-생산비 절감의 Offshoring 활성화	- 품질 관리와 유연 생산의 Reshoring 확대
고용 효과	- 제조업 무역은 고용 창출 기여	- 서비스 무역에 따른 고용 유발 효과 증대

[표 1-6] 4차 산업혁명 전개에 따른 유망 제품의 변화

산업	주요 상품
자동차	- 자율주행차, 커넥티드카, 차량 반도체·시스템, 전기동력차 및 전장 부품
조선	- 원격 제어 선박(2025년), 초기 자율운항 선박(2030년)
로봇	- 소셜 로봇, 협업 로봇, 생활 지원 로봇, 첨단 제조 로봇
기계	- 원격 제어, 무인화 기계
엔지니어링	- 엔지니어링 SW, 시뮬레이션 SW
철강	- 특수 합금강, 3D 프린터용 금속 분말, 이종 접합 소재
화학	- 4D 프린팅용 프로그래머블 원료
섬유	- AI, 빅데이터 이용 스마트 의류, 웨어러블 패션, 스마트 기능 첨단 소재
통신기기	- 6G 이동통신 서비스, AI 기반 스마트폰, 핵심 통신 장비, 웨어러블 기기
가전	- AI 가전, IoT 가전, 무전원 가전
반도체	- 초저전력 반도체, AI 반도체, 자동차 반도체
디스플레이	- 대형 OLED 패널, 플렉서블·투명·공간·차량용 디스플레이
스마트그리드	- 에너지 저장 장치(ESS), ICT 기반 에너지 인프라 솔루션
바이오헬스	- IoT 및 3D 프린팅 기반 실시간 의료용 모바일 기기와 의약품
3D 프린팅	- 항공, 로켓 부품, 의료 보형물

디지털화(Digitalization)는 상품과 서비스에 대한 접근, 유통비용 절감, 지리적 장벽을 낮춰 소규모 다국적 기업, 마이크로 공급망 기업의 성장을 촉진시키고 있다.

3D 프린팅을 통한 제조업의 디지털화는 제조 기술에 대한 진입 장벽을 완화시키고,

생산 비용 절감을 가져온다. 선진 각국에서는 3D 프린팅, 클라우드, 빅데이터 기술의 발전으로 디지털 제조 공정이 가능해짐에 따라 해외 생산 공장이 국내로 회귀하는 리쇼어링 현상이 발생하게 된다. [3)]

비즈니스는 수직적·경직적 경제 시스템에서 수평적·개방적 네트워크 구조로 생태계가 변화하고 있다. 또한, 가치사슬상의 플레이어들을 수평으로 나열하고 이를 중개하여 네트워크 효과를 통해 이득을 얻는 플랫폼 비즈니스가 부상하고 있다. 기업의 수직적 비즈니스 모델의 변화로 기술 융합·서비스 모델은 기업 간 수평적인 협업 관계 생태계 형성이 필요해진다. 지능화로의 전이는 빅데이터와 인공지능의 연계·융합체인 정보기술이 제조업과 서비스, 사회에 체화됨으로써 지능화되어 간다.

[표 1-7] 제조업과 서비스 산업에 지능 정보 체화

구분	지능 정보화
스마트 팩토리	- 공정의 자동화·지능화를 통한 자동 생산 체계 달성
제조의 서비스화	- 제품과 서비스의 결합, 제품과 SW의 결합을 내재한 서비스적 가치를 찾아내 새로운 수익 창출 BM을 개발하여 사업화
유통	- 이용자의 구매 패턴을 분석하여 리드 타임을 개선
에너지	- 지능 전력계 시스템(AMI)으로 데이터(AI) 분석, 예지 정보 예측과 에너지 효율화
무인차	- 운전자 주행·습관 등을 분석해 의료·보험·서비스 개발 - 행선지 정보를 기반으로 레저·엔터테인먼트까지 개발하는 포괄적 사업 전환
유통·쇼핑	- 배달·숙박·택시 등 생활 밀착형, 대중 친화적 서비스에 디지털 마케팅 활용
의료	- 임상·영상의학·검사 자료, 생활 습관 분석 데이터 등 의료·건강 빅데이터를 분석해 질병 진단·예방 서비스가 가능하고 나아가 스마트 헬스케어 산업 촉진
교육	- 자연어 처리·이미지 패턴 인식·연관성 추론·감성 분석 등 인공지능·빅데이터 기술이 학습 서비스와 결합해 상호 간 적극 참여가 이루어지는 패러다임 전환

5. 클라우드 AI

AI는 딥러닝과 같은 머신러닝 플랫폼이 필요하고, 머신러닝 모델을 만들고 이를 실현하려면 데이터와 더불어 IT 인프라를 해결할 수 있는 것이 클라우드 기반 인공지능 (AI) 서비스이다. 그러므로 AI를 선도하는 글로벌 IT 기업들의 공통점은 모두 클라우

---

3) 미국 기업의 리쇼어링(Reshoring)은 오바마 정부에서 디지털 기술로 '제조업 고용 100만 명 창출' 공약 달성이 가시화되었고, 각종 세제 혜택 등을 통해 리쇼어링 촉진하면서 미국의 제조업 경쟁력이 강화됨.

드 서비스 리딩 기업이다. AI는 방대한 양의 데이터를 저장, 분석, 처리해야 하는 플랫폼이기 때문에 클라우드 컴퓨팅 인프라는 필수적이다.

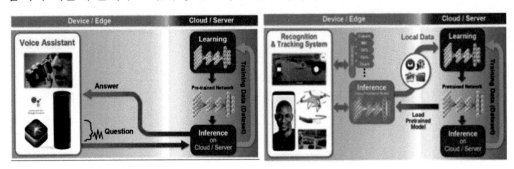

[그림 1-4] Cloud based AI Computing   [그림 1-5] Mobile/Edge based AI Computing
(출처: ETRI Insight 국가기능화 특집)

    클라우드 기반 AI 서비스화인 AIaaS(AI as a Service)가 클라우드, 네트워크, 엣지 디바이스, 지능형 서비스에 이르기까지 다양한 공급자와 혁신 상품 및 서비스로 구성된다.

    인공지능 서비스가 최종적으로 소비자나 기업에게 전달되기까지는 복잡한 가치사슬을 구성하는 다양한 활동들이 유기적으로 연계되어야 한다. HW 관점에서는 지능형 반도체·서버·스토리지·스마트 디바이스·네트워크 장비 등이 지능형 서비스를 지원해야 한다. SW 관점에서는 HW에 기반을 둔 인공지능 알고리즘이 오픈소스를 바탕으로 개발되고, 빅데이터를 통해 더욱 강화된다. 서비스 관점에서는 클라우드는 통신 서비스를 통해 지속적으로 이용하게 된다.

제2절
인프라 산업 하드웨어 기술

1. 클라우드 데이터센터(CDC) 구성

클라우드 사업 및 서비스 제공에 필수적인 설비 인프라, 시스템(H/W, S/W 등), 인터넷 접속과 운용 서비스를 제공하는 사업을 의미한다. 데이터센터는 지식 서비스의 근간이 되는 IT 인프라를 중앙 집중식 환경으로 전용 건물에 구축하고, 24시간 365일 운영·관리·지원하는 곳이다. G-Cloud는 대국민 디지털 서비스로 전 국민의 공공 서비스의 만족도가 높아지고, 클라우드 데이터센터(CDC 인프라)는 고효율·저전력·그린 CDC 기술이 접목되어 국가 생산성이 극대화된다.

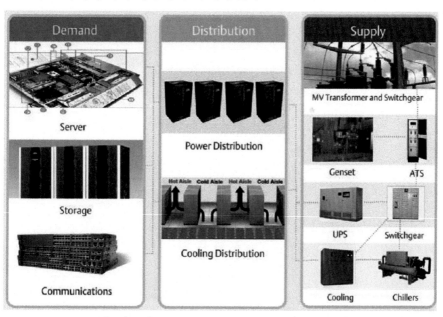

[그림 1-6] 디지털화 기반인 CDC의 구성(출처: NIA)

2. CDC 주요 장비와 장비 서브 타입

[표 1-8] CDC의 주요 장비 및 종류

인프라스트럭처 (Facility 장비)	파워 장비 (Power)	Transfer Switches, UPSs, DC Batteries / Rectifiers, Generators, Transformers, Power Distribution Units (PDUs), Rack Distribution Units (RDUs), Breaker Panels, Distribution Wiring, Lighting, Other
	냉난방 공조 장비 (HVAC)	Cooling Towers, Condenser Water Pumps, Chillers, Chilled Water Pumps, Computer Room Air Conditioners (CRAC's), Computer Room Air Handlers (CRAH's), Dry Cooler, Supply Fans, Return Fans, Air-side Economizers, Water-side Economizers, Humidifiers / De-Humidifiers, In-row/In-rack/In-chassis Cooling Solutions, Supplemental Air Movers, Other
	물리적 보안 장비	(Physical Security)Fire Suppression, Water Detection, Physical Security Servers / Devices, Other
	건물 관리 시스템	(Building Management System) Management Servers / Devices, Probes / Sensors, Other
IT 장비	컴퓨팅 장비	(Compute Devices): Servers, Other
	네트워크 장비	(Network Devices): Switches, Routers, Other
	IT 지원 시스템	(IT Support Systems): Printers, PC's / workstations, Remote Management Devices (KVM/Console/etc.), Other
	기타 장비	(Miscellaneous Devices): Security/Storage encryption, Appliances etc., Other
	저장 장치	(Storage): Storage device, Backup Devices, Media/ Virtual Media Libraries, Other
	정보통신 장비	(Telecommunications): All Telco Devices

3. 클라우드 데이터센터의 역할

데이터센터는 4차 산업혁명 시대 ICT 산업 활성화를 위한 핵심 기반 시설로 D. N.A(Data, Network, AI) 및 ICBM(IoT, Cloud, Bigdata, Mobile) 기반 서비스를 구현하기 위한 데이터의 저장, 처리, 유통 역할 등을 담당하고 있다. AI, 암호화, 클라우드 게임 등과 같은 데이터 수요 기술의 중요성이 강조됨에 따라 기업들의 데이터 의존도도 높아지고 있다. 이에 따라 데이터를 수용하고 수집, 저장, 분석하여 고도화된 서비스를 제공할 수 있는 데이터센터가 4차 산업혁명을 이끄는 신기술의 핵심 인프라가 되었다.

데이터센터는 기존 소규모 전산실과는 달리 빅데이터를 수집·저장·분석할 수 있는 클라우드 컴퓨팅 서비스를 제공하며, AI 모델을 훈련할 수 있는 환경에 적합하다. 특히 AI 측면에서 머신러닝, 딥러닝 등을 위해 거대한 용량의 학습 데이터를 보관하고, 처리하는 데에는 데이터센터가 필요하다. AI의 발전 속도가 빨라지면서 더욱 높은 수준의 인프라가 필요해짐에 따라 데이터센터의 중요도는 더욱 높아지고 있다.

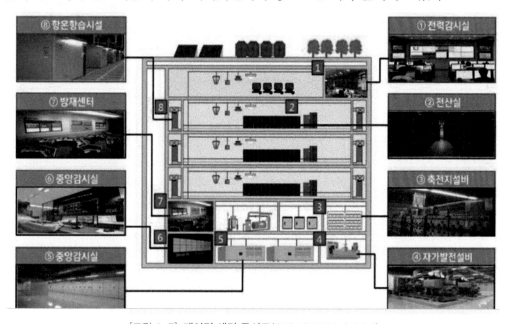

[그림 1-7] 데이터 센터 구성도(출처: 전자정부 전산센터)

클라우드 컴퓨팅은 인터넷 등 네트워크를 통해 개인/기업/기관들에 서버, 컴퓨팅같이 스토리지, 데이터베이스, 네트워킹, 소프트웨어, 분석 등의 서비스를 제공한다. 사용자는 이 서비스를 데이터센터를 통해 시간과 공간에 제약없이 쉽게 접근할 수 있다.

클라우드의 공급자는 CSP(Cloud Service Provider)와 MSP(Managed Service Provider)로 구분한다. CSP은 아마존이나 마이크로소프트, 구글, 텐센트, 알리바바 등과 같은 공급자들이며, MSP은 클라우드 컨설팅이나 시스템 구축, 사후 서비스 등 클라우드 전문 서비스를 제공하는 공급자들이다. MSP의 경우 CSP가 운영하는 초거대 데이터센터를 보유하고 있는 것은 아니지만, 기업들이 클라우드를 이용하기에 앞서

겪는 많은 고민을 해결해 주고, 최적의 조건으로 클라우드를 이용할 수 있도록 컨설팅해 주는 역할을 해 준다.

[표 1-9] 데이터 센터(CDC) 서비스 사업자 분류

구분		서비스 내용
데이터센터 구축(이전) 컨설팅		- 데이터센터 입지 선정, 건물 설계, 시공에 대한 관리/감독 등 데이터센터 구축 및 이전, 센터 내 인력, 자원, 설비관리 제공 서비스
매니지드 서비스/ 서버 호스팅	매니지드 서비스	- 전문화된 인력, 시설, 장비, 네트워크를 보유한 데이터센터 사업자가 기업 고객의 IT 시스템 및 전산실 인프라에 대한 관리 요구를 아웃소싱 받아 모니터링, 시스템 운영 및 유지 보수, 이전 대행 등을 제공하는 서비스
	서버 호스팅	- 전용 전산센터 내에 인터넷 회선과 독립 서버를 임대하여 빠른 인터넷 트래픽 처리와 독자적인 서버의 사용이 가능한 서비스(호스팅 서비스, 렌털 서비스, 시스템 판매 서비스, 단기 서비스, 파킹 서비스, 서버 운영 관리)
코로케이션	상면	- 고객 전산 장비를 수용하고, 관리를 위한 공간을 제공하는 서비스
	회선	- 인터넷 백본에 고객의 서버 및 통신 장비를 직접 연결함으로써 전용 회선의 대역폭 한계를 극복하여 고속의 인터넷 연결을 제공하며, 서버와 네트워크 장비를 안정적인 운영이 가능한 서비스
부가 서비스		- 데이터센터에서 제공하고 있는 기본 서비스를 제외한 부가 서비스(보안, CDN, 백업, 재해복구 서비스, SW-ASP 등)

IaaS는 인프라를 클라우드 서비스하는 형태는 데이터센터(CDC) 인프라 제공 사업이다. PaaS의 경우 애플리케이션 구축, 개발, 배포 등에 필요한 요소들이 표준화된 플랫폼 자체로서 클라우드 형태로 제공하는 서비스업이다. 기업들은 개발을 위해 필요한 도구와 환경이 구축된 플랫폼을 통해 개발 및 운영하기 때문에 개발 비용을 대폭 절감시키고 생산성을 높일 수 있다. 대표적인 제공 사례로서는 구글 앱 엔진, 오라클 등이 있다.

[표 1-10] 데이터 센터 vs CDC 비교

구분	데이터센터	클라우드 데이터 센터(CDC)
사업 영역	- IT Outsourcing: 전산 환경 구축 및 통합 운영 서비스 - 호스팅 서비스: 서버 구축 및 운영을 데이터 센터에서 대행하여 운영 - 센터 구축/이전/운영: 데이터센터 구축 컨설팅, 센터 이전, 운영 체계 구축 및 운영	- Co-location: 네트워크 아웃소싱 - Server Hosting: 서버 임대, 판매 및 기술 지원 - Internet Computing Service: 인터넷서비스에 필요한 시스템 지원 - 통합 메세징: 메시지 전송 서비스

개념	- 지식 서비스의 근간이 되는 IT 인프라를 중앙 집중식 환경으로 전용 건물에 구축하고 24시간 365일 운영·관리·지원하는 곳	- 기업 및 개인 고객에게 전산 설비나 네트워크 설비 임대하거나, 고객의 설비를 유치하여 유지·보수 서비스 제공하는 곳
주요 기능	- 자원 제공 및 자원 운영/관리를 통해 종합적인 서비스 제공	- 보안시설과 관리 인력을 갖추고 기업의 서버를 관리
입주 방식	- 전산 자원 공간 및 전산 자원 모두를 임대	- 전산 자원 보관 공간만 임대 - 공간은 물론 자원까지 임대 (최근)
입주 업체	- 공공기관, 은행, 유통 및 그룹 계열사 등	- VDIC(2차 임대), 포털, 인터넷 게임 업체 등
대표 기업	- 삼성SDS, LG CNS, SK C&C 등	- KT, LG Dacom, SK브로드밴드, 호스트웨이, 카카오, 네이버 등

전통적인 측면에서 클라우드 컴퓨팅은 데이터센터의 가상화와 밀접한 관계가 있다. 각각의 서버는 개별적인 서버들의 집합체로 다루어진다. 클라우드 컴퓨팅 솔루션은 애플리케이션을 구축하는 데 있어 물리적 장치(서버, 스토리지 등)들의 필요성을 낮추기 위해 애쓰고 있다. 이로써 클라우드 컴퓨팅은 서비스 하드웨어(Hardware as a Service)로 불린다.

[표 1-11] 데이터센터 구성 요소 및 분류 체계

분류	내역	전산실	IT 센터	일반 데이터센터	전문 데이터센터
건축	데이터센터 전용 건물 여부	아니오	아니오	예	예
	업무 공간과 전산 공간 분리 및 별도 관리 여부	아니오	아니오	예	예
	전체 면적 대비 설비 사용비율	10% 미만	10~20%	20~30%	30% 이상
	보안시설(로비->전산실)	잠금장치	카드 인식	생체 인식	생체 인식
전기	전력 및 냉방시설 이중화	N	N+1	N+1 동시 활성화	2(N+1)or S+S 무정지 상태
	무중단 유지보수	불가	불가	가능	가능
	발전기 백업 시간	12시간	12시간	24시간	48시간
통신	UPS 용량	2,000kVA	2,000kVA	3,000kVA	4,500kVA
	배선 경로	1개	1개	운영용 1개/ 예비 1개	운영용 2개
기타	연간 서비스 중지 시간	28.8	22.0	1.6	0.4
	가용성	99.671%	99.749%	99.982%	99.995%

또한, 최근에는 데이터센터 관련 네트워크 및 전력 비용이 급상승하면서 서비스로서의 데이터센터에 대한 관심도 높아지고 있다. 데이터센터를 서비스로 이용하면 네트워크, 전력, 공간 효율이 향상된다는 측면에서 장점이 있다. 기존 네트워크에 강점을 가지고 있는 인터넷 데이터센터 업체들과 컴퓨팅 파워와 서비스에 강점을 가진 IT 서비스 업체들이 데이터센터의 서비스화를 적극 추진하고 있다. 이처럼 IT 영역에 있어 서비스화의 영역은 계속해서 확대되고 있다.

기업들은 비용을 효과적으로 줄이고 관리하여 비즈니스 효율성을 높이는 데 주력하고 있다. 하지만 기존 IT 영역에 있어서는 인프라와 서비스를 도입하고 제공하는 모델이 한정되어 있어 IT 비용과 관련된 효율성을 높이는 데에는 한계가 있었다. IT 부문이 고비용화 되어 가면서 IT 인프라와 서비스 도입 및 제공 모델의 한계는 비용 대비 결과면에서 ROI의 불확실성, 총소유비용의 증대 등과 같은 커다란 위기를 가져오고 있다.

기업들은 IT 인프라(HW/SW)를 도입하고 유지/관리하는 데에 내부적으로 수행하는 것보다 선택의 폭이 넓고 확장성 및 유연성이 뛰어난 클라우드 컴퓨팅, SaaS, PaaS 등과 같은 외부 서비스 제공자를 찾는 데 주력하게 된다. 앞으로는 기업들에 서비스 선택에 대한 기회의 폭을 넓혀 줄 수 있는 업체가 큰 경쟁력을 발휘하게 된다.

제3절
클라우드 컴퓨팅 도입 시 특장점

1. 장기적으로 TCO(Total Cost of Ownership) 절감

기본적으로 클라우드를 활용해 IT 자원을 처음 구축할 때는 최소 규모로 시작하여 초기 투자 비용을 낮추고, 기존 시스템을 클라우드 전환할 때는 자원의 효율성을 높일 수 있어 구매 비용 및 운영 관리 비용이 절감된다.

[그림 1-8] 클라우드 이용 시 비용 절감 비교(출처: 클라우드 혁신센터)

클라우드를 이용하면 On-demand 방식을 통하여 불필요한 자원 구매 비용 절감과 HW 및 SW 구매 비용을 절감할 수 있으며, 상면, 항온항습 등 IT 관리 운영 비용도 절감된다.

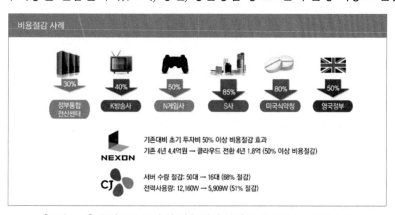

[그림 1-9] 클라우드 도입 시 비용 절감 사례(출처: 클라우드 혁신센터)

그러나 모든 기업에서 비용 절감 효과가 나타나는 것은 아니다. 자원의 규모와 효율적 운영 환경(IT 자원의 통합, 표준화, 가상화 등)에 따라 비용 절감 효과가 적은 경우가 있고, 기존 시스템을 클라우드로 전환 시 초기 투자 비용이 높은 경우도 있다.

[표 1-12] 클라우드 전환 시 비용 절감 효과와 초기 투자 비용 비교

효과	투자비 비교
비용 절감 효과가 적은 경우	- 업체 의존성이 높은 소프트웨어를 사용하거나, HW와 SW 조합형 시스템을 사용하는 환경의 전환 시 소프트웨어 수정과 변경으로 Migration 비용 발생 예) Unix OS를 사용하는 레거시 시스템의 경우 클라우드로 전환 시 먼저 Linux 혹은 Windows로 전환하고 클라우드로 이동해야 하므로 초기 비용 발생
클라우드 전환 시 초기 투자 비용이 높은 경우	- On-site Private Cloud를 구축하는 경우 예) Private 기본 장비 및 SW를 모두 구매해야 하기 때문에 초기 적은 자원(H/W)이 클라우드로 전환할 때에는 초기 비용이 오히려 높을 수 있음. 하지만 장기적인 소요 비용(전기, 장소, 유지 보수 인건비 등)의 절감으로 경제적임

〈프라이빗 클라우드 비용 절감 요소〉

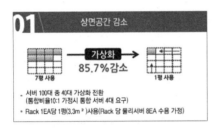
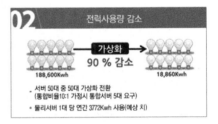
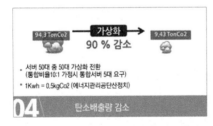
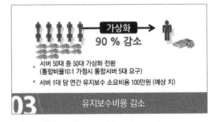

[그림 1-10] 비용 절감 요소(출처: 클라우드 혁신센터)

2. 생산성 향상(업무 프로세스 개선, Time to Marktet)에 유리

클라우드는 기본적으로 통합, 표준화, 공유, 언제 어디서든 사용할 수 있는 환경을 제공하기 때문에 업무 프로세스 개선이 가능하다. 기업의 제품을 만들어 시장에 내놓

는 데까지 걸리는 시간(Time to Market)도 대폭 줄일 수 있다. ICT에 대한 전문 지식이 없더라도 클라우드를 활용하여 빠르게 사업화하고, 글로벌 서비스화도 가능할 수 있으며, HW, SW를 구매하고 구축하고 운영 관리하는 시간을 자동화된 환경에서 쉽고 빠르게 진행할 수 있어 급변하는 산업 환경에 대비할 수 있다.

〈 클라우드기반 스마트 업무환경 개념 〉

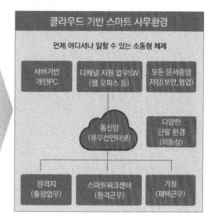

[그림 1-11] 클라우드 기반 스마트 업무 환경(출처: 클라우드 혁신센터)

1) 글로벌 비즈니스에 용이

클라우드의 장점 중 하나는 쉽게 글로벌 비즈니스를 할 수 있도록 돕는다는 점이다. 많은 국내 회사가 국내 시장뿐 아니라 글로벌 서비스를 위해 제품(특히 글로벌 인터넷 게임 기업)을 만들고 비즈니스를 하지만, 글로벌 서비스를 위해서는 해외에 IT 자원을 구축해야만 가능하다. 해외 데이터센터를 이용해 HW·SW를 구축하려면 관리자를 고용해야 하고, 큰 비용과 시간을 투자해야 한다. 클라우드를 이용하면 해외에 직접 가지 않고도 웹 UI를 통해 IT 자원을 만들고 운영할 수 있을 뿐만 아니라 비용도 상대적으로 낮아 쉽고 저렴하고 빠르게 글로벌 서비스를 적절한 타이밍에 제공할 수 있다.

2) 클라우드 거버넌스

많은 기업이 신속성, 민첩성, 유연성 확보를 위하여 클라우드 도입을 검토 추진하고 있으나, 현장에서의 무단 클라우드 구축, IT 서비스의 비효율적 운영, IT 컴플라이언스 이슈 발생, IT 비용 증가의 경우가 많이 발생하고 있다. 이는 클라우드 서비스에 대하여 현업 및 IT 현장에서의 거버넌스 활동이 체계적으로 적용되지 못하고 있기 때문에 발생한다.

클라우드 거버넌스는 IT 거버넌스 체계를 클라우드 영역에 적용하여 클라우드 수명주기 상의 도입과 활용에 대한 제반 원칙(principle), 기준(criteria), 프로세스(process)를 의미한다.

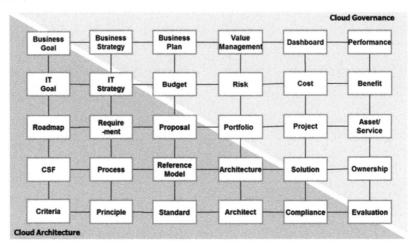

[그림 1-12] 클라우드 아키텍처와 거버넌스에 대한 주요 활동에 대한 개념 모델

(출처: 기업 혁신을 위한 클라우드 여행)

아키텍처와 거버넌스는 상호 연계되어 있으며, 초기 수준으로 클라우드를 도입 및 전환하는 경우, 위 그림은 과제(Project)를 중심으로 'Solution, Cost, Benefit' 등의 Entity 활동에 집중하고 있다. 클라우드 서비스에 대한 기업 내 성숙도가 높아지면 Portfolio, Architecture, Reference Model, Risk 등의 아키텍처 관련 Entity 활동이 주요 관심 및 활동이 되어야 하며, 궁극적으로는 'Roadmap, Business Strategy, IT Strategy, Process, Principle 등의 전략 및 거버넌스 관련 Entity' 활동으로 옮겨가야 한다. 클라우드 거버넌스 체계는 IT 거버넌스 체계와 마찬가지로, 4P(Policy, Product, People, Process) 관점에서 원칙과 정책, 대상, 역할과 조직, 프로세스로 구성된다.

3. 클라우드 서비스 도입 절차

클라우드 서비스 제공 및 이용 프로세스와 절차를 정의한다. 특히 클라우드 서비스 이용 신청 및 심의 절차 그리고 이와 관련한 상세 기준과 규정을 정의하고, 클라우드 이용 프로세스를 지원하는 지원 시스템을 개발하고 운영한다.

[표 1-13] 클라우드 서비스 프로세스

관점	정의
정책(Policy)	- 클라우드 서비스 원칙과 기준, 클라우드 목적/목표를 정의
상품(Product)	- 클라우드 서비스 적용 대상을 분류하며, 적용 대상은 인프라, 시스템, 업무, 사용자 영역 등을 고려하여 포괄적으로 정의
인력(People)	- 클라우드 서비스 이용 및 제공상의 역할과 책임을 정의하며, 클라우드 서비스 제공자, 관리자, 이용자의 역할과 책임을 명확히 함
프로세스(Process)	- 클라우드 이용 프로세스를 지원하는 시스템을 개발하고 운영
프로젝트 관리	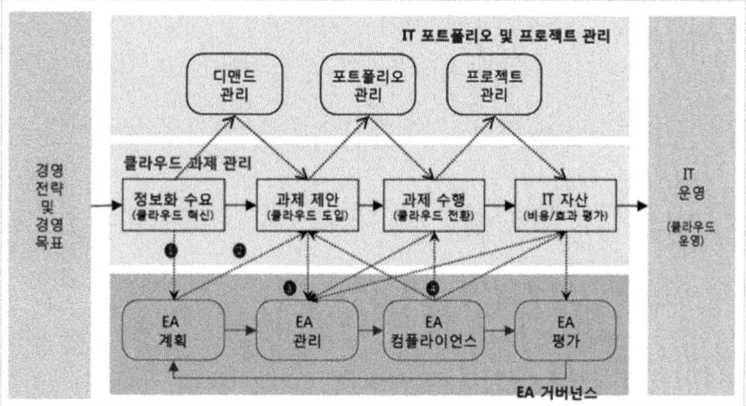 [그림 1-13] 정보화 활동에서의 클라우드 거버넌스(출처: 기업 혁신을 위한 클라우드 여행)

클라우드 서비스를 제대로 도입하고 운영 관리하기 위해서는 무엇보다도 전사 아키텍처상의 서비스, 데이터, 기술 아키텍처 영역에서의 분류 체계, 표준화, 자원 관리에 대한 개선 보완이 필요하다.

[표 1-14] 외부 클라우드 서비스를 사용 도입 절차

목적	차례
도입 절차	(1) 전사 관점의 비즈니스 전략과 IT 혁신 전략 그리고 현장에서의 정보화 수요 및 요구 사항을 수집한다. (2) EA 계획(planning) 관점에서 목표 아키텍처를 도출한다. (3) 목표 아키텍처는 전사 관점에서의 아키텍처 원칙과 기준에 의거하여 설정되고, 보안 및 상호 운영성의 아키텍처 기준을 준수한다. (4) 현행 아키텍처에서 목표 아키텍처로의 이행을 위한 정보화 과제(공용 클라우드 서비스 도입, 전용 클라우드 구축)를 도출하고 이를 수행하는 아키텍쳐 및 정보화 활동 중심의 클라우드 거버넌스가 전제되어야 한다.

앞으로 AI를 이용하기 위해서는 많은 데이터를 저장할 공간과 컴퓨팅 성능이 필요하다. 클라우드는 이를 충족시키는 적합한 플랫폼으로, AI 기술은 클라우드 기반으로 발전하는 공생 관계이다. 그러므로 클라우드는 AI 기술을 성장시키는 인큐베이터 역할을 한다. 클라우드의 대용량 스토리지 성능, 확장성, 임베디드 GPUs(Graphics Processing Units)는 AI 기술에 의해 작동하는 알고리즘, 거대한 데이터 저장소를 지원하기 위한 기반을 제공한다.

AI는 많은 양의 데이터를 저장, 분석, 처리해야 하는 플랫폼이기 때문에 클라우드와 같은 거대한 인프라는 필수이다. AI 솔루션이 개발되면서 모든 관심은 어떤 AI 기술을 사용하느냐보다는 어떠한 비즈니스 분야에 활용할 것인가에 미래가 결정되고 있다. 모든 IT 기술의 집합체인 인공지능 클라우드는 기존 글로벌 강자들의 패권 경쟁과 서비스 사용 기업의 편익이 서로 합치되면서 상승 작용을 일으켜 매우 빠른 속도로 발전하고 있다.

이미 AI를 선도하는 글로벌 IT 기업들은 모두 클라우드 컴퓨팅 기반 위에 디지털 전환 서비스의 비즈니스로 세계 시장을 리딩하고 있다.

제2장

클라우드 컴퓨팅 정의와 발전사

학습 목표

전통적인 조직(공공기관, 기업)들은 온프레미스 인프라를 사용하여 IT 리소스를 호스팅하고 관리하였으나, 클라우드 컴퓨팅의 등장으로 이러한 접근 방식은 바뀌었다. 클라우드 컴퓨팅에서는 스토리지, 처리 능력, 소프트웨어 등의 컴퓨팅 서비스를 인터넷을 통해 제공하는 것을 포함한다. 조직의 플랫폼 중복 제거에 따른 개발 비용 절감과 생산성 향상(신기술 공통 기능 제공, 표준화된 기술 활용, 유연한 자원 확장)과 IT 기업 플랫폼 활용과 오픈소스 기반 환경 제공으로 산업 발전 촉진의 이점을 제공한다.

클라우드 컴퓨팅의 발전 역사는 세 단계로 나누어지며, 첫 단계는 초기(1960년대~1990년대)에 미국의 컴퓨터 과학자인 존 매카시가 처음 제시한 '컴퓨팅 환경은 공공시설을 쓰는 것과도 같을 것'이라는 개념이다. 오늘의 클라우드 컴퓨팅의 기본이 되는 가상화(virtualization) 소프트웨어가 개발되었다.

둘째는 성장(2000년대~2010년대) 단계로서 클라우드 컴퓨팅이 본격적으로 발전하기 시작하였다. 아마존이 EC2(Elastic Compute Cloud)라는 클라우드 컴퓨팅 서비스를 출시하면서 클라우드 컴퓨팅 시대가 열리기 시작하였다. 마이크로소프트, 구글, 오라클 등 글로벌 IT 기업들이 클라우드 컴퓨팅 시장에 진출하면서 클라우드 컴퓨팅 시장이 급속도로 성장하였다. 또한, SaaS, PaaS 등 다양한 서비스가 등장하면서 활용 범위가 확대되었다.

최근은 성숙(2020년대~) 단계로서 클라우드 컴퓨팅은 성숙 단계에 접어들었다. 기술이 더욱 발전하여 서비스의 품질과 안정성이 향상되면서 클라우드 컴퓨팅은 기업, 개인, 공공기관 등에서 필수적인 인프라로 자리 잡고 있다. 클라우드 컴퓨팅은 인공지능, 사물인터넷, 6G 등 새로운 기술과 결합하면서 발전하고 있다.

제2장 목차

참조 사이트
1) AI 허브 공개 사이트 (http://www.aihub.or.kr)
2) 행정안전부: 공공 데이터 포털 (https://www.data.go.kr/)
3) 빅데이터 플랫폼 (https://www.bigdata-map.kr)
4) 데이터 오픈 마켓 (http://www.datastore.or.kr)
5) 서울시 열린 데이터 광장 (https://data.seoul.go.kr/)
6) 경기도: 경기데이터드림 (https://data.gg.go.kr/)
7) 한국데이터산업진흥원 (https://www.kdata.or.kr/)

제1절
IT 패러다임 변화와 클라우드 확산

1. 클라우드는 확장되어야 하는가?

전 세계 ICT 활용 패러다임이 클라우드 컴퓨팅으로 급격히 전환되어서, 선진국들은 클라우드 우선 정책(Cloud First Policy)을 통하여 공공 부문을 선도적으로 클라우드 시장을 활성화하였다. 대한민국 정부도 2015년 '클라우드 컴퓨팅 발전법'을 제정하고, '클라우드 컴퓨팅 활성화 기본 계획'을 수립하는 등 공공 부문을 선제적으로 추진하였다.

'클라우드 발전법' 제정 이후 공공 부문의 클라우드 도입을 위한 조달 활성화를 위해 클라우드 조달 체계를 구축하여 안전하고 신뢰성 있는 클라우드 이용 환경을 조성하고 수요 기관의 선택권과 접근성을 향상하는 종합 조달 운영 체계를 도출하였다.

국가 R&D 분야도 선제적으로 클라우드를 도입하여 AI 중심으로 자율자동차, IoT, VR/AR, Fintech, 빅데이터 등 미래 기술 개발에 연구소 및 기업들이 클라우드 기반 R&D에 매진하고 있다.

[그림 2-1] 클라우드 컴퓨팅 활용 유-무선 인터넷 연결(출처: NIA 자료집)

과거의 IT 자원은 기업이 직접 시스템을 구축하였다. 정보통신망을 통한 정보 시스템 인프라 구축 기간 단축 및 운영 관리 부담 최소 비용으로 예산 절감의 효과가 있었다. 그리고 유연한 IT 환경의 필요성 증가로 Computing Service는 Web IT를 지나 Cloud IT로 급격히 진화하고 있다. 클라우드 컴퓨팅은 IT 자원 이용 방식으로 '소유'에서 '공유(임차)'로 전환하여 외부 컴퓨팅 자원을 유무선 인터넷에 접속하여 사용하고, 사용료를 지급하는 비즈니스 모델이다.

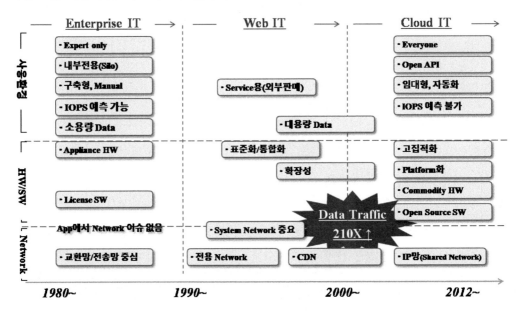

[그림 2-2] IT Paradigm Shift(출처: NIA)

2. 클라우드 컴퓨팅 개요

미국 국립표준기술원(NIST)은 컴퓨팅이 공유된 자원(네트워크·서버·스토리지·애플리케이션·서비스 등)의 집합체가 언제, 어디서나, 편리하게, 수요에 따라 네트워크를 통해 접속 가능한 컴퓨팅 모델이라고 정의하였다. 클라우드 컴퓨팅을 최소한 관리나 서비스 제공자의 작업만으로 신속하게 제공·배포될 수 있고, 요구에 따라 변경하게 할 수 있다.

[그림 2-3] 클라우드 컴퓨팅(출처: 리눅스재단)

　국내 '클라우드 발전법'(2015년도 제정)에서도 공유된 정보통신 기기·설비·소프트웨어 등 자원을 이용자의 요구나 수요 변화에 따라 정보통신망을 통하여 신축적으로 이용할 수 있는 정보 처리 체계라고 정의하였다.

　클라우드 컴퓨팅은 데이터센터 속에 구축되어 있는 대규모 컴퓨팅 자원을 네트워크를 통해 제공받은 후 이를 토대로 한 애플리케이션이나 서비스 개발을 의미한다. 클라우드 컴퓨팅은 1965년 미국의 컴퓨터 학자인 존 매카시가 제시하였으며, "컴퓨팅 환경은 공공시설을 쓰는 것과도 같다."라고 정의하였다. 클라우드는 IoT 기반 센서로부터 수집된 막대한 정보를 빅데이터를 통해 수집되는 공간이자, 분석할 수 있는 컴퓨팅 및 SW 등을 제공하는 플랫폼 혹은 SW 서비스이다.

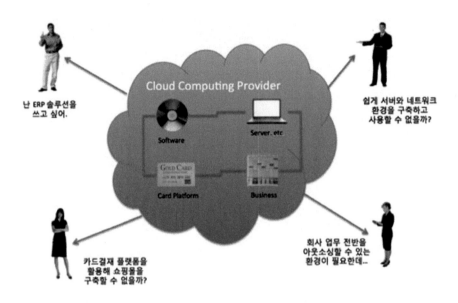

[그림 2-4] 클라우드 컴퓨팅 서비스(출처: NIA)

3. 클라우드의 패러다임 변화

클라우드(Cloud)는 다양한 클라이언트 디바이스에서 필요한 시점에 인터넷을 이용해서 공유 풀에 있는 가상화 스토리지 네트워크(서버, 스토리지, SW, 서비스 등)과 같은 IT 자원에 쉽게 접근하는 것을 가능하게 함으로써 인공지능, BigData, IoT, 3D 프린터, 핀테크 등 4차 산업혁명의 기반 기술이 되었다.

클라우드 컴퓨팅 서비스 대상에는 퍼블릭 클라우드(Public Cooud), 프라이빗 클라우드(Private Cloud), 하이브리드 클라우드(Hybrid Cloud)로 구성되며, 기타 클라우드 종류에는 커뮤니티 클라우드, 분산형 클라우드, 인터 클라우드, 멀티 클라우드가 있다.

클라우드 컴퓨팅은 IT 예산 절감, 효율성 향상, 신산업 창출 핵심 원천으로 주목되고 있다. 아이디어의 신속한 사업화가 핵심 요소인 IT 산업 환경에서 클라우드는 초기 ICT 인프라 구축 비용(시간과 자금)이 크게 경감된다. 그래서 초기 자금이 부족한 다수 신생 기업(Startup)에도 기회가 제공된다. 그리고 급격한 사용 증가에 대해서도 서비스 중단없는 신속한 확장도 가능하다.

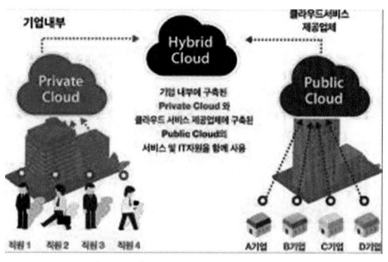

[그림 2-5] 클라우드 서비스 대상(출처: NIA)

[표 2-1] IT 패러다임의 변화

전개	변화의 패러다임
(1) 기술 발전	- 기술 발전으로 IT의 가능성을 확장되고 있으며, 인공지능(AI), 머신러닝(ML), 빅데이터 분석 등 IT 기술의 효율성과 활용도 증가
(2) 비즈니스 환경 변화	- 비즈니스 환경의 변화는 IT에 대한 요구 사항을 변화시키고 있으며, 모바일 컴퓨팅, 소셜미디어, 디지털 트랜스포메이션 등의 트렌드는 비즈니스에 밀착되도록 요구
(3) 시장 요구	- 시장의 요구는 IT의 발전을 촉진하고 있으며, 소비자는 IT가 더 쉽고 편리하게 사용될 수 있도록 요구
(4) 서비스 중심IT	- 서비스 형태로 제공되며 IaaS, SaaS, PaaS 등은 서비스 중심 IT의 대표 사례
(5) 지능형 IT	- 지능화되며 AI, ML, BigData 분석 등의 기술을 사용하여 IT가 스스로 학습하고 최적화
(6) 융합형 IT	- IT는 IoT, AR/VR, 5G 등 다양한 기술 융합으로 새로운 서비스 제공

　모든 국가는 디지털 전환으로 클라우드 컴퓨팅 시장 규모는 엄청나게 빠르게 확산 증가하고 있다.

[표 2-2] 클라우드 컴퓨팅의 확산의 장점

혁신성	효과
(1) 유연성	- 조직은 수요에 따라 리소스를 확장하거나 축소할 수 있는 유연성은 다양한 워크로드 처리에 유용
(2) 비용 효율성	- 사용자가 사용한 리소스에 대해서만 비용을 지급. 온프레미스 인프라에 비해 비용을 절감

(3) 접근성 및 협업	- 사용자는 데이터 및 애플리케이션에 대한 원격 액세스가 가능해 물리적 위치와 관계없이 팀 간의 협업이 촉진
(4) 자동 업데이트	- 클라우드 제공 업체는 인프라 유지 관리 및 업데이트를 처리하여 사용자는 항상 최신 기능과 보안 패치를 액세스 가능
(5) 신뢰성 및 중복성	- 클라우드 제공 업체가 높은 수준의 안정성과 중복성을 제공하며, 데이터는 여러 서버와 데이터 센터에 저장되므로 데이터 손실 위험 감소
(6) 혁신	- 클라우드 플랫폼은 기계학습, 빅데이터 분석, IoT 기능 등 다양한 도구와 서비스를 제공하여 혁신의 기반을 제공

다양한 업계에 걸쳐 모든 규모의 기업이 클라우드 컴퓨팅 기술을 수용하면서 빠르게 확산되고 있다.

[표 2-3] 클라우드(cloud) 사용의 장단점

장점	단점
- 서버 HW 구매/관리 불필요(초기 투자 비용 없음) - 수요에 따라 리소스를 자유롭게 scale up/down 가능 - 다양한 구성의 HW를 유연하게 선택 가능 - 높은 서비스 안정성과 보안	- 자체 서버에 비해 높은 비용(평균 이용률이 높은 경우) - 보안 데이터의 경우 클라우드로 옮기기 어려움 -가상화된 환경으로 네이티브 HW 제어 곤란

[표 2-4] 클라우드 정보 자원 우선 적용 원칙

대상 기관	정보 자원 중요도		
	상	중	하
중앙행정기관	- G-클라우드	- G-클라우드	- G-클라우드 우선
지자체	- 자체 클라우드	- 자체 클라우드 - 민간 클라우드 전환	- 자체 클라우드 - 민간 클라우드 전환
공공기관	- G-클라우드 - 자체 클라우드	- 민간 클라우드 전환	- 민간 클라우드 우선

[표 2-5] 공공 민간 클라우드 도입 권고 사항

분류	권고 사항
주요 서비스 내용	- 가상 서버(Virtual Machine)와 공개 S/W 템플릿(O/S, Web, WAS, DBMS) - 스토리지 백업 서비스/방화벽, 로드밸런서(L4)(기관별 독립 가상 네트워크) 제공
G-Cloud 현황	- 공공기관은 '클라우드 발전법'에 따라 클라우드 우선(Cloud First) 도입 - 공공 부문 클라우드 수요조사 결과, 자체·민간·G-클라우드 순의 선정 순위

클라우드 (공공, 민간) 도입 시 고려 사항	- 데이터 교환을 위한 네트워크 대역폭(대용량 자료) 및 네트워크 연결 - 표준 소프트웨어 및 특정 소프트웨어 사용 요건 - 외부 기관 연계 및 데이터 보안 요건으로는 Hybrid Cloud 형태 바람직함 - front-end(Web)와 back-end(WAS, DBMS,Application)process 분리 구성
적용 방향	- 오픈소스 기반 분산 처리 빅데이터 플랫폼(Hadoop)은 공공 서비스는 IaaS 형태 제공 - 데이터의 수집과 개인정보 보호를 위하여 데이터의 공유 중심의 Hybrid Cloud 서비스 활용에 대한 고려가 필요

4. G-Cloud 모델

G-클라우드 구성은 IasS(Infrastructure as a Service), PaaS(Platform as a Service), SaaS(Software as a Service) 서비스를 제공한다.

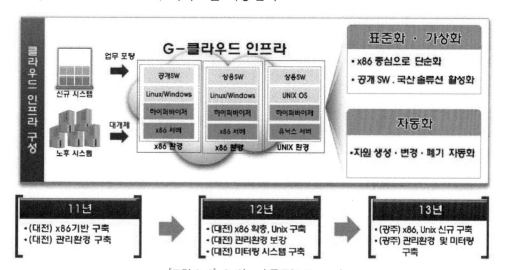

[그림 2-6] G-Cloud 구조(출처: NIPA)

클라우드는 초기 스토리지 역할에서 시스템 전반에 걸쳐 네트워크, 서버, 애플리케이션 등으로 다양하게 확장되고 있다. 4차 산업혁명의 핵심 기술인 인공지능은 대규모 컴퓨팅 파워와 빅데이터 축적을 기반으로 작동하는데 이는 모두 클라우드를 통해 실현이 가능하다. 클라우드 내에서 현실 세계와 가상 세계 간 결합이 발생하며 IoT, 빅데이터, AI 실현을 지원한다. 유연성, 가변성, 신속성이 극대화된 클라우드를 통해 이미 여러 글로벌 혁신 기업이 클라우드 기반 비즈니스 모델을 창출하고 있다.

클라우드 컴퓨팅 서비스

서비스 모델에는 IaaS(Infrastructure as a Service), PaaS(Platform as a Service), SaaS(Software as a Service)를 비롯한 클라우드 서비스의 역동적인 생태계가 혁신적으로 개발되고 있다. 컴퓨팅 자원 및 서비스 프로비저닝의 자동화, 탄력적 확장성과 고도로 가상화된 인프라, 공통의 소프트웨어 군과 운영 정책을 통해 표준화된 서비스로 구성한다. SaaS, PaaS, IaaS 이외에도 BaaS(Backend as a Service), NaaS(Network as a Service), BPaaS(Business Process as a Service)의 영역이 있다. 클라우드 컴퓨팅을 구현하기 위해서는 On-Demand, 동적 자원 할당, 신속성, 서비스 과금 등의 특성을 충족하기 위한 기술 요소 및 가상화 기술이 필요하다.

1. 클라우드 컴퓨팅 서비스 모델 종류와 특성

[표 2-6] 클라우드 서비스 종류

분류	구분	구성 방식
지원 기능	- 제공 서비스는 IT 자원 범위에 따라 IaaS, PaaS, SaaS로 구분	- 표준 시스템 소프트웨어 사용 여부 및 내부 운영 인력 역량 등의 요인에 따라 서비스 모델
자산 소유	- IT 인프라 자산의 소유 및 운영 주체 등의 구현 방식에 따라 Private Cloud, Public Cloud 및 Hybrid Cloud로 분류	- 정보보안 요건이며, 대외 서비스 효율성 및 비용을 고려 - Hybrid 모델 구축의 경우, front-end는 Public Cloud, back-end는 Private Cloud 구성

클라우드 시스템 모델은 클라우드 컴퓨팅에서 제공하는 서비스의 범위를 정의하는 개념이다. 클라우드 시스템 모델은 크게 세 가지로 나눌 수 있다.

[표 2-7] 클라우드 컴퓨팅 서비스 모델

서비스 종류	내용
IaaS(Infrastructure as a Service, 인프라 서비스)	- 서버, 스토리지, 네트워크 등 물리적인 기본적인 IT 자원 서비스 제공(AWS: Amazon Web Services)가 대표적
PaaS(Platform as a Service, 플랫폼 서비스)	- 운영 관리를 위한 Platform, 개발 환경(Development Environment) 제공을 애플리케이션을 서비스 형태로 제공
SaaS(Software as a Service, 소프트웨어 서비스)	- 애플리케이션을 개발하고 배포하기 위한 플랫폼 제공 - ERP, CRM, SCM, BPM 등 응용 소프트웨어를 공용으로 활용할 수 있는 그룹 웨어를 의미

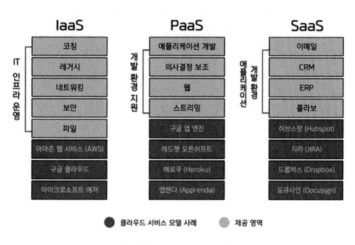

[그림 2-7] 클라우드 서비스 모델(출처: NIPA)

2. 인프라 서비스(IaaS)

IaaS는 클라우드 컴퓨팅의 가장 기본적인 모델이다. IaaS는 사용자에게 서버, 스토리지, 네트워크와 같은 IT 인프라를 제공한다. 사용자는 이러한 인프라를 사용하여 자신의 애플리케이션이나 서비스를 개발하고 배포할 수 있다.

[표 2-8] IaaS의 주요 특징

특징	내용
비용 절감	- 온프레미스 컴퓨팅에 비해 비용 절감
유연성 향상	- 필요에 따라 IT 인프라의 확장·축소를 유연성 향상
관리 부담 감소	- 서비스 제공 업체에 인프라의 위임으로 관리 부담 감소

[표 2-9] IaaS의 제공 기능

리소스	기능	IaaS 조직 활용
서버	- 온프레미스 서버와 동일한 기능을 제공하는 가상 서버를 제공	- 새로운 애플리케이션과 서비스를 개발하는 조직 - 비용 절감을 원하는 조직 - 유연성을 원하는 조직
스토리지	- 다양한 스토리지 옵션을 제공	
네트워킹	- 다양한 네트워킹 옵션을 제공	
보안	- 다양한 보안 기능을 제공	
IaaS의 대표 사례	- Amazon Web Services(AWS)의 EC2, S3, VPC - Microsoft Azure의 Virtual Machines, Storage, Virtual Networks - Google CloudPlatform의 ComputeEngine, CloudStorage&Networking	

3. 플랫폼 서비스(PaaS)

PaaS는 IaaS를 기반으로 애플리케이션 개발과 배포를 위한 플랫폼을 제공하는 모델이다. PaaS는 사용자에게 개발 환경, 도구, 프레임워크 등을 제공하여 애플리케이션 개발을 간소화하고 효율화한다.

[표 2-10] PaaS의 주요 특징

특징	내용
개발 시간 단축	- 개발 환경과 도구를 제공하여 개발 시간을 단축
유지 보수 비용 절감	- 애플리케이션을 자동으로 업데이트 및 관리하여 유지 보수 비용을 절감
보안 강화	- 클라우드 서비스 제공 업체가 보안을 담당하여 보안을 강화

PaaS는 웹 애플리케이션, 모바일 애플리케이션, IoT 애플리케이션 등 다양한 애플리케이션을 지원한다.

[표 2-11] PaaS 활용 기능

리소스	기능	PIaaS 조직 활용
개발 환경	- 애플리케이션 개발에 필요한 도구와 프레임워크를 제공	- 새로운 애플리케이션을 개발하는 조직 - 개발 시간을 단축하고 싶은 조직 - 관리 부담을 줄이고 싶은 조직
배포	- 애플리케이션을 클라우드에서 배포하는 기능을 제공	
관리	- 애플리케이션의 관리 기능 제공	

PaaS 대표 사례	- Amazon Web Services(AWS)의 Elastic Beanstalk, AppStream 2 - Microsoft Azure의 App Service, Functions - Google Cloud Platform의 App Engine, Cloud Run

4. 소프트웨어 서비스(SaaS)

SaaS는 애플리케이션을 클라우드에서 제공하며, 사용자에게 애플리케이션을 사용하기 위한 웹 브라우저만 제공한다. 사용자는 인터넷을 통해 애플리케이션을 사용할 수 있다. SaaS는 전자메일, 오피스 제품군, CRM, ERP 등 다양한 애플리케이션을 제공한다.

[표 2-12] SaaS의 주요 특징

특징	내용
편리성	- 인터넷을 통해 애플리케이션을 사용할 수 있으므로 편리
비용 절감	- 온프레미스 애플리케이션에 비해 비용을 절감
관리 부담 감소	- 애플리케이션 관리를 클라우드 서비스 제공 업체에 위임하여 관리 부담 감소

[표 2-13] SaaS 활용 기능

리소스	기능	SaaS 조직 활용
애플리케이션 사용	- 애플리케이션을 인터넷을 통해 사용	- 비즈니스 사용자: 업무에 필요한 애플리케이션을 사용하고 싶은 조직 - IT 관리자: IT 관리 부담을 줄이고 싶은 조직
데이터 저장	- 애플리케이션 데이터를 클라우드 저장	
관리	- 애플리케이션을 관리하는 기능 제공	
SaaS 사례	Microsoft Office 365, Google Workspace, Salesforce.com의 CRM서비스, SAP Business Suite on Cloud	

클라우드 컴퓨팅 서비스는 조직의 요구 사항에 따라 선택할 수 있으며, IaaS는 인프라를 직접 관리하고 싶은 조직에 적합하다. PaaS는 애플리케이션 개발과 배포에 집중하고 싶은 조직에 적합하며, SaaS는 애플리케이션 사용에 집중하고 싶은 조직에 적합하다. 클라우드 모델은 조직의 요구 사항에 따라 선택할 수 있다. 예를 들어, 조직이 새로운 애플리케이션을 개발하려는 경우 PaaS가 적합할 수 있다. 조직이 기존 애플리케이션을 클라우드로 이전하려는 경우 IaaS 또는 SaaS가 적합할 수 있다.

제3절
XaaS 클라우드 컴퓨팅 서비스

1. 클라우드 컴퓨팅의 활성화와 XaaS의 부상

클라우드 컴퓨팅은 씬 클라이언트, 그리드 등에서 한 단계 진화된 기술로 주요 벤더들의 사업 참여도도 증가하고 있다. 클라우드 컴퓨팅이 가능해진 데에는 서버 및 스토리지에 대한 가상화 기술의 발전과 함께 네트워크가 고도화(대역폭 증가)되면서 가능해졌다.

> **XaaS = Everything as a Service**
>
> 클라우드 컴퓨팅이 확산되면서 IT 인프라스트럭처의 서비스화가 급속히 진행되고 있다. 또한, SaaS로부터 시작된 IT 인프라 서비스화는 PaaS로 진화하고 있으며, 향후에는 HW, 데이터센터, 모바일 영역으로 확대되고 있다.

Xass라는 큰 틀에서 구분되며, XaaS(X as a Service)는 클라우드 컴퓨팅을 구성하는 SaaS, PaaS, DaaS, IaaS 등 서비스 형태로 제공될 수 있는 모든 IT 요소를 총칭한다. 수많은 IT 서비스 기업들이 새로운 서비스로서의 인프라스트럭처 시장에 뛰어들고 있으며, 따라서 향후에는 고객에게 폭넓은 새로운 서비스로서의 선택의 기회를 제공하는 차별성으로 경쟁력이 발휘된다.

[표 2-14] XaaS의 다양한 모델

구분	내용
AaaS (Architecture as a Service)	- 가상화 기술(Virtualization Technology)과 같은 아키텍처 구성을 위한 기술들을 제공하는 서비스
BaaS (Business as a Service)	- 비즈니스(경영, 마케팅, 제조, 인사, 재무, 프로세스 등) 전반에 걸친 기능들을 서비스로 제공

DaaS (Data as a Service)	- 전체 수명주기에 걸쳐 고객 데이터를 관리할 수 있는 포괄적 기능을 제공 - 클라우드 기반의 서버 및 스토리지 등 컴퓨팅 자원과 OS, SW를 포함한 인터넷을 통해 제공되는 가상의 PC 환경
DTaaS (Desktop as a Service)	- 클라우드를 이용해 DTaaS(Desktop as a Service)로 구축하고 클라우드 데이터센터의 시스템으로 월 이용료 형태로 제공받는 서비스형 모델 - 사용자는 클라우드 서버에 구현된 컴퓨팅 환경으로 PC로 내외부 망 활용 - DTaaS와 클라우드는 사용 편의성을 높일 수 있고 데이터 자체는 중앙 업무망에 저장되기 때문에 공공/금융기관처럼 보안이 중요시되는 시스템
FaaS (Framework as a Service)	- 서비스 개발에 필요한 프레임워크의 사용법과 실체를 제공하여 조력 구성
CaaS (Communication as a Service)	- IT망 기반의 음성 기반 전화로 기간 통신이 아닌 별정 통신과 같은 부가 통신 사업자가 제공하는 서비스

2. 클라우드 컴퓨팅(Cloud Computing) 공통 기술

클라우드 컴퓨팅을 구성하기 위한 공통 기술 요소로서 분산 컴퓨팅, 가상화, 시스템 관리, 서비스 플랫폼, 보안/과금/사용자 인증 기술 등이 있다.

[표 2-15] 클라우드 컴퓨팅 관련 기술

구분	내용
분산 컴퓨팅	- 분산 파일 시스템과 분산 데이터베이스 기술에 관련된 것으로 각각의 독립적인 파일 시스템이나 데이터베이스를 단일한 시스템으로 인식하도록 하여, 클라우드 컴퓨팅에 있어, 하드웨어를 구성할 때, 인터넷 혹은 인트라넷으로 연결된 다수의 컴퓨터 자원들을 하나로 묶어 연결하는 것
자원 가상화	- 서버, 스토리지, 네트워크 등 클라우드 컴퓨팅의 'Resource Virtualization'
시스템 관리	- 클라우드 컴퓨팅을 구성하는 시스템의 사용성을 솔루션 마스터로 관리
서비스 플랫폼	- SOA(Service Oriented Architecture) 기반 아래에서 서비스들 간의 호환성을 담보하는데 사용자들에게 클라우드 컴퓨팅 인프라 상에서 자기 고유의 응용 혹은 인터넷 서비스를 구축하기 위한 인터페이스를 제공
보안/과금/ 사용자 인증 기술	- 사용량에 따른 과금, 사용자 인증 인터페이스의 제공, 사용자들이 데이터 혹은 접근 시에 트러스티드 플랫폼 기술을 제공하는 기술

3. 클라우드 컴퓨팅 서비스 분류

1) 운영 주체에 따른 분류

클라우드 컴퓨팅은 데이터센터를 어디에 두고 서비스하는지에 따라 개인 클라우드(Private Cloud), 공공 클라우드(Public Cloud), 혼합형 클라우드(Hybrid Cloud)로 구분된다.

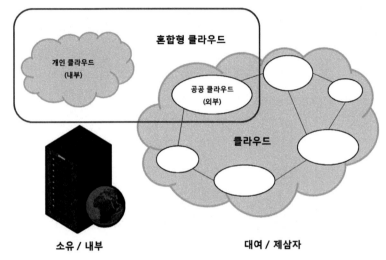

[그림 2-8] 클라우드 컴퓨팅의 다양한 타입(출처: NIA)

개인 클라우드(Private Cloud)는 기업 내에 클라우드 데이터센터를 운영하면서 내부 사원들이 개인 컴퓨터로 클라우드 데이터센터의 자원을 사용하는 개념이다. 이 경우는 지금까지 강조해 온 '기업의 시스템 유지 보수로부터의 해방' 측면은 해소되지 않는다. 그러나 기업 구성원을 위한 각각의 시스템 관리 부담은 해결될 수 있고, 기업 내 자료를 통합·관리할 수 있다는 장점을 지닌다.

공공 클라우드(Public Cloud)는 포털사이트처럼 외부 데이터센터를 이용하는 형태이다. 클라우드 컴퓨팅의 궁극적인 목표는 공공 클라우드에 있다.

개인 클라우드와 공공 클라우드를 함께 사용하는 형태가 혼합형 클라우드(Hybrid Cloud)이다. 혼합형 클라우드 방식에서는 문서별로 다른 보관 장소를 선택할 수 있다. 기업의 기밀 서류를 외부 데이터센터(공공 클라우드)에서 운영하는 것이 불안하다면 개인 클라우드에 보관하면 된다. 두 가지 방식의 클라우드를 운영하면서 개인 클라우드에 자료와 응용 소프트웨어를 보관하고 공공 클라우드에 데이터를 백업하면 된다.

2) 수익 모델에 따른 분류

클라우드 컴퓨팅 시장에서의 역할은 시스템 공급자(Vendors), 제공자(Providers), 사용자(User)로 분류할 수 있다. 그리고 이들 간의 역할 관계는 아래 그림과 같다.

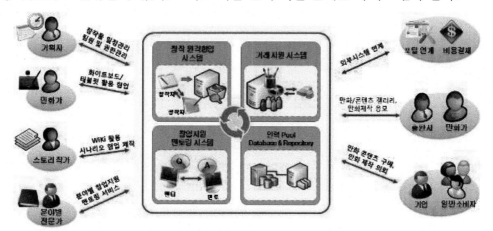

[그림 2-9] 클라우드 컴퓨팅 생태계(출처: NIA)

시스템 공급자는 이동 단말 기기, 서버, 스토리지, 네트워크와 같은 하드웨어 장비들을 납품하는 업체와 SaaS 서비스를 위한 응용 소프트웨어를 제공하는 솔루션 기업들이 포함된다. 하드웨어와 솔루션 업체는 납품을 통하여, 응용 업체는 사용자들이 사용하여 얻어진 수익금을 배분하는 방식으로 수익을 얻는다. 클라우드 솔루션 업체들은 사설 클라우드(Private Cloud or Enterprise Cloud)를 구성하거나 공공 클라우드(Public Cloud)를 구성하는 솔루션을 제공하는 수익 모델을 가진다.

제공자로서 IDC 운영 기업은 시스템 공급자로부터 시스템, 응용 서비스, 솔루션들을 구매하고 클라우드 컴퓨팅을 운영하는 주체가 된다. 컴퓨팅 지원 및 서비스 제공 플랫폼을 제공받아 개인 및 기업을 대상으로 인터넷 기반 서비스를 제공하고 사용한 시간 용량에 따른 과금 수익 모델을 가진다.

개인 사용자 또는 기업 사용자는 제공자의 인터넷 서비스를 통하여 컴퓨팅 자원을 할당받아 사용하고, 이에 대한 비용을 지급하는 주체이다. 사용자 중에는 클라우드 컴퓨팅 서비스가 제공하는 PaaS를 이용하거나 독자적으로 창출한 비즈니스를 클라우드 컴퓨팅 플랫폼에서 운영하면서 제3의 사용자를 대상으로 비즈니스 주체가 되기도 한다.

3) 소프트웨어 형태에 따른 분류

애플리케이션을 서비스 대상으로 하는 SaaS는 클라우드 서비스 사업자가 인터넷을 통해 소프트웨어를 제공하고, 사용자가 인터넷상에서 원격 접속을 하여 해당 소프트웨어를 활용하는 모델이다.

클라우드 컴퓨팅의 최상위층에 해당하는 것으로 다양한 애플리케이션을 다중 임대 방식을 통해 온디맨드 서비스 형태로 제공한다. 다중 임대 방식은 공급 업체 인프라에서 구동되는 단일 소프트웨어 인스턴트 조직에 제공하는 것을 말한다. 즉 우리가 흔히 사용하는 e-Mail 관리 프로그램이나 문서 관련 소프트웨어에서 기업의 핵심 애플리케이션인 전사적 자원 관리(ERP), 고객 관계 관리(CRM) 솔루션 등에 이르는 모든 소프트웨어를 클라우드 서비스를 통해 제공받는다.

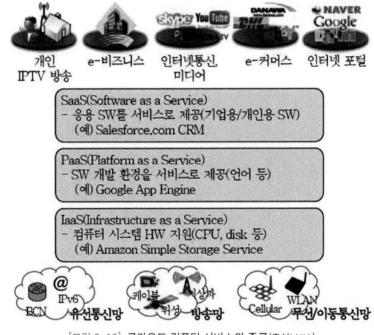

[그림 2-10] 클라우드 컴퓨팅 서비스의 종류(출처: NIA)

그러나 SaaS는 클라우드 컴퓨팅이 IT 업계의 화두로 부상하기 이전에 독립적인 영역으로서 상용화된 기술로써 다른 서비스에 비해 인지도가 높으며, Salesforce.com에서 수행하는 서비스가 대표적이다. SaaS는 아래 표와 같이 애플리케이션 종류에 따라 분류할 수 있다.

[표 2-16] SaaS 서비스의 분류

구분	업무	예시
단순 OA 기능	데이터 계산, 워드프로세서 등 단순 사무용 SW	· OA · 자료 관리
기업 단일 기능	회계, 급여, 재고 관리와 같은 단일 기능을 처리하기 위한 소프트웨어	· 회계 패키지 · 고객 관리 · 재고 관리 · 생산 관리 · 영업 관리 등
기업 내 통합	ERP와 같이 회계, 급여, 고객 관리 등의 기능을 연계 처리할 수 있는 통합 솔루션	· 그룹웨어 · ERP
기업 간 통합	SCM, 연구개발 등 기업 간 협업 및 공동 거래를 처리할 수 있는 솔루션	· SCM · 자동 부문/납품

PaaS는 사용자가 소프트웨어를 개발할 수 있는 토대를 제공해 주는 서비스이다. 클라우드 서비스 사업자는 PaaS를 통해 서비스 구성 컴포넌트 및 호환성 제공 서비스를 지원한다. 컴파일 언어, 웹 프로그램, 제작 도구, 데이터베이스 인터페이스, 과금 모듈, 사용자 관리 모듈 등을 포함한다.

응용 서비스 개발자들은 클라우드 서비스 사업자가 마련해 놓은 플랫폼상에서 데이터베이스와 애플리케이션 서버, 파일 시스템과 관련한 솔루션 등 미들웨어까지 확장된 IT 자원을 활용하여 새로운 애플리케이션을 만들어 사용할 수가 있다. 구글의 AppEngine 서비스가 대표적일 수 있다.

IaaS는 서버 인프라 서비스로 제공하는 것으로, 클라우드를 통하여 저장 장치(Storage) 또는 컴퓨팅 능력(Compute)을 인터넷을 통한 서비스 형태로 제공하는 서비스이다.

사용자에게 서버나 스토리지 같은 하드웨어 자체를 판매하는 것이 아니라 하드웨어가 지닌 컴퓨팅 서비스의 대표적인 사례로 알려진 아마존 웹 서비스(AWS)의 스토리지 서비스 S3 및 EC2가 IaaS에 해당한다.

4. 기존 컴퓨팅 방식과 클라우드 컴퓨팅의 차이

클라우드 컴퓨팅의 개념은 이전부터 있었던 그리드 컴퓨팅이나 유틸리티 컴퓨팅 등에서 유사한 기술이나 개념을 발견할 수 있다.

[표 2-17] 클라우드 컴퓨팅과 다른 컴퓨팅 방식의 비교

구분	주요 개념	클라우드 컴퓨팅과의 관계
그리드 컴퓨팅 (Grid Computing)	- 많은 IT 자원을 필요로 하는 작업을 위해 인터넷상의 분산된 다양한 자원들을 공유하여 가상의 슈퍼컴퓨터처럼 활용하는 방식	- 그리드 컴퓨팅이 인터넷상의 모든 컴퓨팅 자원을 통합해 쓰는데 반해, 클라우드 컴퓨팅은 서비스 제공 사업자의 사유 서버 네트워크를 빌려서 활용
유틸리티 컴퓨팅 (Utility Computing)	- 서버 스토리지 등 컴퓨팅 자원을 보유하지 않으면서, 전기처럼 사용량에 따라 과금되는 방식	- 클라우드 컴퓨팅의 과금 방식은 유틸리티 컴퓨팅과 동일
서버 기반 컴퓨팅 (Server Base Computing)	- 서버에 응용 소프트웨어와 데이터를 저장해 두고 필요할 때마다 접속해서 쓰는 방식. 모든 작업을 서버가 처리	- 클라우드 컴퓨팅은 서비스 제공자의 가상화된 서버를 이용하고, 서버 기반 컴퓨팅은 특정 기업 내 서버를 이용한다는 차원에서 구분되는 개념이었지만, 서버 기반 컴퓨팅이 발전하면서 구분이 모호해짐
네트워크 컴퓨팅 (Network Computing)	- 서버 기반 컴퓨팅처럼 응용 소프트웨어를 서버에 두지만, 작동은 이용자 컴퓨터의 자원을 이용해 수행하는 방식	- 클라우드 컴퓨팅은 이용자 컴퓨터가 아니라 클라우드상의 IT 자원을 사용

먼저 그리드 컴퓨팅은 인터넷에 흩어져 있는 컴퓨팅 자원을 연결해 가상의 슈퍼컴퓨터와 함께 활용하는 모델이다. 주로 수학, 과학, 물리 등 학술 분야에서 쓰이고 있다. 그리드 컴퓨팅은 분산된 IT 자원을 통합해 사용한다는 점에서 클라우드 컴퓨팅의 분산 컴퓨팅 환경과 비슷하다.

유틸리티 컴퓨팅은 사용자가 컴퓨팅 자원을 전기나 수도처럼 필요할 때마다 연결해 사용하고, 사용량에 따라 대가를 지급하는 과금 모형이다. 클라우드 컴퓨팅 역시 사용량을 기준으로 비용을 지급한다는 측면에서 유틸리티 컴퓨팅의 요소를 담고 있다.

서버 기반 컴퓨팅은 모든 처리가 100% 서버에서 이루어지고, 사용자의 단말기는 단순히 입출력만을 처리하는 신 클라이언트(Thin Client) [4] 역할을 한다. 클라우드 컴퓨팅은 사양이 낮은 단말기로도 서버에서 처리되는 높은 수준의 서비스를 이용할 수 있다는 점에서 서버 기반 컴퓨팅이 가지는 특성을 포함하고 있다.

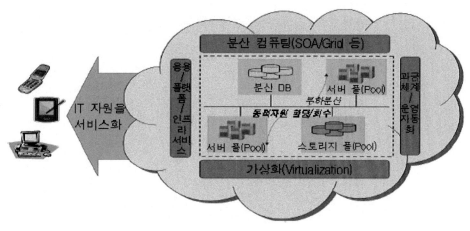

[그림 2-11] 클라우드 컴퓨팅 시스템 구성(출처: NIA)

네트워크 컴퓨팅에서 응용 소프트웨어나 문서는 단일 기업의 서버에 존재하기 때문에 기업 네트워크에서 한정적으로 접근할 수 있지만, 클라우드 컴퓨팅은 그보다 훨씬 큰 개념이다. 여러 기업, 여러 서버, 여러 네트워크를 포괄한다. 또 네트워크 컴퓨팅과 달리 클라우드 서비스와 스토리지는 인터넷으로 연결되어 있으면 세계 어디서나 접근이 가능하다. 일각에서는 서비스로서의 소프트웨어(SaaS: Software As a Service)를 클라우드 컴퓨팅의 전부로 오해하기도 하지만, 클라우드 컴퓨팅은 SaaS를 가능하게 하는 기반 컴퓨팅 환경이자, SaaS를 포함한 광범위한 IT 자원에 대한 아웃소싱 모형으로써 SaaS는 클라우드 컴퓨팅이 태생 이전부터 서비스되고 있으나 현재는 클라우드 컴퓨팅의 대표 서비스이다.

---

4) 신 클라이언트(Thin Client): 기존 컴퓨터가 각종 응용 소프트웨어를 내장하고 데이터 처리까지 했던 것과 반대로 중앙 서버에 있는 여러 소프트웨어 및 자원들을 사용자에게 보여 주는 인터페이스로 기능을 한정시킨 단말기를 의미한다. 단말기 자체에는 연산을 위한 중앙 처리 장치나 저장을 위한 하드디스크 등이 거의 탑재되지 않거나 최소화되어 있다.

제3장

클라우드 컴퓨팅의 근원
'가상화' 기술

학습 목표

가상화 기술은 '존재하지 않는 것을 존재하는 것처럼 만드는 것'이다. IT 산업에서 주목받고 있는 '가상화'의 의미는 '없는 것을 있는 것처럼 보이게 만든 것'이다.

이는 현실에서는 힘들지만 컴퓨터 안에서는 가능하다. 컴퓨터가 사용할 수 있는 자원의 일부를 쪼개거나 여러 자원을 합쳐서 특정한 소프트웨어의 틀로 묶고, 그 안에서 수행하는 프로그램이 가상의 자원을 진짜 컴퓨터처럼 보이게 만드는 것이다. 이 방법은 시스템 자원의 '나눔' 개념을 완전히 바꾸어 놓았다. 그리고 조직에서 정보 시스템에 대한 요구가 증가하면서 전 세계적으로 IT 투자 비용과 정보 시스템의 규모가 기하급수적으로 늘어났다. 정보 시스템에 대한 비용 증가는 IT 투자의 효율성에 대한 연구로써 다양한 기술들이 대두되었다. 기존에 투자된 각종 시스템은 필요 자원에 비하여 과다한 투자가 이루어지는 것으로 알려지고 있으며, 가상화 기술은 IT 투자의 효율성을 높이기 위한 주요 기술로 주목받고 있다. 가상화 기술의 영역은 서버 가상화에서 스토리지 가상화, 네트워크 가상화, 소프트웨어 가상화까지 영역이 확대되었다. 교재에서는 클라우드의 기본인 가상화 기술과 사례를 정의하고 공공기관 기술 적용에 대하여 논의하였다.

제3장 목차

제1절
가상화(Virtualization)의 정의

1. 가상화란 무엇인가?

'가상화' 기술의 근원은 오래전 IBM의 초기형 메인프레임으로 거슬러 올라간다.

'가상화' 기술은 다양한 방법으로 사용되고 있으며, 인지하지는 못하면서 사용하는 기술들도 있었다. 흔히 사용하는 에뮬레이터도 플랫폼 가상화나 애플리케이션 가상화에 해당하며, 디스크 가상화에서는 파티션이나 RAID 등도 해당한다.

가상화에는 완전한 하나의 플랫폼을 구현하는 플랫폼 가상화(Platform virtualization)에서부터 다양한 자원을 가상화하는 자원 가상화(Resource virtualization), 고성능 컴퓨팅을 위한 클러스터, 그리드 컴퓨팅(Grid Computing), 애플리케이션 레벨의 가상화(Application virtualization), 환경 가상화(Virtualization Development), 데스크톱 가상화(Desktop virtualization) 등이 있다.

2. 가상화 기술의 등장 배경

차세대 4차 산업혁명으로 필요한 IT 자원에 대해 사람의 추가 개입없이 원하는 만큼의 IT 인프라를 언제 어디서나 손쉽게 얻으며, 확장할 수 있는 소프트웨어 플랫폼으로써 가상화 기술 적용 솔루션들이 개발되고 있다.

가상화 기술은 글로벌화되고 있는 산업 변화에 인프라 자원의 복잡성을 해소하여 컴퓨팅 자체보다 일의 본질에 노력할 수 있는 인간 중심의 생활에 기여하는 기술이다. 물리적으로 다수인 자원을 논리적으로 하나로 사용하거나, 물리적으로 하나인 자원을 논리적으로 나누어 사용할 수 있도록 하는 접근 방식이다. 가상화 기술은 유틸리티 컴퓨팅의 기초 기술로 작용하고 있다. 가상 네트워크 세그먼트를 기초로 네트워크를 구축하는 프로세스 장치들은 실제 물리적인 위치와 네트워크로 연결되는 통로에 관계없이 가상 세그먼트에 연결된다.

몇 년 전만 해도 컴퓨터 운용 체제(OS)는 시스템 구조나 하드웨어에 영향받지 않고 설치하여 운용 체제는 특정 시스템 구조나 하드웨어에 특화되어 있어서, 교체가 쉽지 않았다. 하나의 시스템에서 여러 운용 체제를 동시에 운영하는 것도 거의 불가능하였다. 그러나 다양한 업무 수행을 위해서는 하나의 시스템에 여러 운용 체계를 얹거나 운영 체제를 교체하여 오래된 컴퓨터를 재활용하는 기술이 필요하며, 특히 최근에는 서버나 PC 수준에서도 기능이 절대적으로 요구되고 있다.

메인프레임 시스템이나 유닉스 서버에서 VMware나 MS의 가상 서버를 설치하면 가상화 기능을 이용할 수 있다. 컴퓨터에서 가상화 기술을 사용하는 방법은 가상 머신 이외에도 운용 체제 위에 가상 머신 지원 프로그램을 사용하는 방법과 가상 머신 위에 운용 체제를 올리는 방법 등이 있다.

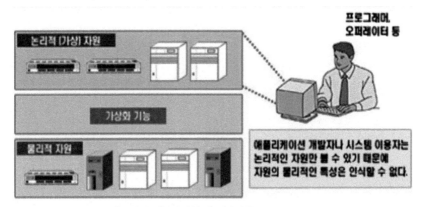

[그림 3-1] 가상화란 무엇인가? (출처: ITR)

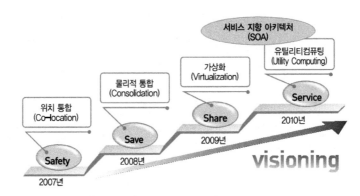

[그림 3-2] 가상화의 발전 단계 (출처: ITR)

3. 가상화의 자원

[표 3-1] 가상화 대상 (방식별)

대상 자원	설명	기술 요소
애플리케이션	- 서버에 있는 응용 프로그램들이 마치 클라이언트에 설치되어 있는 것처럼 지원하는 기술	SBC, SaaS, 프로비저닝, 스트리밍
네트워크	- 하나의 물리적 네트워크 자원을 이용해 여러 종류의 이용자 집단이 독립적으로 사용 가능하도록 하는 기술	VPN, MPLS, VLAN, 가상 라우터
서버	- 단일 플랫폼상의 서버 자원을 서로 다른 OS 등의 환경으로 나누어 사용할 수 있는 기술	가상 머신, 논리 파티셔닝, 물리 파티셔닝,
스토리지	- 물리적으로 분산된 스토리지를 논리적으로 하나의 스토리지 풀로 설정하여 임의의 서버에 할당하는 기술	호스트 기반, 네트워크 기반, 스토리지 기반
백업	- 백업의 복구 시간 단축을 위한 기술로 다수의 Tape 라이브러리를 통합하여 라이브러리 구성 사용	VTL 테이프 라이브러리 기반

[그림 3-3] 가상화 대상 (자원별)

4. 가상화 특성

[표 3-2] 애플리케이션의 요구에 따른 목적

요구 사항	목적
성능(Performance)	- 자원들을 하나의 풀로 만들어 최대한 컴퓨팅 파워를 사용하고자 성능을 향상시킴

확장성(Scalability)	- 서비스 요구량 및 트래픽의 폭발적인 증가에도 유연하게 대처할 수 있는 서비스의 확장성
가용성(Availability) 신뢰성(reliability) 회복성(resiliency)	- 하루 24시간 1년 365일 동안 중단 없이 서비스를 제공할 수 있는 데이터 및 서비스의 가용성
탄력성(flexibility) 민첩성(agility)	- 긴급한 문제 발생 시에도 빠르게 대처하여 실시간으로 장애 복구가 가능한 서비스 인프라의 탄력성과 어떠한 상황 변화(가령, 시스템 자원의 증설/축소, 서비스의 추가/삭제 등)에도 빠르게 대처할 수 있는 서비스 인프라의 민첩성
자원 최적화(resource optimization)	- 물리적인 시스템의 재구성 없이도 다양한 비즈니스 요구에 맞는 자원의 활용을 최적화하게 구성

[표 3-3] 가상화 기술의 종류

구분		내용
서버 가상화		- 물리적 서버 수십 대를 가상 서버로 통합하여 필요한 서버로 재생성하고 할당하여 전체 관리 비용을 감소시키는 방식
	장점	- 유동적 IT 자원 구축 및 확장 가능
	단점	- 자료의 중앙 집중화로 인해 해킹에 의한 자료 유출 위험성 존재, 장애 발생 시 원활한 업무 진행 차질
네트워크 가상화		- 네트워크 리소스(하드웨어 및 소프트웨어)를 물리적 요소가 아니라 논리적 요소로 구축하고 관리하는 기술로 여러 개의 물리적 네트워크를 논리적 네트워크 하나로 통합하거나 물리적 네트워크 하나로 각각 구분되는 여러 개의 논리적 네트워크로 세분화하는 방식
	장점	- 네트워크 장비들의 통합 관리가 가능하여 보안 배치 작업 용이
	단점	- 물리적인 네트워크에 비해 복잡한 구성
스토리지 가상화		- 개별 스토리지를 통합하여 저장 용량이 하나로 통합된 가상 스토리지를 만들고 재할당하는 방식
	장점	- 웹오피스, 업무 포털 등과의 연동으로 여러 용도로 활용 가능
	단점	- OS, SW 설치 및 업데이트 등의 개별 관리 필요
애플리케이션 가상화		- 애플리케이션을 가상화하여 사용자 컴퓨터에 설치하지 않고 중앙의 가상화 서버에 설치 구동하는 방식
	장점	- 일괄 배포 및 업데이트를 통한 애플리케이션 관리 용이 - 중앙 서버에서 모든 자료를 처리 저장하므로 정보 유출 방지
	단점	- 사전에 공동으로 사용하도록 구성된 애플리케이션만 사용 가능 - 네트워크 환경에 따라 처리 및 응답 속도 지연 가능성 존재

데스크톱 가상화		- 사용자의 데스크톱에서 Linux, Windows10 등 이기종 OS 사용 가능
	장점	- PC에 두 종류 이상의 OS 설치가 가능하여 업무 효율화 - 가상 머신 재구축 및 삭제 용이
	단점	데스크톱보다는 성능&속도가 느려 고성능 시스템 자원 제공 미흡

[출처] 클라우드 정보보호 안내서(2017. 12) 19p 3. 클라우드 컴퓨팅 가상화 기술

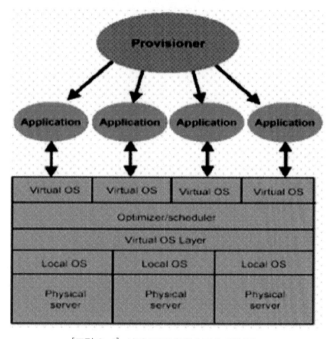

[그림 3-4] 서버 프로비저닝 기술 구성도

- 어디서나 한 번에 자동 설치 및 배치가 가능한 소프트웨어(operating system, middleware, tools, applications) 패키징 기능

- SPM(Storage Pool Manager) 서버의 편리한 중앙 관리

- 수정된 버전 및 패치의 분배, 관리, 설치 등을 포함하는 소프트웨어 분배 및 관리

- 웹 기반 관리

- 정책 기반에 따른 자원의 자동 준비 및 배치

- 클라이언트 시스템의 모니터링 및 기본적인 경고 전달 기능

- 하드웨어, 소프트웨어의 자산 관리

가상화의 목적이 성능, 확장성, 가용성, 호환성 및 자원 최적화임에 반해 운용의 입장에서는 가상 서버를 자동으로 관리하고 구성하는 기술이 필수적이며, 이에 해당하는 기술이 서버 프로비저닝 기술이다. IDC에서는 가상화의 상위 수준에서 관리 역할을 하는 소프트웨어를 SPM(server provisioning and management) 소프트웨어라고 정의하였다. SPM은 서버 시스템과 애플리케이션 스택 이미지를 배치(deployment), 구성(configuration), 관리(management)하는 기능이다.

[표 3-4] 가상화의 장단점

장점	단점
운영 비용 절감/효율성 증대	장애 발생 시 문제 해결 복잡함
보안성 강화	애플리케이션 OS 호환성
시스템 안정성/신뢰성 향상	SW 라이선스 문제 대두

가상화 기술은 유틸리티 컴퓨팅의 실제 구현 기술로서, 소프트웨어와 하드웨어 간의 밀착된 관계를 관리하기 쉽고 효율적인 컴퓨팅 인프라스트럭처를 구성할 수 있는 기술로 서비스 인프라 구축 관리에 필요 기술이다.

제2절
서버 가상화

1. 서버 가상화의 정의

단일 플랫폼의 서버 자원을 논리적으로 복수의 OS 환경으로 분할하여 사용할 수 있도록 하는 기술이다. 단일 서버를 활용하여 여러 개의 운영 환경을 구축하여 사용이 가능하다.

2. 서버 가상화의 방식

[표 3-5] 가상화 방식 비교

방식	도해	설명
가상 머신 모니터 (VMM) 기반		- 운영 체제 위에 VMM 위치 - VMM은 시스템 자원을 격리 할당하여 지원 - 애플리케이션 종료 없이 자원 재배치 가능(유연성) - 성능 저하 거의 없고 유연성 탁월함
OS 기반 가상화		- Host OS 레벨에서 분할 - OS를 수정하여 가상 환경 인식할 수 있도록 함 - 그 위에 Guest OS 환경 구축 - 성능이 탁월함

[표 3-6] 서버 가상화 기술 요소

구분	설명
Hypervisor	- 물리적 자원과 다수의 OS 사이에서 중재하는 계층의 SW
실행 환경격리	- 실행 중 오류, 문제 발생 등이 다른 논리적 실행 환경에 영향을 미치지 않게 하는 기술

시스템 자원 할당	- 논리적 실행 환경에 임의의 자원량을 할당하고 박탈하는 기술
H/W 에뮬레이션	- 각 분할된 실행 환경(Guest OS)에서 HW 자원을 추상적으로 바라볼 수 있도록 하는 기술

3. 서버 가상화 활용

이기종 장비 테스팅 환경 구축에 활용, 운영 장비 수를 줄일 수 있는 그린 IT 기술이다. 유틸리티 컴퓨팅의 기반 기술로 활용 전망되며, 서버 가상화가 IT 비용 절감과 친환경, 저전력 등을 중시하는 그린 IT를 구현할 수 있게 한다.

[표 3-7] 가상화를 서버에 적용 개념

개념	구현 내용
Server Virtualizing Up 개념	- 여러 대의 이질적으로 연결된 물리적인 서버를 한 대의 서버로 가상화해서 운용 - 공개 소스 프로젝트로 진행 중인 Squid(일반 오픈소스 소프트웨어)나 HP의 workload manager와 같은 부하 분산용 소프트웨어를 사용하여 여러 시스템을 클러스터링 하여 사용자 요구를 분산시켜 운용함으로써 서버 가상화 구현 - HP의 MC/Service guard나 MS의 Cluster Server와 같은 소프트웨어는 클러스터링 되어 운영되는 시스템 장애 시에도 나머지 서버들에 의해 운용되므로 신뢰성 및 가용성이 높음
Virtualizing Down 개념	- 한 대의 물리적인 서버를 여러 OS상에서 운용되는 애플리케이션들을 정상 동작하기 위해 여러 OS로 파티션하여 사용 - 일반적으로 서비스 인프라의 탄력성과 민첩성을 향상시키고 자원의 최적화에 목적(IBM의 z/VM OS가 알려져 있음)

이 가상화 기술을 활용하면 사용자는 하나의 물리적 서버에 여러 개의 가상 머신을 생성하여 사용할 수 있게 된다. 마치 하나의 컴퓨터를 여러 대의 컴퓨터로 분할하는 것과 같은 효과가 있다. 가상 머신은 물리적 서버의 하드웨어 자원을 공유하므로, 물리적 서버를 각각 구매하고 운영하는 것에 비해 비용이 저렴하다.

또한, 가상 머신은 물리적 서버에 직접 설치하는 것보다 설치 및 관리가 쉽다. 물리적 서버에 직접 설치하는 경우에는 하드웨어를 직접 설치하고, 운영 체제를 설정하고, 필요한 소프트웨어를 설치하는 등의 과정이 필요하지만, 가상 머신의 경우에는 이러한 과정을 간소화할 수 있다.

제3절
가상화 유형

1. 네트워크 가상화

네트워크 가상화란 하나의 물리적 네트워크 자원을 이용하여 여러 종류의 이용자 집단이 상호 간섭을 받지 않도록 수용하는 네트워크 기술이다. 네트워크 가상 환경은 여러 사용자를 네트워크를 통해서 하나의 공통된 가상 환경으로 묶어 준다.

이는 여러 명의 사용자가 같은 가상 공간을 공유하면서 협동 작업을 가능하게 한다. 네트워크에서 공유되어 사용할 수 있는 자원은 라우터, 스위치, 로드 밸런서, 방화벽과 서버와 연결되어 VPNs(Virtual Private Network), HiperSocket, VLANs, VSwitch, Virtual IP, Ethernet 어댑터 등의 자원들이 될 수 있다.

[표 3-8] 네트워크 가상화의 종류

구분	설명
VPN	- 인터넷 등의 공개 망을 통해 기업과 단체가 내용을 외부에 드러내지 않고 통신할 목적으로 쓰이는 가상 사설 통신망
MPLS	- 3계층 스위칭 기술의 일종으로 네트워크 계층 라우터가 전체 네트워크 계층 정보를 훑어 보는 대신 패킷에 붙여진 4바이트 레이블을 검색해 전송 결정 (VPN, QoS 등을 지원)
VLAN	- 하나의 물리적 이더넷 인터페이스에서 정의한 VLAN 정보를 이더넷 헤더에 사용하므로 논리적인 서브 인터페이스 구현
가상 라우터	- 하나의 물리적 라우터를 여러 개의 가상 라우터로 구성하는 기술로서, 독립 라우팅 프로토콜을 구동하여 각각의 라우팅 테이블 유지

자원들을 효율적으로 사용하기 위해서는 사용자에 대한 물리적 자원을 분리할 수 있어야 하고, 오류 발생 시에 가용성을 제공하여 융통성 있는 복구가 행해져야 한다. 온디멘드 컴퓨팅을 제공하기 위해 네트워크 가상화는 서비스 계층에서 관리되어야 한다.

애플리케이션이나 서비스에서 요구되는 네트워크 자원이 대역폭이나 우선순위를 고려하여 자동으로 적용되어야 하고, 이 과정은 QoS를 보장하는 정책 기반으로 단순 관리되어야 한다.

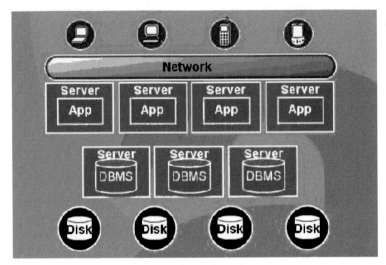

[그림 3-5] 네트워크 가상화

2. 프로세서 가상화

가상화에는 P-code (또는 가상 코드 pseudo-code) 머신도 있으며, 물리적 하드웨어가 아닌 가상 머신에서 실행되는 머신 언어이다. P-code는 1970년대 초반 University of California, San Diego(UCSD) Pascal 시스템으로 유명해졌다.

Pascal 프로그램을 P-code로 컴파일하며, P-code 프로그램의 뛰어난 이식성으로 P-code 가상 머신에서 실행한다.

C언어의 조상격인 1969년대의 Basic Combined Programming Language(BCPL)에도 같은 개념이 적용된다. 여기서는 컴파일러가 BCPL 코드를 O-code라고 하는 중간 머신 코드로 컴파일한다. 두 번째 단계로, O-code는 대상(target) 머신의 네이티브 언어로 컴파일된다. 이 모델은 현대적인 컴파일러에 의해 사용되어, 새로운 대상 아키텍처로 컴파일러를 이식할 때 유연하다. [중간 언어(intermediate language)에 의해 프론트엔드와 백엔드를 구별한다.]

3. 명령어 가상화

최근 가상화 추세는 명령어 가상화(instruction set virtualization) 또는 바이너리 변환이다. 이 모델에서 가상(virtual) 명령어는 기반 하드웨어의 물리적 명령어로 동적으로 변환된다. 실행될 코드가 있을 경우는 코드 세그먼트에 변환이 이루어진다. 분기(branch)가 발생하면 새로운 코드 세트가 변환된다. 메모리에서 빠른 로컬 캐시 메모리로 명령어 블록을 이동하는 캐싱 연산과 매우 비슷하다.

이 모델은 최근 Transmeta에서 설계된 Crusoe CPU에서 사용되었다. 이 아키텍처는 Code Morphing의 바이너리 변환으로 구현된다. 비슷한 예로 권한이 있는 명령어를 찾아서 리다이렉션하는 전체 가상화(full virtualization) 솔루션에서 사용되는 런타임 코드 스캐닝이다. (특정 프로세스 명령어와 관련된 이슈를 해결한다.)

4. 시스템 가상화(HW 가상화)

시스템 가상화는 다양한 레벨의 추상화(abstraction)를 통해서 같은 결과를 얻을 수 있다. 이 장에서는 리눅스의 가상화 방식과 장단점을 비교해 본다.

1) 하드웨어 에뮬레이션(emulation)
가장 복잡한 가상화는 아래 그림처럼 하드웨어 에뮬레이션에 의해 제공된다. 이 방식은 하드웨어 VM은 호스트 시스템에서 생성되어 해당 하드웨어를 에뮬레이트한다.

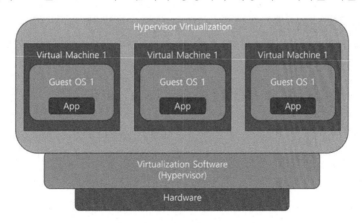

[그림 3-6] VM을 사용한 하드웨어 시뮬레이트(출처:NIA)

하드웨어 에뮬레이션의 문제점은 극도로 느려질 수 있다는 점이다. 모든 명령어들이 기반 하드웨어에 시뮬레이트되어야 하기 때문에 100배 정도 느려지는 것은 다반사이다. 사이클 정확성(cycle accuracy), 시뮬레이트된 CPU 파이프라인, 캐싱 작동을 포함한 하이파이(high-fidelity) 에뮬레이션 될 경우, 실제 속도 차이는 1,000배나 더 느려질 수도 있다. 하드웨어 에뮬레이션은 장점은 PowerPC®용의 수정되지 않은 OS를 ARM 호스트에서 실행과 다른 프로세서를 시뮬레이트하는 여러 개의 가상 머신들을 실행할 수 있다.

2) 전체 가상화(Full virtualization)

격리

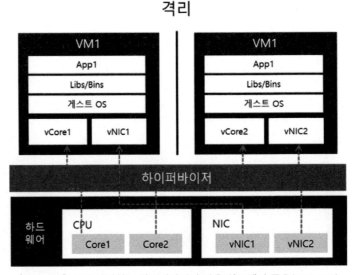

[그림 3-7] 전체 가상화는 하이퍼바이저 사용 하드웨어 공유(출처: NIA)

전체 가상화(네이티브 가상화) 모델은 게스트(guest) OS들과 네이티브 하드웨어 사이를 중재(Mediate)하는 가상 머신을 사용한다. VMM이 게스트 OS와 베어 하드웨어 사이를 중재하기 때문에 보호받고 있는 특정 명령어들은 하이퍼바이저 내에서 트랩핑(trap) 및 핸들 된다. 기반 하드웨어는 OS가 소유한 것이 아닌, 하이퍼바이저를 통해서 공유되기 때문이다.

전체 가상화는 하드웨어 에뮬레이션보다는 빠르지만, 하이퍼바이저 중재 때문에 실제 하드웨어보다는 성능이 낮다. 전체 가상화의 가장 큰 장점은 OS를 수정하지 않고 실행될 수 있다. 제한 사항은 OS가 기반 하드웨어(예, PowerPC)를 지원해야 한다.

3) Paravirtualization(부분 가상화)

Paravirtualization은 전체 가상화와 약간 유사한 대중적인 기술 기반 하드웨어 공유 액세스에 하이퍼바이저를 사용하지만, 가상화 인식 코드를 OS로 통합한다. 아래 그림은 재 컴파일이나 트래핑(trapping)을 할 필요가 없이 OS 자체로 가상화 프로세스에 협력한다.

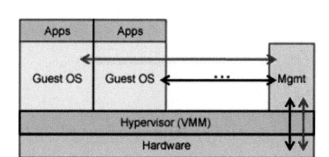

[그림 3-8] Paravirtualization은 프로세스를 게스트 OS와 공유

Paravirtualization은 게스트 OS를 하이퍼바이저에 맞게 수정되어야 한다. 이는 단점이기도 하지만, 가상화되지 않고도 시스템이 좋은 성능을 보이며, 전체 가상화와 마찬가지로 다양한 OS가 동시에 지원된다.

4) OS 레벨 가상화

OS 레벨 가상화는 OS에서 서버들을 지원하며, 서버들을 분리하고 OS 커널을 수정해야 하지만, 성능이 우수하다.

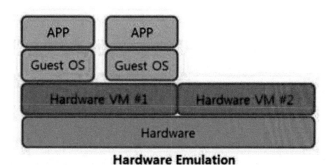

[그림 3-9] OS 레벨 가상화(출처: NIPA)

5) 메모리 가상화(virtual memory)

가상 메모리(또는 논리적 메모리)는 컴퓨터와 운영 체계에 의해 구현되는 개념으로, 프

로그래머에게 대단히 큰 용량의 메모리나 데이터 저장 공간을 사용할 수 있도록 허용한다. 컴퓨팅 시스템은 프로그래머가 사용하는 가상의 저장 공간 주소를 실제 하드웨어 저장 공간으로 매핑하는 일을 담당하므로, 프로그래머는 데이터 저장 공간 가용성 부족에 대하여 자유로울 수 있다.

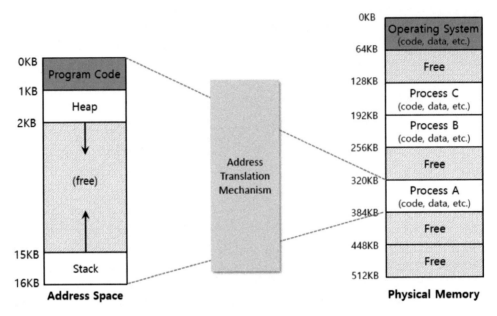

[그림 3-10] 프로세스 A의 가상 공간과 실제 메모리(출처: NIPA)

컴퓨터는 가상 저장 공간에 대한 주소를 실제 저장 공간으로 매핑하는 것 외에도, 가상 메모리를 구현하거나 램과 하드디스크 또는 다른 대규모 저장 장치 간에 이루어지는 데이터 스와핑을 관리한다. 데이터가 읽혀지는 단위를 '페이지'라고 부르는데, 크기는 1KB~수 MB까지가 있다. 가상 메모리를 쓰면 실제로 소요되는 물리적인 저장 공간의 크기를 절약하고, 전체적인 시스템 처리 속도도 빨라진다.

6) 플랫폼 가상화

플랫폼 가상화에는 전체 가상화와 부분 가상화, 상 가상화, 운영 체제 레벨의 가상화, 하드웨어 기반 가상화 등 여러 종류가 있다. 가상화의 구현 방법 차이가 있으나 하드웨어 기반의 가상화가 접목되어 사용되고 있다. 다양한 방법을 사용한 가상화 플랫폼에 솔루션의 호환을 위해 기업들이 플랫폼 표준으로 협력하고 있다.

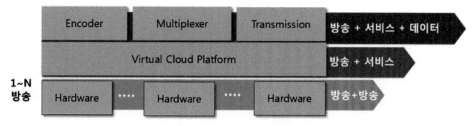

[그림 3-11] 플랫폼 가상화로 다양한 시스템 구성(출처: NIPA)

하드웨어와 소프트웨어를 결합하는 가상 머신을 만들어 내는 플랫폼 가상화는 주어진 하드웨어 플랫폼 위에서 제어 프로그램, 곧 호스트 소프트웨어를 통해 실행된다.

호스트 소프트웨어는 호스트 아래의 게스트 소프트웨어에 맞추어 가상 머신이라는 시뮬레이트된 컴퓨터 환경을 만든다. 게스트 소프트웨어는 보통 완전한 운영 체제를 말하며 마치 독립된 하드웨어 플랫폼에서 실행되는 것과 동일하게 동작한다. 하나의 물리적 컴퓨터 위에서 많은 가상 컴퓨터들을 운영할 수 있으나 호스트 하드웨어의 리소스에 제한을 받는다. 게스트 운영 체제에서 호스트 하드웨어에 대한 접근은 인터페이스를 통해서 접근한다. 이와 같은 프로그램의 종류로는 VMware나 SUN의 Virtualbox, Microsoft의 Virtual PC가 있다.

7) 리소스 가상화

플랫폼 가상화에서 확장된 개념으로 리소스 집합, 측정, 또는 연결의 구성 요소를 더 큰 리소스나 리소스 더미로 결합하는 것을 의미한다. 예를 들면, 가상 메모리, RAID와 논리 볼륨 관리, 저장 장치 가상화, 채널 결합, 가상 사설 네트워크(VPN), 가상 주소 번역(NAT), 컴퓨터 클러스터, 그리드 컴퓨팅 등이 있다.

5. 소프트웨어 정의 가상화(애플리케이션 온디맨드화)

소프트웨어 정의 가상화는 서버에 있는 응용 프로그램들이 마치 클라이언트에 설치되어 있는 것처럼 사용하도록 지원하는 기술이라고 정의한다.

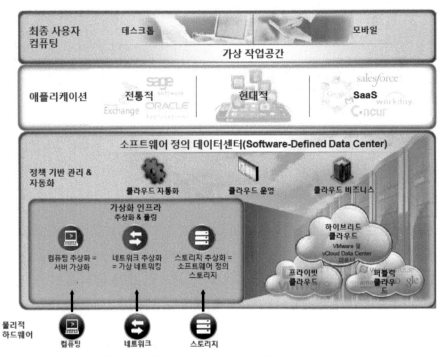

[그림 3-12] 소프트웨어 정의 가상화 구성(출처:NIPA)

어떠한 데이터도 사용자 디바이스에 저장되지 않고, 사용자 PC에 설치된 것처럼 인식하고 사용할 수 있다.

[표 3-9] 소프트웨어 정의 가상화의 기술 요소

구분	설명
스트리밍	- 애플리케이션 허브에서 관리되는 애플리케이션을 사용자의 기기로 스트리밍되어 독립(isolation)된 환경에서 구동 - 네트워크를 통한 연속적 데이터 전송 및 실행 지원
패키징	- 윈도우 레지스트리, DLL 및 OS 환경의 패키징 기술
시스템 자원 추상화	- CPU 관리 및 가상 메모리 최적화, 성능 리소스 보장
주변 장치 연결성	- 로컬의 주변 장치와 가상화된 애플리케이션 연결 기술

[표 3-10] 소프트웨어 정의 가상화의 기대 효과 (장점)

구분	효과	설명
비즈니스	보안 강화	- 데이터를 중앙 서버에만 보관하므로 재해 안전에 대응의 일원화
	컴플라이언스 보장	- 외부 규제에 대응 속도 빠르며 통합 모니터링 가능
	협업 기반	- 협력사, 계약직 등의 외부 인력과의 협업 시 별도의 설정 없이 근무 환경 제공 및 보안 강화
기술적	TCO 절감	- 유지 보수 비용, 패치와 업그레이드 비용, 배포 비용 등의 절감
	유연성	- 사용자 위치, 디바이스 종류, OS 버전 등의 환경과 무관하게 사용
	효율성	- 유휴 자원의 최소화로 자원 활용성 증대

소프트웨어 정의 가상화는 복잡성이 증가하는 비즈니스 환경의 변화에 대응할 수 있는 기술로서, 기업들은 효율성과 보안, 성능 등의 요구 조건을 해결할 수 있다. 이 가상화가 주목받는 이유는 M&A 증가(환경 다양성) 및 아웃소싱 증가(내외부 직원 협력)와 컴플라이언스(규제 강화), 위협 증가(연속성 강화 수단)에 있다. 파견 근로자 법에 의해 외주 인력의 외부 위치 이동 증가에 따른 수요 발생이 예상된다. 아웃소싱 증가(BPO), 보안 관리 중요성 증대 등의 환경에 맞는 해결책이다.

제4절
가상화 스토리지

1. 스토리지 가상화의 정의

물리적으로 분산되어 있는 스토리지를 논리적으로 하나의 스토리지 풀로 설정해 필요시 임의의 서버에 할당해 주는 기술로 정의한다. 스토리지 가상화는 시스템들이 스토리지의 물리적인 위치 파악없이 여러 대의 스토리지를 하나의 스토리지 저장 풀로 만들어서 여러 기기에 걸친 볼륨 구성, 기기 간 자유로운 데이터 마이그레이션 및 볼륨 복제, 이기종 서버 간 블록 단위의 데이터 공유 등을 가능하게 한다. 스토리지 가상화의 장점은 복잡한 스토리지 구성을 단순화하여 관리 효율을 얻을 수 있고 스토리지의 구성 변경이 서버에 영향을 주지 않으므로 서버의 가용 시간을 늘릴 수 있다. 그러므로 전체 스토리지 시스템 운용에 필요한 비용이 절감된다.

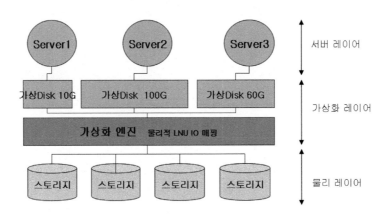

[그림 3-13] 스토리지 가상화 구성(출처: 가상화 스토리지 네트워크)

LUN(Logical Unit Number) 구성 요소는 블록단위 가상화, 스토리지 디바이스 자원 관리(RAID 구성, 장비 상태 확인 등), 블록단위 파일을 공유한다.

[표 3-11] 설치 위치에 따른 스토리지 가상화 분류

구분	설명	예시
서버 기반	- 서버에 설치된 가상화 SW를 이용하는 방식 - 단점: 서비스의 성능 저하, 비호환성 문제	LVM(Logical Volume Manager)
스토리지 기반	- 스토리지 자체가 가상화 기능을 보유 - 단점: 가격이 높아짐	NAS, SAN. RAID
네트워크 기반	- 스토리지 및 서버와 독립적으로 적용 및 운영 - 서버 기반 가상화와 스토리지 기반 장점 취함	Inband/Outband

[표 3-12] 처리 방식에 의한 분류(네트워크 기반)

구분	설명
In-Band	- 서버와 디스크 간의 I/O에 가상화 장비가 개입 - 장점: 구조 간단,　　　단점: 병목 현상, 성능 문제
Out-Band	- 서버와 디스크 간의 I/O에 가상화 장비가 개입하지 않음 - 장점: 성능 우수,　　　단점: 구조 복잡

[표 3-13] 스토리지 가상화의 도입 효과

구분	설명
효율성	- 유휴 스토리지 공간의 최소화, 자원 활용률을 높일 수 있음
확장성	- 서버와 스토리지 분리로 인하여 용량 확장 시 구조 단순화
경제성	- 미러링, 원격 복제 등에 따른 위험 관리 비용 절약 - 유휴 자원의 최소화로 운영 비용 절약
가용성	- 스토리지 구성 변경에 영향을 받지 않기에 장애요인과 다운타임 감소

2. 스토리지 가상화 구분

가상화 스토리지가 등장하게 된 배경에는

1) 자료를 보관하기 위한 스토리지의 인프라 비용 증가

2) 스토리지를 관리하기 위한 인력 증가로 인한 비용 증가

3) 물리적으로 복잡하게 구성된 스토리지를 쉽게 운영, 관리 가능

SAN 기반, NAS 기반 등 다양한 방식의 검토 시 효용성, 편의성, 확장성, 이기종 호환성을 고려한 선택이 필요하다. 그리고 HW 가격과 사용자의 성능 및 안전성에 대한 불신이 가상화 보급에 대한 장애 요소이지만, 장기적으로는 유연성과 효율성이 가져다주는 점에서 산업 전반으로 확산하고 있다.

[표 3-14] 가상화 구분

구분	기술 방법
1) 가상화인 것	- 물리적인 자원의 논리적인 점 - 서로 다른 논리적 자원의 논리적인 점 - 서로 다른 디스크나 어레이로부터 공동의 풀을 만드는 방법 - 사용자의 간편성과 스토리지 관리자 관점에서 복잡성을 줄이는 방법 - 이기종 복제나 마이그레이션 서비스를 가능케 하는 서비스
2) 가상화가 아닌 것	- 새로운 개념이며 새로운 방법 - 단순히 하나로 규정할 수 있는 기술 - 모든 제조 업체에서 같은 방식으로 구현되는 기술

3. 가상화 스토리지 방식

서버와 가상화된 스토리지 사이의 모든 I/O가 가상화 엔진을 통과하는 방식에 따라 구별된다.

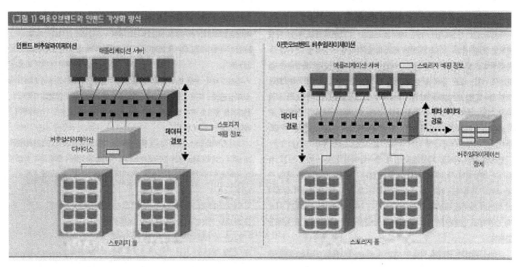

[그림 3-14] 가상화 스토리지 인밴드/아웃밴드 방식 (출처: 가상화 스토리지 네트워크)

[표 3-15] I/O 통과 방식과 가상화 엔진 통과 방식 비교

구분	서버와 가상화 스토리지	장단점
인밴드	가상화를 위한 커맨드 I/O와 실제 데이터 I/O 가상화 엔진을 통과	- 응답 시간을 향상시킬 수 있다 - 기기 간 볼륨 순간 복제, 원격지 미러링 등의 복제 서비스를 구현한다 - 병렬 형태의 증설을 지원할 경우 소형 디스크의 병렬 구성으로 대형 스토리지를 능가하는 성능이 있다
아웃밴드	커맨드 I/O만을 관리하는 방식	- 오버헤드가 적고, 다양한 스토리지 장비의 연결을 지원

4. 가상화 스토리지 구성

[표 3-16] DAS, NAS, SAN 기능 비교

구분	DAS	NAS	SAN
구성 요소	애플리케이션 서버, 스토리지	애플리케이션 서버, 스토리지, 파일 서버	애플리케이션 서버, 스토리지
접속 장치	없음	이더넷 네트워크	광 넷
스토리지 공유	가능	가능	가능
파일 시스템 공유	불가능	가능	불가능
파일 시스템 관리	애플리케이션 서버	파일서버	애플리케이션 서버
특징	소규모 독립된 구성	파일 공유를 위한 가장 안정적	유연성 확장성 편의성이 가장 뛰어남

1) DAS(Direct Attached Storage)

전통적인 스토리지 구성 방식으로, 스토리지가 서버나 컴퓨터에 직접 연결하며, 스토리지 자원 추가 시 시스템을 다시 시작해야 하는 한계점이 있다.

2) SAN(Storage Area Networks)

호스트 종류와 무관하게 분산된 스토리지 장비 간 대용량 데이터를 이동시킬 수 있는 고속 네트워크이다.

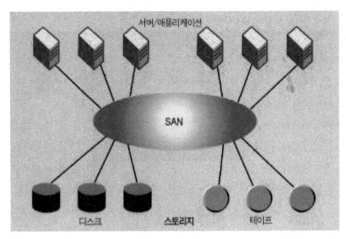

[그림 3-15] 가상화 스토리지 SAN 방식(출처: 가상화 스토리지 네트워크)

(1) 등장 배경

인터넷 사용자의 급격한 증가로 스토리지 수요도 늘어나 기업들은 유닉스나 윈도우와 같은 이기종의 서버에 분산되어 있는 정보 공유에 어려움을 겪게 되었다. 다양한 시스템을 운영하다 보니 자연히 데이터를 수정할 때 다른 시스템의 데이터와도 동기화시켜야 하는 문제가 발생하기 시작하였다.

(2) SAN의 기능과 구축 환경

SAN은 허브나 스위치를 이용해 파이버 채널(Fiber Channel)로 연결된 다수의 스토리지에 접근할 수 있도록 함으로써 데이터와 자원을 편리하게 공유·액세스할 수 있고, 중앙 집중식 관리 기능을 제공한다. 파이버 채널(Fiber Channel)을 통해 네트워크를 새롭게 구축해야 한다. 또한, 페타바이트급 이상의 대역폭을 지원하기 때문에 최근 엔터프라이즈급 스토리지 네트워크로 주목받고 있다.

(3) SAN에서 파이버 채널을 전송 매체로 사용하는 이유

일반적으로 파이버 채널은 1Gbps의 전송 속도(현재까지 2Gbps 전송 속도와 3.2Km의 전송 거리를 지원한다)를 제공할 뿐 아니라 SCSI와 IP 네트워크 같은 물리적 매체에서 공유할 수 있다. IP 네트워크를 통해 파이버 채널로 연결된 스토리지에 접근할 수 있는 이유도 바로 두 개의 인터페이스 형태를 지원하기 때문이다. 파이버 채널은 SAN을 구축하는 표준 프로토콜로 사용된다.

[표 3-17] SAN의 특징과 장단점 비교

SAN	내용
특징	- 데이터 중심으로 액세스를 위한 Server 접속의 Cluster한 부분 - 데이터 I/O는 서버에서 전달(서버에서 일어난 블록 I/O가 스토리지 전용 네트워크를 통해 스토리지로 변환없이 전달) - 동일 O/S에서 데이터 액세스
장점	- 파이버 채널 사용으로 고용량 데이터 고속 처리, 원거리 지원, 관리 용이 - 스토리지 통합, 자원 공유 가능, '중복 투자 불필요, 비용 절감' - 서버와 관계없이 대규모 확장이 가능한 '무정지 확장성' - 서버와 스토리지 간 다양한 배치 가능, 어떠한 연결도 가능 - 스토리지 전용 네트워크 사용으로 전송 능력 탁월하며 LAN에 부담 없음 - 스토리지 자원의 재할당 가능 - 데이터의 고가용성 확보 - NAS에 비해 보안 우수 - 백업과 복구 속도의 향상
단점	- 이기종 간에 데이터 호환이 어려움 - SAN을 위하여 별도의 네트워크 구성 - 용량 확장 시 서버의 파워도 확장 필요 - 고가의 설비 비용

3) NAS(Networks Attached Storage)

NAS의 저장 장치 부분의 하드웨어적 성능과 기능뿐 아니라 소프트웨어적인 기능이 파일 서버와는 차별화된다는 것이 특징이다. 그리고 I/O 측면에서도 범용 운영 체제가 아닌 파일 서비스에 특화된 전용 운영 체제를 채용함으로써 보다 나은 I/O 성능을 제공하고 있다. NAS는 파일 공유와 파일 서비스 기능을 위해서는 범용 운영 체제(유닉스나 윈도우 등)에서 제공되는 일부 기능(NFS 또는 CIFS)을 이용했고, 데이터 저장 장치는 주로 서버에 내장된 디스크를 사용했다. 서버/클라이언트 구조로 파일서버가 서버로서 해야 할 역할을, 각 사용자의 단말(PC 또는 워크스테이션)이 클라이언트로서 해야 할 역할을 하도록 구현되어 있다.

파일 서버는 서버 쪽에서 접근한 솔루션으로 데이터 저장 장치 부분 자체가 하드웨어적 성능과 기능의 한계로 소프트웨어 기능 제공은 어렵게 되어 있다. 이 파일 서버의 한계를 극복한 것이 NAS이다. NAS는 애플리케이션 서버에 대한 저장 장치로서 해야 할 역할도 하고 있다.

[표 3-18] NAS와 파일 서버 비교

구분	NAS	파일 서버
관점	스토리지	서버
역할	사용자 단말에 대한 파일 서버 역할 애플리케이션 서버에 대한 스토리지 역할	사용자 단말에 대한 파일 서버 역할
운영 체제	파일 서비스와 공유에 최적화된 운영 체제	범용 운영 체제
저장 장치 형태	외장	파일 서버에 내장 혹은 외장
가용성	저장된 데이터의 무중단 활용 측면에서의 가용성을 중시, 가용성이 높음	데이터 보호보다는 파일 서비스와 파일 공유 기능에 중점 일반적인 서버 수준의 가용성
파일 서비스 성능	높다	보통
데이터양	무한 가능	성능 한계
지원 프로토콜	NFS, CIFS 등 여러 프로토콜 동시 지원	채용된 운영 체제에 따라 지원 프로토콜 제한

[표 3-19] NAS의 특징

특성	설명
- 네트워크 중심으로 구현 - LAN/WAN 의 한 부분 -표준화된 Protocol 사용 - 중앙 집중식 데이터 관리	- 각 시스템은 별도의 스토리지를 운영하지 않고, 전통적 네트워크 환경 LAN, WAN을 통해 통합된 스토리지 장비를 네트워크로 간단히 연결시켜 주며 파일 단위로 데이터를 이동 - 이더넷을 사용하는 TCP/IP 프로토콜을 사용해 데이터 전송, 여유 네트워크 존재하고, 어디든 NAS 스토리지를 LAN 케이블로 연결해 두면, 어떤 서버든 할당된 데이터를 연결하여 사용 가능 - 여러 기종의 서버가 접속된 네트워크에 바로 연결하여 여러 형태의 데이터를 한 시스템에 저장하는 중앙 관리 저장 장치 - 네트워크에 직접 연결되지만 스토리지가 마치 독립된 서버와 같이 작용 - 미리 패키지화된 NAS 전용 OS 위에서 사용이 간편한 인터페이스가 존재(스토리지용 플러그앤플레이 Appliance) - 스토리지 자체에 프로세서, OS, I/O, 파일 시스템 - 프로토콜 존재 → 공간 직접 관리

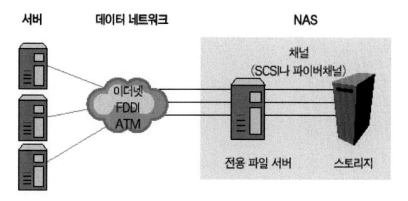

[그림 3-16] NAS의 구조(출처: 가상화 스토리지 네트워크)

NAS는 네트워크에 접속한 스토리지이다. 그러나 스토리지는 SCSI 프로토콜을 기반으로 통신하고 LAN은 TCP/IP 프로토콜을 기반으로 통신하기 때문에 서로 간에 통신은 불가능하다. 이 두 프로토콜이 서로 통신하기 위해서는 중간을 매개하는 역할이 전용 파일 서버(앞의 파일 서버와 구분하기 위해 전용 파일 서버로 표현)다.

[그림 3-16]의 NAS는 전용 파일 서버와 스토리지로 구성되어 있다. 전용 파일 서버와 NAS의 데이터를 이용하는 애플리케이션 서버 사이는 LAN에 접속돼 TCP/IP 프로토콜로 통신하고 전용 파일 서버와 스토리지는 SCSI 또는 파이버 채널(Fibre Channel)과 같은 채널로 연결돼 SCSI 프로토콜로 통신한다.

NAS의 장점은 파일 공유다. 여러 애플리케이션 서버가 LAN을 통해 NFS나 CIFS와 같은 파일 서비스 프로토콜로 전용 파일 서버에 접속해 서비스를 요청한다. 파일 서버가 요청에 따라 파일 서비스를 제공하면 NAS에 저장된 파일이 모두 전용 파일 서버 한 곳에서 관리됨으로써 파일에 관한 정보의 정합성(Consistency)이나 락킹(locking) 문제없이 파일을 여러 서버에서 공유할 수 있다.

[표 3-20] NAS의 장단점

구분	NAS의 내용
장점	- 이기종 O/S에서 데이터 액세스 가능, 이기종 간 파일 공유 가능 - 다양한 서버 플랫폼에 영향을 받지 않고 데이터 통합, 네트워크 통한 이용 가능 - 파일 서비스 기반으로 다른 솔루션과의 통합 및 구성 가능 - 뛰어난 확장성과 통합, 집중화된 데이터 관리 - 기존 네트워크에서 사용 - 설치가 편리하며 별도의 관리가 필요 없어 TCO 절감 - 용량 확장할 때 서버 부하 없음 - 무정지 서비스할 수 있으며, 백업 디바이스 직접 연결로 정지 없이 고속 백업 - PC의 불필요한 저장 공간 감소, 외부에서 네트워크 통해 데이터 접근 가능 - DAS, SAN에 비해 경제적 설치 비용, 설치 편리 - 파일캐싱: 웹서버나 애플리케이션 서버와 같이 다수의 클라이언트가 대량의 HTTP 접속을 시도하는 경우 효과적 - 고성능 파일 서비스: NFS나 CIFS 기반의 클라이언트에게 파일을 서비스 - 안전성: 서버의 네트워크 트래픽 분산시켜 네트워크 안전성 및 성능 증가
단점	- 성능과 데이터베이스 사용 시의 문제점은 성능에서 가장 큰 문제는 대기 시간(Latency Time) 길음 - I/O가 많은 대용량의 데이터베이스인 경우나 대규모 배치 작업을 수행으로 성능상 문제가 있음 - 데이터 I/O로 인한 서버 부하 - 윈도우 OS 기반의 NAS는 보안에 취약 - 고용량, 고속 데이터 처리 시 상당한 부하가 발생

  미 클리퍼 그룹(Clipper Group)의 연구기관에서는 대용량의 데이터베이스 업무는 DAS나 SAN에서 사용하고 파일 공유가 필요한 업무에 NAS를 사용하도록 권고하고 있다. 그러나 NAS의 성능이 많이 향상되어 OLTP 중심의 소규모 데이터베이스를 NAS에서 운영하는 것은 전혀 문제가 없다.

4) SCSI(Small Computer System Interface)

SCSI는 컴퓨터와 주변 장치를 연결하기 위한 표준으로서 1986년에 처음 도입되어 버전 업그레이드되었다. SCSI는 PC와 디스크 드라이브, 테이프 드라이브, CD-ROM 드라이브, 프린터, 스캐너 등과 같은 주변 장치를, 이전의 인터페이스보다 더 빠르고 유연하게 통신할 수 있도록 해 주는 인터페이스이다. 현재의 SCSI 세트들은 병렬 인터페이스로, SCSI 포트는 대부분의 PC에 장착되어 있으며 모든 주요 운영 체계를 지원해 준다.

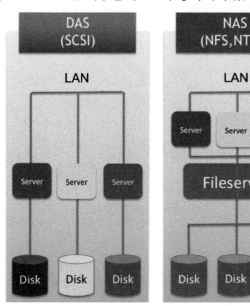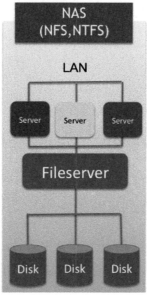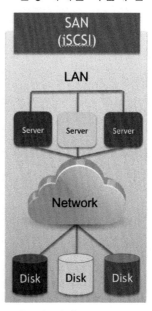

[그림 3-17] DAS, NAS, SAN 구성도 (출처: 가상화 스토리지 네트워크)

[표 3-21] SCSI의 주요 특징

장점	고속 전송	- 최대 1600MB/s의 속도를 지원
	다중 장치 지원	- 하나의 케이블로 여러 장치를 연결
	유연한 연결	- 다양한 종류의 케이블과 인터페이스를 지원
	다양한 용도	- 다양한 용도로 사용
	하드 드라이브	- 고속 전송과 다중 장치 지원이 필요한 하드 드라이브 사용
	테이프 드라이브	- 고속 전송을 필요로 하는 테이프 드라이브에 사용
	스캐너	- 고속 전송을 필요로 하는 스캐너에 자주 사용
단점	비용	- 다른 스토리지 인터페이스에 비해 비쌀 수 있음
	복잡성	- 다른 스토리지 인터페이스에 비해 설정과 관리 복잡

SCSI-3는 일련의 기본 명령어들과 특정 장치 형태의 요구에 맞춘 부가적이고 특화된 명령어 세트로 구성된다. SCSI-3 명령어 세트의 모음은 병렬 인터페이스뿐 아니라 추가적인 병렬 및 직렬 프로토콜들을 위해서도 사용된다.

광범위하게 적용된 SCSI 표준은, 최고 전송 속도 80Mbps를 내기 위해 40MHz 클록 속도를 사용하는 Ultra-2이다. 이것은 저압 차동 신호(LVDS)를 사용함으로써 케이블 거리를 최장 12m까지 늘릴 수 있다. Ultra-2 SCSI는 두 개의 케이블 사이에서 다른 전압으로 표현되는 데이터를 두 개의 케이블상에 신호를 보내서 더 긴 케이블을 지원할 수 있게 한다. 저압 차동은 전력 소모와 제조 원가를 낮춘다.

SCSI 표준은 클록 속도와 함께 동작할 수 있게 함으로써 최고 속도를 증가시킨 표준을 지원하는 신형 디스크 드라이브는 빠른 데이터 전송 속도를 제공한다.

Ultra-3(Ultra 160/m)는 전송된 데이터의 무결성을 보장하기 위한 CRC와 SCSI 네트워크를 테스트하기 위한 도메인 검증 기능이 포함된다.

5) iSCSI(Internet Small Computer System Interface)

iSCSI는 급속도로 도입되기 시작한 IP SAN 기술로, 스토리지를 IP 네트워크를 통해 접속하여 마치 내장된 하드디스크처럼 사용할 수 있게 해 준다. iSCSI는 스토리지의 블록 액세스를 위해서 필요한 최소한의 공통 제어 방식인 SCSI를 IP에 직접 태운다. SCSI 명령어와 디스크 블록 데이터들을 직접 IP 패킷 내에 캡슐화해서 전송하는 방식이다.

스토리지와 IP 네트워킹의 통합에는 iSCSI(Internet Small Computer Systems Interface)프로토콜을 사용한다. iSCSI는 IP 네트워크에서 블록 단위로 스토리지 트래픽을 전송해 주는 프로토콜로서 보편적으로 사용되는 두 가지 기술, 스토리지의 SCSI 명령(SCSI Command)과 네트워킹의 IP 프로토콜을 기반으로 하고 있다. iSCSI는 IP 네트워크에서 스토리지 I/O 블록 데이터를 전송하기 위한 단대단(End-to-End) 프로토콜로서 서버(Initiator), 스토리지 장비(Targets) 프로토콜 전송 게이트웨이 장비 등에 사용되고 있다. iSCSI는 서버에서 스토리지로의 데이터 전송을 위해 표준 이더넷 스위치와 라우터를 사용한다. 또한, IP와 이더넷 인프라를 사용하여 SAN 스토리지 접속성을 강화하고 SAN 연결성을 무한히 확장한다.

[그림 3-18]은 iSCSI 계층을 통해 SCSI가 TCP/IP로 매핑되어 병렬 버스 구조에서 탈피하는 과정이다.

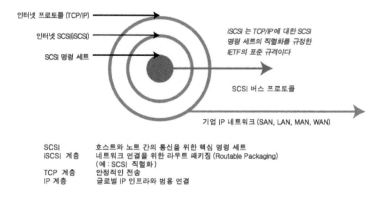

[그림 3-18] iSCSI의 프로토콜 스택 (출처: 가상화 스토리지 네트워크)

[그림 3-19]는 iSCSI를 포함하는 단순화된 프로토콜 스택이다. 표준 SCSI 명령 세트를 사용함으로써 상위 계층에 있는 기존 운영 체제 및 애플리케이션과의 상호 연동성이 증대되며, 표준 TCP/IP 네트워크를 이용해서 글로벌 IP 인프라로 범용 접속을 제공한다.

IP 스토리지 네트워킹(IP Storage Networking)이란, IP를 통해 연결된 컴퓨터 시스템과 스토리지 구성 요소를 말한다. 이렇게 연결된 요소들 간에 스토리지 트래픽을 전송하는 IP 인프라를 의미하기도 한다. 옆 그림은 다양한 IP 스토리지 네트워크의 구성 요소들을 나타내고 있다.

[그림 3-19] iSCSI의 프로토콜 레이어 (출처: 가상화 스토리지 네트워크)

첫 번째 요소인 Device I/O는 native IP 인터페이스를 사용하는 컴퓨터 시스템과 스토리지 리소스들을 의미하며, iSCSI 어댑터나 iSCSI 컨트롤러가 장착된 서버, 디스크 어레이, 테이프 라이브러리 등을 들 수 있다.

iSCSI SAN의 두 번째 요소는 스위치 패브릭이다. IP-기반 패브릭이 지니고 있는 장점은 사용자들이 표준 이더넷 스위치와 라우터를 사용하는 SAN을 구축해서 SAN 패브릭을 통해 데이터를 전송할 수 있다.

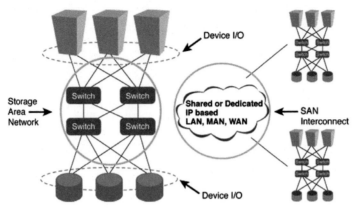

[그림 3-20] 스토리지 네트워킹 영역 (출처: 가상화 스토리지 네트워크)

스토리지 스위치와 라우터는 종래의 IP 및 이더넷 스위치에서는 볼 수 없었던 멀티-프로토콜 연결성을 제공하며, 병렬 복사 명령(Peer-to-Peer Copy Command)과 같은 스토리지 고유의 기능성도 지원한다.

(1) Native iSCSI 스토리지 네트워크 구축

데이터센터 방식의 iSCSI SAN은 네트워크 스토리지로 이행을 위한 최선의 선택이다. DAS(Direct Attach Storage)와 동일한 블록 레벨 SCSI 명령을 사용하는 iSCSI는 파일 시스템, DB, 웹 서빙과 같은 사용자 애플리케이션들과의 호환성을 제공한다. 마찬가지로 iSCSI는 분산된 기존 IP 네트워크에서 운영되므로, 새로운 네트워크 인프라에 관해 학습할 필요 없이 SAN의 많은 이점들을 쉽게 구현할 수 있다.

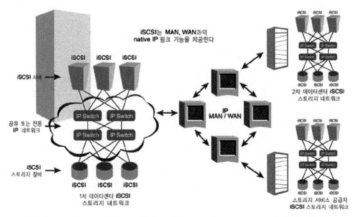

[그림 3-21] MAN/WAN 접속 지원 IDC의 iSCSI 스토리지 네트워크

(출처: 가상화 스토리지 네트워크)

데이터센터 내에 iSCSI 스토리지 네트워크를 구축하기 위해서는 각종 iSCSI 스토리지 장비, 그리고 IP와 이더넷 스위치의 결합 구조와 함께 iSCSI HBA를 서버에서 사용할 수 있어야 한다. 필요에 따라서는 IP 스토리지 스위치와 라우터를 사용할 수 있다. 그림에서는 원격지와 연결된 1차 데이터센터(Primary Data Center)의 iSCSI 스토리지 네트워크를 나타내었다.

(2) iSCSI를 통한 SAN 연결

iSCSI는 TCP/IP를 전송 프로토콜로 사용하기 때문에 MAN/WAN 환경에서 SAN을 연결하는 이상적인 프로토콜이다. iSCSI는 WAN을 통해 Native iSCSI SAN과 광채널 SAN을 확장시켜 주며, SAN 표준의 이더넷 장비를 활용해서 WAN과 연결시킬 수 있다. 광채널 SAN과 연결할 때 FC 프로토콜을 iSCSI로 전환시키기 위해서는 IP 스토리지 스위치를 사용해야 한다.

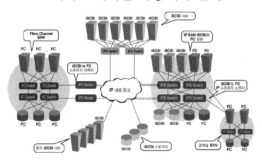

[그림 3-22] iSCSI와 광채널 연결

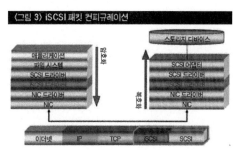

[그림 3-23] iSCSI 패킷

IP 스토리지 라우터나 스위치를 사용하면 FC SAN의 영역을 확장하고 FC SAN과 iSCSI SAN을 연결할 수도 있다. 위 그림은 IP 스토리지 라우터와 스위치를 기반으로 하는 구성 표본을 나타냈다. 그러므로 클라우드 컴퓨팅 '가상화' 기술은 기업의 IT 비용 절감과 IT 관리를 간소화하며, 기업 경영의 효율을 높일 수 있다.

'가상화' 기술을 활용하면 IT 인프라의 복잡성을 줄이고, 조직 관리와 경영 시스템에 들어가는 인력과 비용 절감하면서도 전사적 품질 향상에도 도움이 된다.

제2부

클라우드 컴퓨팅 시스템 기술

제4장

클라우드 자원 제어와
모바일 기술

학습 목표

모바일 트래픽이 유선 트래픽 규모를 훨씬 초과한 인터넷은 '모바일' 중심으로 발전되고 있다. 5G, 6G 이동통신 접속 기술은 모바일 인터넷 트래픽을 효율적으로 처리하기 위한 이동성 제어 기술 개발이 주요 이슈로 부각되고 있다. 현재 IETF, ISO/IEC, ITU-T 등 표준화 기구에서는 인터넷 표준 기술에 대한 '분산형 이동 제어 표준 기술'이 핵심 기술이 되고 있다.

표준화 작업은 주로 기존 기술의 문제점 분석, 분산형 이동성 제어를 위해 가능한 시나리오 도출에 집중되어 있으며, 세부적인 기술 측면에서는 많은 부분이 해결 연구과제로 남아 있다. 특히 분산형 이동성 제어를 위한 접속망 장비 간 위치 등록 및 관리, 세션 설정, 데이터 전달, 핸드오버 제어 등의 세부 절차 기술들을 이해해야 한다.

다양한 시스템, 디바이스 및 센서를 통해 수집되는 데이터에 대하여 모바일 클라우드 서비스를 통한 1차원적 데이터 접근 및 제공에서 벗어나, 실시간으로 고수준 컴퓨팅 서비스 제공하거나 연속성을 갖는 스트리밍 데이터의 실시간 수집, 통합, 분석을 기반으로 정보를 이해하여 사용자 경험을 향상시켜 줄 수 있는 것이 '모바일 클라우드'이다. 모바일 인터넷 산업 관점에서도 스마트폰 서비스의 성공을 계기로 해당 기술에 대한 수요가 높아짐에 따라 관련 기술에 대한 도입 및 국제 표준화에 대한 노력이 필요하다

제4장 목차

제1절
클라우드 자원 제어 기술

1. 클라우드 자원 관리 정의

현재 IT 산업의 주요 화두는 A, B, C로 요약되며, 이 중 'C'는 클라우드 컴퓨팅으로 빅데이터와 가상화 기술로 정의된다. 소프트웨어 전문가들은 수많은 소비자가 개인 컴퓨터에서 실행하기보다 서비스로서 사용하는 소프트웨어를 만들어 내기 위한 도전들에 직면해 있다. 멀티코어 프로세서나 네트워크 컴퓨팅 환경처럼 급격하게 진보하는 기술들을 이용한 새로운 컴퓨팅 패러다임들이 제안되고 도입되고 있다. 새로운 컴퓨팅 패러다임에는 클러스터 컴퓨팅, 그리드 컴퓨팅, P2P 컴퓨팅, 서비스 컴퓨팅, 시장 지향 컴퓨팅 등에서부터 클라우드 컴퓨팅까지 등장하였다. 컴퓨팅 서비스들은 높은 신뢰성과 확장성, 유비쿼터스 액세스나 동적 발견과 구성을 지원하는 자율성을 필요로 한다. 특히 소비자들이 서비스 품질(Quality of Service: QoS) 파라미터와 서비스 요구 수준 협약(Service Level Agreement: SLA)을 통해 요구된 서비스 수준이 결정되고 있다.

주요 IT 기업들의 관심이 집중되고 있는 클라우드 컴퓨팅은 프로그램이나 문서를 인터넷으로 접속할 수 있는 대형 컴퓨터에 저장하고 PC/휴대전화 같은 각종 단말기로 원격에서 원하는 작업을 수행할 수 있는 사용 환경을 의미한다. 이는 인터넷으로 접속 가능한 대형 컴퓨터에 저장하고, PC를 비롯한 다양한 단말기에서 작업을 수행하는 점에서는 기존의 신 클라이언트(Thin Client)나 메인 프레임 환경과 같은 형태이다.

이론적으로 '클라우드 컴퓨팅'이 확실히 자리를 잡으면, 이용자는 인터넷 접속과 연산 기능 가능한 '단말기'만 있으면 어느 장소든 원하는 컴퓨팅 작업을 할 수 있다.

클라우드는 가상화된 컴퓨터 자원들의 풀(pool)로 정의될 수 있으며, 서로 다른 작업량(workload)의 다양성을 수용하고 클라우드 안에 위치한 가상머신(Virtual Machine: VM)이나 물리적 머신에 대한 신속한 프로비저닝을 제공한다. 자율화된 자원 및 작업 관리를 위한 확장된 자율 관리 모델 등을 지원하여 원할 때마다 자원 할당의 밸런싱을 맞추거나 효율적인 자원 할당 및 스케줄링을 위해 실시간으로 자원 사용에 대한 모니터링 기능을 제공한다.

특히 클라우드 컴퓨팅 인프라는 시스템들 간의 물리적인 벽을 허물고, 하나의 시스템인 것처럼 전체 시스템 그룹 관리의 자동화를 지원한다. 즉 클라우드 컴퓨팅은 궁극적인 가상화 시스템이며 자율화 시스템 관리와 작업량 밸런싱 기법, 가상화 기술이 적용된 가상 컴퓨팅 데이터 센터가 된다. 이러한 가상 환경에서 사용자들이 요청한 실제 환경과 동일한 QoS 및 SLA 작업을 준수하기 위한 자원 관리 및 제어 기술을 실행할 수 있다.

2. 클라우드 자원 관리의 중요성

클라우드는 가상화 기술이 적용된 가상 컴퓨팅 데이터 센터이다. 클라우드 컴퓨팅은 모든 사용자들이 자원을 동시에 공유하고 있으며, 스토리지와 컴퓨팅, 그리고 모든 종류의 자원들이 제공되는 환경이다. 이는 대규모 가상화 서버를 운영하고 관리하며 작업량의 밸런싱 등과 같은 정교한 스케줄링 및 할당 기술이 적용되는 자율 관리(Self-managing) 시스템 기반이 요구된다.

가상 클러스터(Virtual Cluster) 내 자원의 사용을 정교하게 제어하여 데이터센터 내의 모든 가상 클러스터들이 양호한 수행을 유지하도록 지원하는 최적화 자원 할당과 스케줄링 기법이 필요하다. 다음 그림은 자원 관리 컴퓨팅 기술 및 데이터 모델, 핵심 기술인 가상화와 자원 모니터링을 나타내고 있다.

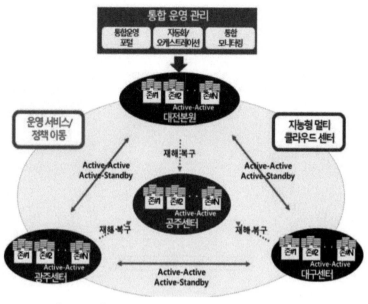

[그림 4-1] 클라우드 컴퓨팅 지능형 자원 관리(출처: NIA)

환경 제공을 위해 데이터와 클라우드 컴퓨팅, 클라이언트 컴퓨팅으로 연계되는 모델[그림 4-2]로 사용되고, 이 관계에서는 데이터 관리(매핑, 파티셔닝, 쿼링, 이동, 캐싱, 복제 등)가 필요한 데이터 집중형 응용이 증가할수록 그 연계성이 커지게 된다.

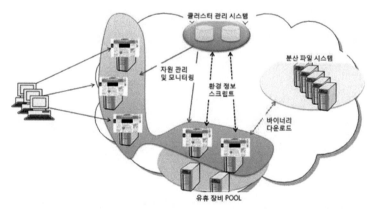

[그림 4-2] 클라우드 컴퓨팅에서 유휴 장비 지원 시스템(출처: NIA)

컴퓨팅 응용을 처리할 때 네트워크상에서 확장성을 얻기 위해 통신비용을 최소화하는 최적의 장소에서 데이터가 처리될 수 있도록 조정해야 한다. 컴퓨팅과 데이터 자원 관리의 결합은 데이터 이동을 최소화하고 응용 시스템 수행 능력과 확장성을 개선하기 위한 중요한 해결 방안이다.

가상화는 기본 실제 자원들(컴퓨터, 스토리지, 네트워크 자원)이 풀(pool)로써 통합되고, 그 위에 오버레이 자원 환경이 구축되어 필수적인 추상화를 제공한다. 클라우드 환경에서는 여러 개의 사용자 응용들은 동시에 수행될 필요가 있으며, 클라우드에 있는 모든 자원을 사용할 수 있는 것처럼 사용자들에게 보여야 한다. 따라서 클라우드는 가상화를 지원함으로써 다양한 응용들이 같은 서버에서 수행하고, 자원을 보다 더 효율적으로 사용할 수 있는 서버와 응용 통합을 지원한다. 다양한 응용을 지원하기 위한 자원 요구 사항이 확연히 다를 때, 필요에 따라 동적으로 자원을 묶어서 지원할 수 있는 구성력이 제공된다.

또한, 가상 환경에서 데이터가 백업되고 서비스 중지없이 서비스를 이전할 때, 계획되지 않은 오작동이나 작업 실패로부터 빠른 복구 지원을 통해 응용의 유효성을 증가시키고 자원 프로비저닝과 모니터링, 자율화가 지원된다.

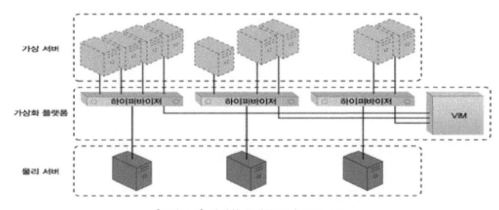

[그림 4-3] 가상화 플랫폼 구성(출처: NIA)

클라우드 환경에서 가상화의 어려움은 실시간으로 자원 모니터링으로 자율 유지(Self-Maintained), 자율 치료(Self-Healing)가 제공되는 자율 관리에 의한 정교한 제어를 하게 된다. 특히 자원 모니터링으로 클라우드는 비즈니스 응용 모니터링과 엔터프라이즈 서버 관리, 가상 머신 모니터링, 하드웨어 유지 간의 밸런스를 요구하고 있다.

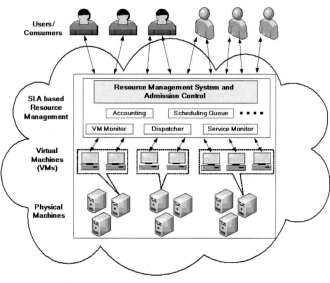

[그림 4-4] 계층별 클라우드 구조(출처: NIA)

클라우드 환경에서의 효율적인 자원 관리를 위한 체계화된 구조가 필수이다. [그림 4-4]는 데이터센터 내 클라우드 시스템의 자원 할당 지원을 위한 기본 계층 구조를 나타내었다.

[표 4-1] 클라우드 자원 관리 구조

구조	관리
사용자/브로커 (User/Broker)	- 지리적인 위치와 관계없이 데이터센터의 클라우드에서 작업 처리를 서비스 요청을 할 수 있음
SLA 자원 할당자 (SLA Resource Allocator)	- 데이터센터 내 클라우드를 소유한 서비스 제공자와 사용자/브로커 사이에 인터페이스와 같은 역할을 진행 - 적절한 자원을 선정/할당/스케줄링하는 서비스 요청 수용자 및 작업 수용 관리자와 서비스 요청에 대한 과금이나 사용 비용을 계산하거나 부과하기 위한 계정, 자원의 가용성을 관리하는 가상 머신 모니터와 수용된 작업이 할당된 가상 머신을 실행시키는 디스패쳐(Dispatcher)로 구성
가상 머신 (Virtual Machines)	- 서비스 요청의 세부적인 요구 사항을 기반으로 동일한 실제 머신 내에서 자원을 분할하여 사용하는 형태로 제공되며, 실제 자원 내에서도 독립적이고 분별된 형태로 제공으로 자원 사용의 증대 가능
물리적 머신 (Physical Machines)	- 사용자의 요구 사항을 만족시키기 위한 실제 자원인 다양한 서버와 네트워크로 구성

3. 클라우드 컴퓨팅 구현 스텝(Open Cloud Platform 관리)

클라우드 컴퓨팅 구현 스텝은 구축, 관리, 실험 등 세 스텝으로 이루어진다.

실험(테스트)은 최종적으로 운영하는 과정에서 발생하는 문제점을 확인하거나 최종 서비스를 위한 부가 기능을 다룬다.

1) 클라우드 구축

구축은 컴퓨팅 자원과 네트워크 자원을 가상화시켜 관리 가능한 시스템 작업이다. 다양한 클라우드 자원들이 다양한 관리자들에 의해 구축되어 운영 중이다. 미국의 플로리다대학 연구 그룹에서는 네트워크 연결성을 지원하기 위한 ViNe 미들웨어와 클라우드 컴퓨팅 센터 Open 플랫폼인 Nimbus를 이용하여 [그림 4-5]와 같은 클라우드 컴퓨팅 플랫폼을 구축하였다. ViNe은 지역적으로 분리된 네트워크 도메인 간에 협업을 할 때, 네트워크의 대칭성을 제공하여 서로 다른 도메인 간의 협업이 보다 쉽게 제공될 수 있는 가상 네트워크 환경을 제공하는 기술이며, Nimbus는 이를 실현하기 위해 가상머신의 실행 환경을 동적으로 설정할 때, 특히 소프트웨어의 동적 설정이 가능한 기술이다.

(1) Virtual Network (ViNe)

그리드 컴퓨팅 환경에서와 같이 분산된 자원들 간의 협업을 하기 위해서는 대칭형 네트워크 연결이 필수적이지만, 현재 인터넷은 비대칭형 환경이다. 이러한 네트워크 비대칭은 주로 사설망(Private Network)의 네트워크 주소 변환(Network Address Translation: NAT) 게이트웨이 기술과 방화벽(Firewalls) 때문에 발생된다.

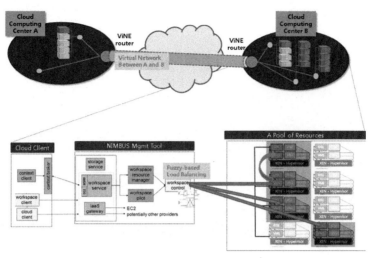

[그림 4-5] ViNe의 전체 구조(출처: NIPA)

　ViNe는 사설망이나 방화벽에 상관없이 그리드 컴퓨팅 환경과 같이 서로 분산된 자원들 간에 협업을 지원하기 위해 1) 존재 요소(Entity) 간의 대칭형 통신과 방해 요소에 의해 중단되지 않는 네트워크 환경, 2) 개별 자원 제공자에 의해 제시된 보안 정책에 대한 독립성, 3) 네트워크 정의와 배치에 대한 자동화를 지원하는 메커니즘의 이용성, 4) 수정 없이 응용을 수행하는 능력, 5) 변화 없는 운영 체제(Operating System: OS) 네트워크 스택의 사용, 6) 중단 없는 인터넷 인프라, 7) 플랫폼 독립성과 확장성 등을 만족시키는 가상 네트워크 구조를 제공한다.

　ViNe는 VR 간의 통신을 위해 사용되는 패킷은 공용키 인프라(Public Key Infrastructure: PKI) 모델을 사용해 보호되며, VR은 공용키(Public Key)에 의해서 확인되고, 신용있는 증명 허가(Certificate Authority: CA)에 의해 유효한 보증 과정을 거쳐야 ViNe에 가입된다.

(2) Nimbus

　가상화를 기반으로 하는 클라우드 컴퓨팅을 실현하려는 경우 가상 머신의 실행 환경을 동적으로 설정하는 것이 중요하다. 가상 머신의 실행 환경이란 실제 물리적 컴퓨터로부터 할당받은 자원의 양(CPU, Memory 할당량)과 소프트웨어 설정 상태를 말한다.

　Nimbus는 이러한 가상화 기반의 클라우드 컴퓨팅을 위해 클러스터를 가상 이미지와 관련된 메타 데이터를 유지하는 시스템, 관련된 실제 커널(Kernel)과 소프트웨어를 위한 저장소, 가상 머신을 실제 배치될 물리적 자원을 통해 실제 가상 머신을 배치하는 관리자로 구분하여 운영하게 된다.

가상 머신과 관련된 메타데이터는 클러스터 내 일정한 저장 장소에 저장되게 된다. 만약 외부로부터 서비스 요청의 양이 현재 시스템이 처리하는 양보다 커지는 경우 이를 시스템이 감지하고 이에 대응하는 데 추가적인 가상 머신의 운영을 명령하게 된다. 이때 Nimbus는 이러한 서비스에 대응하기 위해 필요한 가상 머신에 대해 기술한 메타데이터 정보를 확인하고 세 가지 단계에 맞추어 서비스 실행을 위해 단계를 수행하게 된다. 첫 번째 단계는 가상 머신 이미지 실행 요구 사항을 파악하는 단계이다. 가상 머신은 어떠한 하이퍼바이저(Hypervisor)를 어떠한 구조로 사용하느냐에 따라 종속적이기 때문에 이를 파악하는 단계가 선행되어야 한다. 메타데이터 기술된 요구 조건을 만족 시, 이에 따라 중앙 저장소로부터 우선 가상머신에 커널을 가져와서 실행시키게 된다. 그러나 가상머신 위의 커널 소프트웨어가 설정되어 있지 않기 때문에 현재는 외부 서비스 요청을 받아들일 준비가 되어 있지 않은 상황이다. 두 번째 단계는 동적으로 설치되어야 할 소프트웨어의 기술 정보를 보고 관련된 소프트웨어를 중앙 저장소로부터 가져와 커널이 운영되고 있는 가상 머신에 설치하는 단계이다. 세 번째 단계는 설치된 소프트웨어의 운영을 위해 메타데이터인 환경 설정 기술서를 보고 환경 설정을 마무리하고 시스템은 최종적으로 외부 요청에 서비스를 처리할 수 있게 된다.

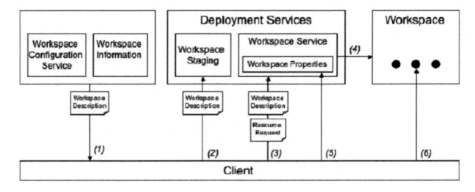

[그림 4-6] NIMBUS 가상 머신 배치 순서도(출처: NIPA)

Nimbus는 4단계를 수행 시스템(메타데이타 저장소, 커널과 소프트웨어를 위한 저장소, 가상머신을 위한 자원들, 관리자들) 간의 프로토콜을 위해 Web Service Resource Framework(WSRF)를 이용하고 있다.

2) 클라우드 관리

가상화된 자원들을 어떻게 효과적으로 관리할 것인가를 나타내며, 이 가상화 기술을 이용하여 클라우드의 사용량을 사용자의 요구 사항에 따라 동적으로 제공한다. 이는 최소한의 비용으로 자원을 효과적으로 제공할 수 있어야 한다. 현재 가상화된 자원 상태에 대한 예측을 기반으로 동적인 자원 관리를 제공하는 기술들 중 가상화된 자원을 효율적으로 지원할 수 있는 자원 스케줄링 기법을 기술한다.

(1) 가상화 기반 자원 스케줄링 기법

가상 머신은 실제 컴퓨터와 같이 프로그램들을 수행할 수 있는 소프트웨어기반 머신의 구현을 의미한다. 시스템 가상 머신은 운영 체제(OS)의 완전한 실행을 지원할 수 있는 시스템 플랫폼을 의미한다. 가상 클러스터 (Virtual Cluster: VC)는 여러 가상 머신들이 연결되어 있는 그룹을 의미하며, 이를 통해 마치 하나의 컴퓨터처럼 구성할 수 있는 것을 의미한다. 일반적으로 가상 머신 사이에는 LAN, VLAN, 또는 VPN을 이용하여 고성능 네트워크를 구성하여 사용한다.

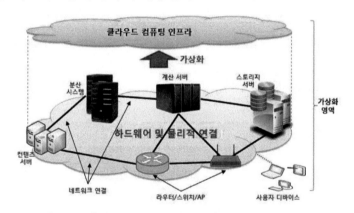

[그림 4-7] 클라우드 컴퓨팅에서 가상화 구조(출처: SPRi)

클라우드 환경에서 가상화 기반의 자원 스케줄링을 위해서는 제한된 컴퓨팅 자원에서 다양한 사용자들이 요청한 자원에 대한 요구 사항들을 만족시키기 위해 동적으로 가상 머신을 생성하여 실행되고 정지될 수 있는 가상 머신 기술을 사용할 필요가 있다. 특히 데이터 센터나 클라우드 환경에서 SLA 기반의 자원 할당을 더욱 효과적으로 지원하기 위해서 여러 사용자의 필요나 요구 사항에 맞게 서비스를 제공하기 위해 다양한 자원 관리 정책을 가상 머신에 할당할 수 있는 방법이 있다.

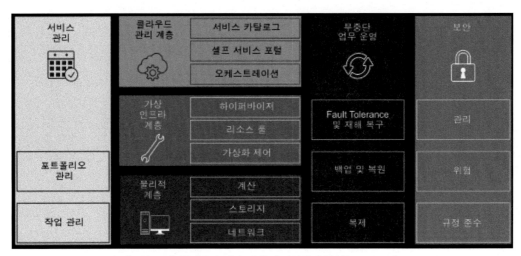

[그림 4-8] 클라우드 기반 가상 데이터센터 구성(출처: NIPA)

(2) 예측 기반 가상화된 데이터센터 관리 기법

가상화된 컴퓨팅 환경은 사용자가 하나의 물리적 컴퓨터에 복수 개의 가상의 컴퓨터를 운영할 수 있도록 해 준다. 이러한 운영은 하나의 물리적 서버를 효과적으로 활용하기 위해 사용된다. 가상화 환경은 각각의 가상화 컴퓨팅에 대한 정밀한 리소스 할당을 할 수 있기 때문에 전체적인 가상 컴퓨터의 수와 운영 방법은 차세대 데이터 센터를 위한 핵심 기술로 떠오르고 있다.

가상화된 컴퓨터 환경에서 특별히 가상 컴퓨터상의 응용은 다양할 수 있으므로 응용의 리소스 요구량에 맞추어 정확한 양의 리소스를 할당하는 것은 사용자의 QoS에 대한 요구 수준을 맞추고, 전체 데이터센터의 운영 비용을 낮추기 위해 중요하다. 현재 모니터링된 가상 자원의 상태 및 필요한 자원 할당량 예측을 통해 적절하게 자원을 할당하는 예측 기반의 자원 할당 기술들이 연구되고 있다.

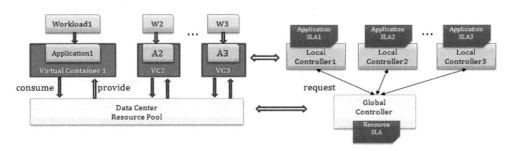

[그림 4-9] 퍼지 모델 이용 가상 데이터센터 관리 시스템 구조(출처: NIPA)

[그림 4-9]는 퍼지(Fuzzy) 모델링을 이용한 가상 데이터센터 관리 시스템 구조는 퍼지 이론을 기반으로 응용하고, 필요한 서버 자원 양을 예측하여 관리하는 시스템으로, 2계층의 자원 관리 시스템을 이용하여 각각 응용의 관리 품질의 독립성을 보장하고 서버 운영 비용을 최소화한다. 이 시스템은 로컬 제어기(Local Controller)를 통해 관리되는 가상 컨테이너(Virtual Container)와 글로벌 제어기(Global Controller)로 관리되는 데이터센터 자원 풀(Resource Pool)로 나눈다.

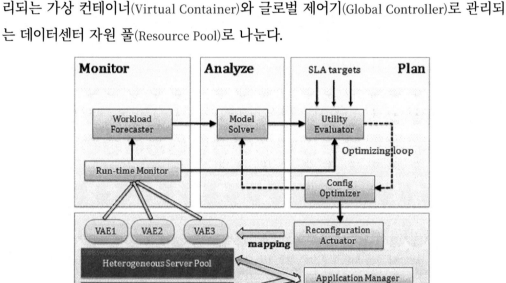

[그림 4-10] 비선형 기법 기반 관리 제어 구조(출처: NIPA)

[그림 4-10]은 가상 데이터센터 자원을 할당하는 시스템에서 비선형 예측 기법을 이용하여 자동적으로 현재의 응용 작업량을 분석하고, 이를 가상 서버들이 가진 자원들에 할당하기 위한 제어 구조를 나타내고 있다. 이 제어 시스템은 1) 실제 서버 할당을 담당하는 실행(Execute) 파트, 2) 할당된 서버의 현재 상태를 관찰하는 모니터 (Monitor) 파트, 3) 관찰된 현재 상태를 분석하는 분석(Analyze) 파트, 4) 분석 결과를 토대로 다음번 자원 할당의 양을 정하는 계획(Plan) 파트로 나누어진다.

실행 파트의 이형 서버 풀(Heterogeneous Server Pool) 위에 가상 머신이 운영되고, 이들이 모여서 가상 응용 환경(Virtual Appliance Environment: VAE)을 이루게 된다. 이렇게 운영되는 VAE는 모니터 파트의 실시간 모니터를 통해 현재의 응용의 요청량과 작업 사용량을 분석하게 된다.

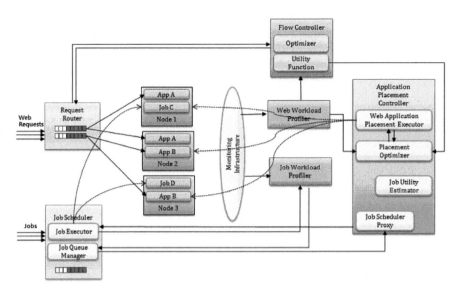

[그림 4-11] 응용 요구 사항 관리를 위한 가상화 서버 관리 시스템 구조(출처: NIPA)

작업량 예측자(Workload Forecaster)가 이를 이용하여 미래 작업량의 변화를 예측하게 되고, 분석 파트와 계획 파트는 이러한 예측과 SLA를 기반으로 한 스케줄링 작업을 통해 현재 VAE 내에 운영되고 있는 가상 머신의 양에 대한 재구성 요청을 실행 파트에 하게 된다. 이러한 제어 과정을 통해 데이터센터는 자원을 현 상태에 맞추어 최적화할 수 있다.

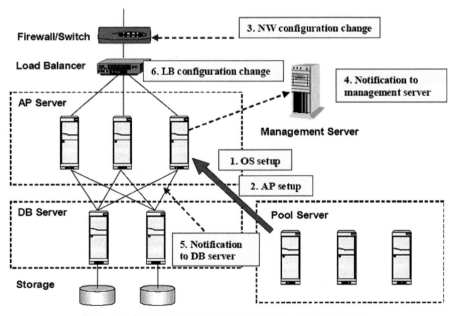

[그림 4-12] 가상화 프로비저닝을 위한 웹서버 구조(출처: NIPA)

[그림 4-12]는 가상화된 서버에 부담을 주지 않고, 정확하게 응용의 사용량을 예측할 수 있는 관리 시스템이다. 전통적인 웹 서버 시스템이 고정된 수의 응용 서버를 유지한다고 가정하면, 이 시스템은 응용 서버가 작업량이 늘어날 때 이를 보완하기 위해서 가상의 풀 서버를 두고 있다. 풀 서버를 이용한 프로비저닝 과정은 1) 운용 체제 설치, 2) 응용 설치, 3) 네트워크 설정 변경, 4) 관리 서버에 알림, 5) DB 서버에 알림, 6) 스위치에 변경 사항을 알림으로써 이루어지게 되고, 이 과정에 걸리는 시간이 얼마나 단축될 수 있는가가 주요 문제라고 할 수 있다. 이 시스템은 미리 관련 환경이 설정되어 있는 대기 가상 머신을 도입하고 동적으로 현재의 시스템 성능을 모니터링하는 동시에, 다음번의 응용 작업량 예측을 위해 논리적 회귀(Logistic Regression) 모델 기반 응용의 요구량에 대한 예측 기법을 사용함으로써 보다 짧은 프로비저닝 시간을 제공할 수 있다.

4. 자원 관리 시스템 구축 기술

클라우드 환경은 사용자/소비자와 브로커/자원 관리자, 자원 제공자로 그 역할이 나누어지는 구조를 가지고 있으며, 사용자는 웹 인터페이스를 통해서 클라우드에 접근할 수 있고, 자원 제공자에 의해서 가상화된 자원들이 제공되어 그 가상화된 자원들을 효율적으로 프로비저닝하고, 자율 관리 시스템에 의해서 보다 효과적으로 관리(실시간 모니터링을 통한 자율 회복 기능 등)하는 형태의 프레임워크를 제공한다. 이 프레임워크를 실현하기 위해 분산 데이터 저장 기술과 분산 컴퓨팅 기술, 클러스터 관리 기술 등의 기술이 필요로 하며, 특히 자원들에 대한 프로비저닝과 자율 관리에의 필요성이 큰 클라우드 환경을 위한 다양한 자원 관리 기법들이 필요하다.

제2절
실시간 모바일 클라우드 컴퓨팅

1. 모바일 클라우드 서비스 정의

　모바일 클라우드 서비스란 다양한 모바일 단말기를 통해 클라우드 기반의 인프라, 플랫폼 및 애플리케이션 등의 서비스를 지원받는 모델을 의미한다. 모바일 단말에서 처리해야 할 작업 및 데이터의 일부를 클라우드 컴퓨팅 환경으로 이동시켜 처리한 후 처리 결과는 모바일 단말에서 실행하는 것을 의미한다.

　클라우드 컴퓨팅 서비스와 모바일 플랫폼을 어떻게 구성하는지에 대한 방법과 서비스를 제공받는 대상에 따라 다양한 형태의 서비스 모델이 창출된다.

[표 4-2] 모바일 클라우드 서비스의 주요 구성

기기 구성	내용
Mobile Device	- 모바일 서비스 이용자 측면의 이동형 단말기
애플리케이션 Store	- 모바일 서비스를 위한 각종 애플리케이션 단말기
Mobile Cloud Platform	- 모바일 서비스를 지원하는 클라우드 기반의 인프라, 플랫폼(데이터 처리) 등

[그림 4-13] 모바일 클라우드 서비스 구성도(출처: NIA)

2. 모바일 클라우드 서비스 배경

모바일 시스템은 컴퓨팅(Computing), 연결성(Connectivity), 클라우드(Cloud) 등의 '3C'가 핵심 트렌드가 되고 있다. PC용 소프트웨어를 모바일 환경으로 옮기는 것뿐 아니라, 처음부터 모바일에 최적화된 형태로 개발 서비스하여야 한다. 이는 미래 IT 서비스의 기본적 인프라가 플랫폼 종속성에서 벗어나 웹에 기반하며, 사용자의 다중-이종 단말 간에 매끄러운 서비스를 제공하는 것이다.

모바일 클라우드를 통한 '신-클라이언트(Thin-Client)'에 대한 발전이 증대되고 있다. 또한, 애플리케이션을 사용자 단말에 직접 탑재하지 않고 중앙 클라우드 환경에 있는 애플리케이션 및 서비스를 사용하도록 하는 '소유'에서 '접속'으로 서비스 및 콘텐츠 제공 패러다임이 바뀌고 있다. 유비쿼터스 컴퓨팅, 스마트폰, 스마트 하우스, 전자 교실 등 다양한 스마트 기기 및 인프라의 확산에 따라 이종 단말 간과 플랫폼 간의 데이터, 콘텐츠, 서비스의 동기화 및 유기적 연동에 대한 요구가 증대되었다. 현재 시장의 선두 주자인 애플, 구글 모두 자사의 플랫폼 입지 강화, 자사 단말 간의 N스크린 제공을 위해 모바일 클라우드를 서비스하고 있지만, '비정형(heterogeneous)' 유비쿼터스 컴퓨팅 환경과 연동하기 위해서는 플랫폼 개방은 필수가 되었다.

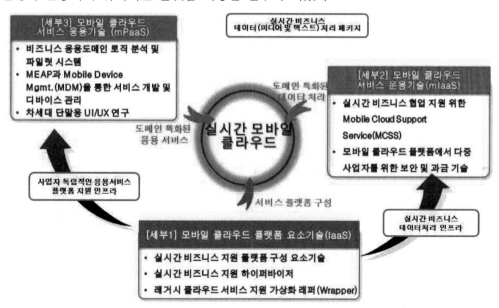

[그림 4-14] 비즈니스 밸류체인의 변화 (출처: KT경제연구소)

3. 모바일 클라우드 서비스 기능

1) 모바일 단말 및 클라우드 서비스 특징 비교

클라우드 서비스와 모바일 단말이 결합하는 모바일 기반 클라우드 서비스는 각각 서비스 이용자 특성 및 장담점이 존재하므로 향후 모바일 클라우드 서비스에 필요한 요건 도출을 위해 각 서비스의 특성 및 서비스의 장단점을 파악한다.

[표 4-3] 클라우드 서비스 및 모바일 서비스 비교

단계	모형도	설명
클라우드 컴퓨팅 서비스	컴퓨팅 리소스 신속한 확장성 스토리지 확장성 매우 뛰어남 특정 HW 플랫폼과의 독립성 유지	- 웹 기반 서비스로 유무선 인터넷 네트워크 접속 - 접속 환경에 따라 속도 보장 안 됨 - 실제 데이터 저장 위치 불분명 - 물리적 데이터 공유 환경에 대한 보안 이슈 존재
모바일 서비스	장소에 구애받지 않는 이동성 개인용 장치 활용 (카메라, GPS, 녹음기 등)	- 컴퓨팅 리소스 한계(저장 공간, CPU) - 대역폭 제한 - 제한된 단말기 화면 크기 - 무선 네트워크 보안 위협 - 배터리 소모 및 분실 위험 - 단말기에 최적화된 애플리케이션 서비스 필요

2) 모바일 클라우드 서비스 제공 기능

서비스 사용자의 요구에 따라 정보 자원을 확장하고 필요한 만큼 쓸 수 있는 클라우드 컴퓨팅 서비스는 모바일 단말기를 통해 다양한 서비스를 구현하고 있다.

[표 4-4] 모바일 클라우드 주요 서비스 기능

정보 처리	서비스 기능
모바일 서비스 작업에 대한 클라우드 자원 처리	- 특정 모바일 서비스를 단말기 프로세스에서 처리하는 데 필요한 컴퓨팅 파워를 클라우드 컴퓨팅 서비스로 활용할 수 있다. 서비스의 일부 코드를 클라우드 환경에서 처리하여 프로세스 파워를 최소화한다.
클라우드 스토리지 제공	- 특정 모바일 서비스 처리에 필요한 대용량 스토리지를 클라우드 컴퓨팅 가상 스토리지 서비스를 이용으로 효율적인 데이터 관리, 백업 및 중복 제거 등의 관리가 가능 - 모바일 환경에서의 대용량 멀티미디어 데이터의 저장 및 처리 요구가 증대됨에 따라 모바일 단말기의 저장 공간 제약을 효과적인 대처 가능

N-스크린 지원 환경 제공	- 모바일 단말뿐만 아니라 PC, 태블릿 PC, 스마트 패드 등 다양한 기기에서 자신이 구매한 콘텐츠를 끊임없이 이용할 수 있는 N-스크린 환경을 지원할 수 있도록 클라우드 가상 공간에 저장된 콘텐츠 이미지 활용 - 모바일 서비스 개발자 측면에서는 N-스크린 환경에 따른 테스트 및 운영 환경을 지원받을 수 있음
자동 동기화 (Sync) 및 오프라인 모드 지원	- 사용자의 데이터를 클라우드 컴퓨팅 스토리지에 저장하면서 단말기와 모바일 서비스 간의 데이터에 대한 동기화 및 푸시(Push) 기술 제공 - 자동 동기화 서비스는 모바일 단말기의 데이터 일부를 저장하고 있기 때문에 오프라인 모드 지원이 가능
Open API 모바일 개발환경 제공	- 클라우드 스토리지를 이용하여 저장되어 있는 데이터를 다양한 모바일 단말 플랫폼에서 제공되도록 공통 기능에 대한 Open API를 제공 - 모바일 애플리케이션 개발 환경 지원을 위해 클라우드 플랫폼 서비스(PaaS)를 제공하여 개발 업체는 초기 개발 인프라 투자비 최소화 가능

4. 실시간 모바일 클라우드 전개 방향

클라우드 서비스는 다음과 같이 모바일화, 개인화, 개방화 등 IT 산업 트렌드에 맞춰 다양한 신규 서비스들이 등장하며 활성화될 전망이다.

[그림 4-15] 클라우드 서비스의 전개 방향 (출처: NIA)

5G 이동통신, 무선랜 등 무선통신 인프라의 보급과 스마트폰, 태블릿 PC 등의 확산으로 사용자의 인터넷 환경이 모바일로 급속히 확대되어 개인의 콘텐츠 생성이 활발해지고, 언제 어디서나 자신이 원하는 방식으로 자유롭게 콘텐츠를 즐기고 싶어 하는

사용자가 증가하고 있다. 사업자의 독자 플랫폼으로 발생하는 상호 호환성 문제[5]를 해결하기 위한 개방형 기술 적용과 표준화에 대한 요구가 증가한다.

[표 4-5] 클라우드 모바일화, 개인화, 오픈화 적용 기술과 방법

적용 기술	적용 방법	적용 사례
모바일화 (모바일 클라우드)	- 모바일 기기의 사용 환경이 '모바일 웹(Mobile Web)' 접속만으로 응용 프로그램의 실행이 가능해 다운로드, 설치 등 과정 - 클라우드 서비스는 '모바일 웹'을 통해 외부에서 데이터 처리와 저장이 가능하여 모바일 기기의 정보 처리 부담을 해소	- 모바일 환경에서도 기존의 다양한 웹 기반 응용 프로그램의 활용이 가능{모바일 앱(Mobile App)'의 한계 극복} - '모바일 웹'에서 미디어 감상, 웹 브라우징, 문서 작업 등을 수월하게 할 수 있는 화면(5~10인치)을 장착한 태블릿PC 출시 본격화
	- '모바일 웹(Mobile Web)'과 클라우드 환경이 융합된 기업용 모바일 오피스와 모바일 기기 사용을 지원하는 동기화, 검색 등 개인용 모바일 서비스 사업 등장 - 모바일 기기 내 사용자 정보를 저장·공유하는 등 동기화 서비스와 음성·이미지 기반 검색, 음성 번역 등의 모바일 정보 처리 서비스 등장	- 모바일 오피스는 클라우드 서비스를 통하여 보안과 정보 처리 기능이 강화되어 결재, 영업 관리 등의 업무를 시간과 공간의 제약 없이 수행 - 구글의 '고글스(Goggle)' 서비스는 사용자가 휴대전화로 찍은 사진 이미지를 클라우드 데이터센터에서 검색 후 그 결과를 찾아 제공
개인화 (퍼스널 클라우드)	- 클라우드 서비스는 개인이 선호하는 다양한 콘텐츠를 언제 어디서나 원하는 방식으로 쉽게 즐길 수 있는 맞춤형 웹 환경을 제공 - 포털 업체는 저장 공간과 소셜 네트워크 서비스를 연계시켜 콘텐츠의 저장, 관리와 공유 환경을 제공하는 '개인화 웹' 서비스를 출시 - IT 기업은 기존 고객 유지 및 신규 고객 확보를 위해 콘텐츠와 사용 환경을 개인에 맞춘 개인화 클라우드 서비스를 경쟁적으로 출시 - 클라우드 기반의 콘텐츠 공급 서비스는 음악, 게임 등의 콘텐츠와 이를 쉽고 편하게 사용할 수 있는 사용 환경을 함께 제공하는 장점을 기반으로 성장	- 클라우드 기반의 웹 저장 공간은 개인이 생성하는 다양한 콘텐츠의 저장과 관리 환경을 제공하여 사용자의 콘텐츠 보유 부담과 콘텐츠 관리가 용이 - NHN은 'N드라이브', 다음 커뮤니케이션은 '다음 클라우드' 등 서비스 제공 - 사용자가 스스로가 최적화된 개인의 웹 환경을 구성할 수 있게 지원하는 클라우드 기반의 개인 맞춤 서비스들이 주목받고 있음 - 동영상 콘텐츠를 '스트리밍 방식'[6]으로 기기에 제공해 다양한 파일 포맷[7]으로 생기는 호환성 문제가 해결되어 파일 변환의 번거로움 해소

---

5) 응용 프로그램 개발 및 실행 환경을 제공하는 플랫폼은 각각의 운영 체계와 데이터 처리 구조가 달라 신규 플랫폼으로 변경하는 것이 어렵고, 별도로 응용 프로그램을 개발해야 하는 비효율이 발생

6) 음악이나 동영상 등의 멀티미디어 파일을 재생하거나 전송하는 방식으로 기기에 저장하지 않고 바로 재생이 가능

7) 동영상 생성 파일 형식으로 AVI, MPEG Series(1,2,4), ASF, WMV, RM, MOV, flv 등 외에도 다양한 형식이 존재

개방화 (오픈 클라우드)	- 리눅스, 자바 등 개방형 기술로 구축된 플랫폼은 중복 개발의 비효율과 종속의 문제 해결이 가능해서 클라우드 서비스-향후 클라우드 개방형 플랫폼의 확대는 콘텐츠 공급 기반과 사용자 기반을 확대 시켜 콘텐츠 및 서비스 시장의 성장을 견인할 전망 - 국제 표준화 단체와 연구 컨소시엄을 중심으로 클라우드 개방형 플랫폼 설계와 서비스 기술의 표준화 작업이 진행 중	- 개발 소스코드의 공개로 맞춤형 개발이 가능한 리눅스, 자바, PHP[8] 기반의 개방형 플랫폼과 API[9] 등의 개발 환경 구축 활발 - 개방형 클라우드 개발환경 구축을 위한 'Simple Cloud 프로젝트'는 젠드 (Zend)사의 PHP를 중심으로 추진 중이며 IBM, MS 등도 참여 - 모바일 콘텐츠 시장은 콘텐츠 개발자의 플랫폼 종속이 해소되어 콘텐츠를 다양한 모바일 기기에 제공할 수 있음으로써 규모의 경제를 실현 가능 서비스 기반으로 부상 - 전 세계 국가 IT 표준기관은 ISO/IEC JTC1[10]의 클라우드 표준화에 적극 참여 중

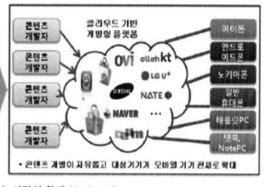

[그림 4-16] 모바일 콘텐츠 시장의 확대 (출처: NIA)

---

8) PHP(Personal Hypertext Preprocessor)는 젠드사에서 만든 웹 개발용 오픈소스 프로그래밍 언어

9) API(애플리케이션 Programming Interface)는 운영 체계나 프로그래밍 언어가 제공하는 기능을 제어할 수 있도록 만든 인터페이스로 주로 파일 제어, 윈도우 제어, 화상 처리, 문자 제어 인터페이스 제공

10) ISO/IEC JTC 1 : International Organization for Standardization/International Electrotechnical Commission Joint Technical Committee 1은 ISO와 IEC의 첫 번째 합동 기술위원회

5. 모바일 클라우드 플랫폼

모바일 클라우드 서비스 플랫폼은 초기 클라우드 컴퓨팅의 단순한 서버나 저장 공간을 제공하는 기본적인 IT 제공 수준에서 벗어나, 클라우드 내에서 모든 연산 처리를 수행한 후 결과만을 단말기로 전송하여 개별 단말기의 하드웨어 성능과 무관한 서비스를 제공하는 플랫폼이다. 모바일 클라우드를 기반으로 하여 다양한 서비스가 모바일 단말의 성능에 관계없이 제공된다면, 일반 사용자뿐 아니라 기업에서도 고성능 단말의 수요가 줄어들어 하드웨어 구축 비용을 절감할 수 있다.

모바일 클라우드 서비스 플랫폼은 모바일 단말의 1) 다양한 I/O를 기반으로 데이터를 처리하기 위해 기존의 텍스트뿐 아니라 영상, 음성 등을 인식하고 이를 처리한다. 2) 실시간으로 대규모 데이터를 처리하고 사용자 모바일 단말을 통하여 정보를 제공한다. 그리고 3) 개인보다 다수에 의해 협업하는 비즈니스 환경의 업무에 따라 같은 자료의 공유를 위하여 기존의 서버-클라이언트 시스템을 탈피하여 다수의 클라이언트 간 동기화를 지원하는 스마트워크 기능을 제공한다. 이뿐만 아니라 4) 모바일 클라우드 서비스 플랫폼을 통해 한 사용자가 다수의 모바일 단말을 이용하여 BYOD 환경을 실현하여 플랫폼 프리(Platform free)한 시스템을 제공하여 단말의 이동성을 지원한다.

모바일을 클라우드화해 서비스를 제공하는 것은 다양한 IT 자원을 서비스의 형태로 제공하는 클라우드 컴퓨팅의 특성에 따라 다양한 효과를 얻을 수 있다. 전통 PC에 비해 자원적인 제약이 큰 모바일 단말에 클라우드 컴퓨팅을 제공함으로써 1) 모바일 단말이 갖는 처리 능력(processing power), 배터리 수명(battery life), 데이터 저장소(Data storage)와 같은 한계를 극복해 PC 수준 이상의 다양한 서비스가 제공된다. 2) 특정 플랫폼에 종속되지 않고 데이터의 이동이 자유로워 별도의 연동 과정 없이 동기화된 유비쿼터스 컴퓨팅 환경을 제공할 수 있다. 그뿐만 아니라 이 같은 3) 서비스를 제공하기 위해 애플리케이션 개발자가 별도의 백엔드 개발을 할 필요가 없다는 장점이 있다. 더욱이 4) 개발자는 단말의 사양과 플랫폼 독립적으로 하나의 애플리케이션만을 개발해 모든 단말에 제공할 수 있다.

제3절
모바일 클라우드 서비스 플랫폼 기능

1. 요구 사항

모바일 클라우드 서비스 플랫폼은 기본 기능은 모바일 단말을 통해 발생된 데이터를 처리하여 사용자가 데이터 처리 및 제공에 대한 요구 사항 이외에도 필요한 경우 개발자가 사용자에게 서비스를 제공할 수 있도록 개발할 수 있는 환경과 개발한 서비스를 저장하고 사용자에게 배포할 수 있는 기능까지 포함한다.

모바일 클라우드 서비스를 위하여 플랫폼이 제공하여야 할 기능은 운용 지원 서비스 기능, 모바일 클라우드 지원 서비스 기능, 과금 및 서비스 수준 협약 관리 기능, 보안 및 모바일 전사 애플리케이션 플랫폼이다. 모바일 전사 애플리케이션 플랫폼 기능의 경우 필요한 경우 모바일 클라우드 서비스 플랫폼에 적용할 수 있는 선택적 기능이다.

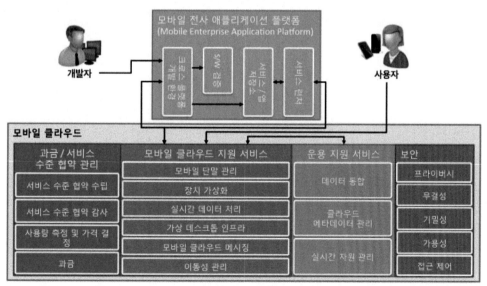

[그림 4-17] 모바일 클라우드 플랫폼 아키텍처 (출처: NIA)

2. 운용 지원 서비스 기능(Operation Support Service Function)

모바일 단말을 이용하는 환경에서 클라우드 컴퓨팅을 지원하고, 다양한 사용자 단말을 통해 실시간으로 비즈니스 환경을 제공하기 위하여 모바일 클라우드 서비스 플랫폼을 구성하는 요소 기능들이 제공되어야 한다.

[표 4-6] 운용 지원 서비스 기능 요구 사항

구분	요구 사항	내용
운용 지원 서비스 기능	데이터 통합 (Federation) 기능	· 이종 분산 데이터를 위치 장소와 관계없이 단일 자원의 통합 연동 기능 제공 · 모바일 단말에서 수집된 이종 분산 데이터의 클라우드상에 저장된 다양한 구조, 반구조 및 비구조 데이터를 모두 포함 · 서비스 실행에 필요한 데이터를 캐싱(Caching)하여 속도와 성능 향상 제공
	클라우드 메타 데이터 관리 기능	· 클라우드상의 서비스 실행에 필요한 데이터에 대한 메타데이터를 정의하고 추출하는 기능을 제공 · 다중 모바일 클라우드 서비스 제공자와 연동하고 관리 기능을 제공 · 다양한 모바일 단말로 통합된 데이터 서비스 제공할 수 있어야 함
	실시간 자원 관리 기능	· 모바일 서비스 제공의 가상 머신(Virtual Machine)상에서 수행되는 작업(Task)의 실시간성 보장 · 하이퍼바이저(Hypervisor)상에서 물리 자원(Physical Resource)을 관리하는 기능을 제공 · 실시간 자원 관리를 위한 모바일 서비스 플랫폼을 구성하는 물리 자원에서 플래시와 하드디스크 기반 저장 장치 및 네트워크 인터페이스 포함

3. 모바일 클라우드 지원 서비스 기능
(Mobile Cloud Support Service Function)

모바일 클라우드 지원 서비스 기능은 모바일 클라우드 서비스 플랫폼 위에서 사용자의 모바일 단말에서의 데이터 처리를 클라우드상에서 지원하기 위한 서비스를 포함하며, 서비스를 이용하여 비즈니스 로직을 구동하기 위한 비즈니스 데이터를 처리하는 운용 기능들이 제공되어야 한다.

[표 4-7] 모바일 클라우드 지원 서비스 기능 요구 사항

구분	요구사항	내용
모바일 클라우드 지원 서비스 기능	단말 가상화 기능	· 하드웨어의 지원을 필요로 하거나 중복 동작으로 인한 성능 저하를 극복하는 기능을 제공하여야 한다. · 경량 가상화 엔진, 가상화 프레임워크, 가상화 성능 향상, 저전력 가상화 등의 기술을 이용한 클라우드 기반 단말 가상화 기능을 제공하여야 한다.
	실시간 데이터 처리 기능	· 미디어 및 대용량 데이터를 효과적으로 표현하는 기능을 제공하여야 한다. · 미디어 및 대용량 데이터를 분산 저장하여 실시간 검색을 지원하는 기능을 제공하여야 한다.
	가상 데스크톱 인프라 기능	· 서비스를 전달하기 위하여 하드웨어나 플랫폼 독립적인 다양한 모바일 환경을 지향하는 플랫폼을 위한 가상 데스크톱 인프라 기능을 제공하여야 한다.
	모바일 클라우드 메시징 기능	· 메시지 제약 및 유실 등을 방지하여 신뢰성을 제공하여야 한다. · 플랫폼에 비종속적으로 모바일 클라우드 메시징 기능을 제공하여야 한다.
	이동성 관리 기능	· 동적 플랫폼 운영을 통해 모바일 단말의 이동성을 제공할 수 있어야 한다. · 모바일 클라우드 서비스를 사용하는 모바일 단말, 단말에서 수행되는 응용 서비스, 그리고 모바일 단말과 응용 서비스를 사용하는 사용자에 대한 관리 기능을 제공하여야 한다.
	모바일 단말 관리	· 사용자(그룹)의 요청에 따른 서비스/앱 전달을 위하여 해당 사용자(그룹)의 모바일 단말에 서비스 가능 여부 등을 판단하기 위한 모바일 단말을 관리하는 기능이 필요하다.

4. 과금 및 서비스 수준 협약 관리(Billing/SLA Management) 기능

과금 및 서비스 수준 협약 관리 기능은 모바일 클라우드 서비스를 제공하는 데 있어 서비스 제공자 및 사용자 상호 간의 합의하에 진행되어야 하며, 정의된 서비스 품질과 합리적인 가격에 서비스를 제공할 수 있어야 한다.

[표 4-8] 과금 및 서비스 수준 협약 관리 기능 요구 사항

구분	요구 사항	내용
과금 및 서비스 수준 협약 관리	서비스 수준 협약 수립 기능	· 클라우드 서비스 제공자와 사용자 사이에서 제공될 서비스 수준을 결정할 수 있는 기능을 제공 · 모바일 단말을 통하여 사용자에게 제공되는 모바일 클라우드 서비스 품질 위배 검출 기준을 제공
	서비스 수준 협약 감사 기능	· 서비스 수준 협약을 기준으로 한 서비스 감사 기능을 제공 · 서비스 품질 모니터링 기능을 제공 · 서비스 품질 위배 기준에 따라 다른 요금 기준 적용 기능 제공
	사용량 측정 및 가격 결정 기능	· 사용자가 모바일 단말을 통하여 사용한 클라우드상에 위치한 자원과 서비스 사용량을 측정하는 미터링 기능 제공 · 서비스 수준 협약에 따라 모바일 클라우드 서비스의 가격을 결정하는 알고리즘을 포함한 가격 결정 정책을 제공
	과금 기능	· 모바일 클라우드 서비스 사용량 및 서비스 수준 협약에 기반한 가격이 결정되면, 사용자의 서비스 사용 금액을 청구하는 기능 제공

5. 모바일 전사 애플리케이션 플랫폼
(Mobile Enterprise Application Platform)

모바일 클라우드 서비스 플랫폼은 필요한 경우 서비스/애플리케이션을 개발하고 배포할 수 있는 환경을 제공하여야 한다. 모바일 클라우드 서비스 플랫폼은 서비스를 이용하고자 하는 사용자와 서비스를 개발하고자 하는 개발자를 연결하는 매개체이다. 개발자 측면에서는 서비스/애플리케이션을 개발할 수 있는 환경을, 사용자 측면은 개발자가 만든 서비스를 배포 받을 수 있는 환경이 필요하다.

[표 4-9] 모바일 전사 애플리케이션 플랫폼 요구 사항

구분	요구 사항	내용
모바일 전사 애플리케이션 플랫폼	크로스 플랫폼 개발 환경	· 모바일 클라우드 서비스 개발자가 모바일 클라우드와 모바일 단말을 통해 서비스의 개발을 수행할 수 있는 기능을 제공 · 서비스를 제공받을 사용자의 모바일 단말의 타입과 관계없이 서비스 제공이 가능한 개발 환경을 제공
	S/W 검증	· 모바일 클라우드 서비스 개발자가 사용자에게 제공하기 위하여 만든 서비스/앱을 배포하는 기능을 제공 · 개발된 서비스/애플리케이션을 저장소로 저장하기 이전에 해당 S/W를 검증하는 단계가 필요
	서비스/ 애플리케이션 저장소	· 모바일 전사 애플리케이션 플랫폼에서 개발된 모든 서비스와 애플리케이션에 대하여 추후 공유/배포하기 위하여 저장 공간 제공
	서비스 배포	· 사용자(그룹)의 서비스/애플리케이션 요청 수신 시 연결된 저장소에서 해당 서비스/애플리케이션을 사용자(그룹)에게 배포하는 기능을 제공

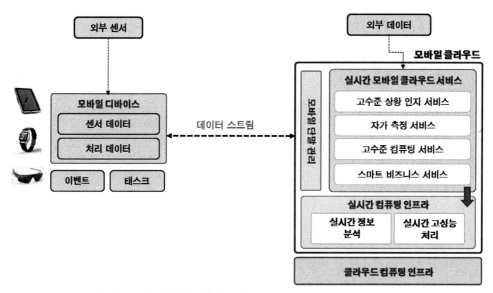

[그림 4-18] 실시간 모바일 클라우드 컴퓨팅 구성 요소 (출처: NIA)

실시간 모바일 클라우드 컴퓨팅 요소의 환경에서는 사용자 단말의 다양한 센서뿐만 아니라 외부 비콘 노드를 통해 다양한 데이터를 수집하고 처리한다. 수집되는 데이터는 사용자 단말의 응용 애플리케이션 레벨 혹은 모바일 클라우드 서비스 레벨에서 처리되고, 그 결과를 사용자 인터페이스를 통해 전달한다. 이때 수집되는 데이터와 처리 및 전달은 실시간성을 갖는다.

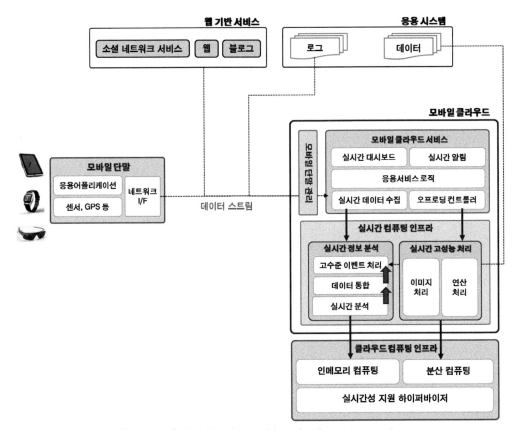

[그림 4-19] 실시간 모바일 클라우드 컴퓨팅 요소 (출처:NIA)

[표 4-10] 실시간 모바일 클라우드 컴퓨팅 요소 환경

요소	환경
실시간 데이터 수집	- 각종 서비스 및 시스템에서 수집되는 데이터는 시간과 위치 등의 속성을 기반으로 연속성을 갖는 스트림(Stream)의 형태로 수집된다. 이러한 실시간 데이터는 사용자 단말 처리 데이터와 단말 내·외부 센서 데이터뿐만 아니라 시스템과 서비스로 의해 수집 기록되는 서비스 및 로그 데이터 등으로 구성되어 있다. 이러한 실시간 처리를 위해 수집된 데이터는 운용 데이터 저장소(ODS: Operational Data Store)와 같은 단기 사용 메모리에 저장된다.
실시간 데이터 처리	- 수집되는 실시간 빅데이터는 처리 분석 전까지 물리적인 저장소에 저장되는 비활성 데이터(Data at Rest)와 달리 운용 데이터(Data in Motion) 상태에서 빅데이터의 실시간 정보 분석과 고성능 처리가 지원되어야 한다. 모바일 클라우드 컴퓨팅에서 실시간 처리는 태스크와 이벤트로 구분된다. 태스크와 이벤트는 응용 애플리케이션 및 서비스 로직에 따라 처리되며, 데이터 일괄 처리(batch)와 달리 연속성을 갖는 데이터에 대한 실시간 처리의 특성을 갖는다.
태스크	- 단말 혹은 모바일 클라우드 응용 애플리케이션의 로직에 따라 수집된 데이터가 클라우드 인프라를 활용한 고성능 컴퓨팅 환경을 이용하여 실시간 처리

이벤트	- 단말 혹은 모바일 클라우드 응용 애플리케이션의 로직에 따라 수집된 데이터가 실시간 처리, 업데이트, 분석 등을 통해 사전에 정의된 조건에 따라 추론된 정보를 사용자에게 전달
실시간 데이터 제공	- 상기 실시간 수집 처리된 데이터는 모바일 클라우드 서비스 태스크와 이벤트에 따라 푸시(push) 또는 대시보드 서비스 형태로 실시간 전달
실시간 모바일 클라우드 서비스 종류	- 고수준 상황 인지 서비스, 자가(Quantified Self) 측정 서비스, 고수준 컴퓨팅 서비스(offloading), 스마트 비즈니스 서비스 등이 있다.
고수준 상황 인지 서비스	- 단말 및 서비스 레벨에서 수집된 다양한 데이터에 대하여 태스크와 이벤트를 중심으로 고수준의 상황 인지 서비스를 제공한다. 다양한 모니터링 시스템, 사용자 맞춤형 정보 제공 서비스 등이 포함
자가 측정 (Quantified Self) 서비스	- 모바일 클라우드 서비스의 활성화와 웨어러블 장비의 보급에 따라 사용자 위치, 건강 정보 등에 대한 데이터 스트림을 기반으로 사용자에 대한 자가 측정, 통계화 및 실시간 정보 제공 서비스를 제공
고성능 컴퓨팅 서비스	- 얼굴 인식, 이미지, 게임 데이터 처리 등 모바일 단말의 컴퓨팅 제약을 해소하기 위해 클라우드 컴퓨팅 인프라를 이용한 실시간 오프로딩 기술로 고성능 컴퓨팅 서비스를 제공
스마트 비즈니스 서비스	- 스마트폰, 태블릿 및 웨어러블 단말과 같은 모바일 단말을 활용하여 실시간 비즈니스 데이터 수집과 처리, 업데이트, 시각화 등을 제공

제4절
대용량 모바일 트래픽 분산 처리 이동 제어

스마트폰이 등장하고 페이스북, 트위터 등의 소셜 네트워크 서비스에 대한 선풍적인 인기와 스마트폰 기반의 대용량 멀티미디어 앱의 활성화로 모바일 인터넷 트래픽의 수요가 증가하여 모바일 트래픽을 효율적으로 처리하기 위한 이동성 제어 기술에 대한 수요가 갈수록 커지고 있다.

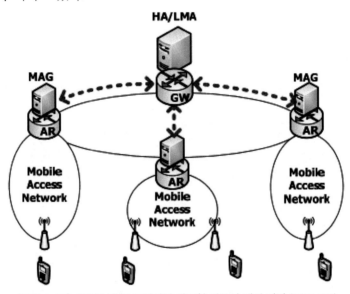

[그림 4-20] 계층적 망 구조에서의 집중형 이동성 제어 기법 (출처: NIA)

현재의 인터넷 이동성 제어 기술은 계층적 망구조를 기반으로 하는 '집중형 (centralized)' 방식으로는 급격히 증가하는 모바일 인터넷 트래픽 수요를 감당하기 어렵다. 이에 대응한 '분산형(distributed) 이동성 제어' 기법이 IETF 표준화 기구에서 정의되었다.

1. 인터넷 이동성 제어 기법(Centralized vs. Distributed)

현재 모바일 인터넷의 이동성 제어는 계층적(hierarchical) 구조의 이동통신망에서 중앙 집중형 방식으로 이루어지고 있으며, 대표적인 프로토콜로서 Mobile IP(MIP) 및 Proxy MIP(PMIP) 프로토콜 기술이 사용된다. [그림 4-20]은 현재의 '계층적 망구조에서의 집중형 이동성 제어' 기술을 보여 준다.

PMIP 프로토콜의 예를 들면, 각 지역별로 모바일 접속망을 담당하는 AR(Access Router)에 MAG(Mobile Access Gateway) 장비가 탑재되고, 모든 이동 단말 트래픽은 MAG를 경유하여 중앙에 위치한 HA(Home Agent) 혹은 LMA(Local Mobility Anchor)에 전달되어 처리된다.

[표 4-11] 집중형 이동성 제어 기술의 주요 문제점

문제점	내용
트래픽 과부하	- 모든 단말의 트래픽이 중앙으로 집중되어 트래픽 과부하로 인한 확장성(scalability) 문제가 발생한다. 즉 대규모의 인터넷 트래픽이 코어망으로 유입됨에 따라 통신 사업자 입장에서 장비에 대한 투자는 물론, 불필요한 트래픽 처리에 대한 부담이 증가한다. 스마트폰 트래픽이 더욱 증가하고 이동통신 접속 기술이 5G, 6G로 진화됨에 따라 이 현상은 더욱 심화될 것이다.
통신 경로 비효율성	- 서로 통신하는 두 대의 이동 단말이 같은 접속망 혹은 인접한 지역에 있더라도 무조건 중앙의 HA/LMA를 경유하게 되므로 통신 경로의 비효율성 문제가 발생한다. 이로 인한 네트워크 자원의 비효율적 사용은 물론 전송 지연 증가는 문제가 되고 있다.
네트워크 장애 (failure)	- 집중형 방식에서는 모든 제어 기능 및 데이터 전달 기능이 코어망 장비에 집중되므로 네트워크 장애 혹은 고장에 대한 위험 부담이 커진다.

상기의 문제점에 대응하기 위해 최근 인터넷 표준화 기구인 IETF에서는 '분산형 이동성 제어(Distributed Mobility Control)' 기술에 대한 표준화를 정의하였다. 향후의 모바일 통신망 구조는 계층적 구조에서 수평형(flat) 구조로 진화하고 있다. 모바일 트래픽이 유선 트래픽 규모를 훨씬 넘어서고 무선 접속 기술이 5G, 6G로 발전됨에 따라 각 접속망에서의 트래픽 처리 및 제어 기능이 코어망 수준과 동등하게 확장되어야 한다. 이러한 네트워크 진화 추세에 맞추어, 분산형 이동성 제어 기술에서는 '중앙의 HA/LMA 기능을 각 접속망의 MAG 장비에 분산'을 도입하고 있다.

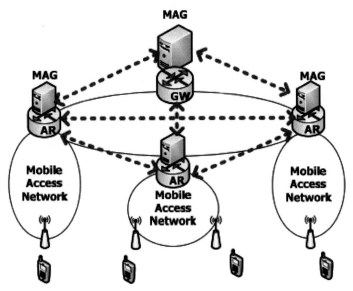

[그림 4-21] 수평적 망구조에서의 분산형 이동성 제어 기법(출처: NIA)

[그림 4-21]에서 보이듯이 분산형 이동성 제어에서는 수평적 망구조로서, 중앙의 HA/LMA 장비에 의존하는 대신에 접속망의 MAG에서 주요 이동성 제어 기능을 수행하며, MAG 간에 직접적으로 데이터 전달 기능을 수행한다. 이를 통해 중앙 장비에 대한 트래픽 과부화(집중화) 문제를 피할 수 있음은 물론, 통신 단말 간의 경로 최적화를 통해 전송 지연을 줄이고 네트워크 장애를 완화시킬 수 있다.

2. 클라우드 인프라스트럭처

클라우드 컴퓨팅은 관점에 따라 다양하게 정의할 수 있는데, 인프라스트럭처의 관점에서 바라본 클라우드 컴퓨팅은 높은 확장성(Scalability)을 갖는 추상화된 컴퓨팅 인프라스트럭처의 집합을 의미하고, 이러한 확장성을 서비스로써 제공하는 것을 목표로 한다. 클라우드 컴퓨팅 서비스상에서 개발된 애플리케이션은 계산 수행 성능의 확장이나 저장소의 확장을 애플리케이션 내부에서 처리할 필요없이 클라우드 내부의 자원을 더 사용함으로써 쉽게 애플리케이션의 규모를 확장할 수 있다. 클라우드 컴퓨팅 서비스가 이러한 확장성을 제공하기 위해서는 서비스를 구성하는 각 계층 역시 쉽게 확장할 수 있도록 구성해야 한다.

[표 4-12] 클라우드 컴퓨팅 인프라 구성

계층	기술
스토리지 계층	분산 파일 시스템 기술
데이터 서비스 계층	분산 데이터 관리 시스템 기술
컴퓨팅 서비스 계층	가상화 기술

Application 1	...	Application n
Cloud-based Compute Services		
Cloud-based Data Services		
Cloud-based Storage Services		

수십 년간 데이터 저장 기술로서 확고한 지위를 유지하고 있는 관계형 데이터 관리 시스템은 ACID(Atomic, Consistency, Isolation, Durability) 속성에 집중하여, 데이터를 안전하게 저장하고 정합성을 보장하는 데 주목적이 있다. 그러나 최근 인터넷과 하드웨어의 발전으로 인해 검색 서비스, 데이터 웨어하우징, 과학 계산과 같은 다양한 서비스들이 출현하게 되었고, 이러한 서비스들은 강한 수준의 정합성이나 견고성보다는 손쉬운 확장성, 시스템 확장 과정이나 장애 상황에서도 서비스를 유지할 수 있는 고가용성과 낮은 비용을 요구한다. 이러한 속성을 BASE(Basically Available, Soft-state, Eventually consistent)로 표현하며, BASE 속성에 맞는 새로운 데이터 관리 시스템이 출현하게 되었다. 확장성과 고가용성을 제공해야 하는 클라우드 컴퓨팅의 데이터 서비스 계층은 분산 데이터 관리 시스템을 사용한다.

다양한 형태의 이종 데이터가 각각의 시스템에 위치로 분산되어 있는 환경에서 그 데이터가 위치한 장소와 상관없이 동일한 위치에 있는 데이터를 이용하는 것처럼 데이터를 통합 연동하는 기술이다. 즉 빅데이터에 대한 분석을 위해 각각의 기업이 가지고 있는 데이터를 클라우드상의 스토리지로 옮긴 후 처리하는 것이 아닌 통합 연동만으로 하나의 스토리지에 데이터를 저장해 놓고 사용하는 것과 같은 의미를 가진다.

제5장

클라우드 기반 데이터 관리와 빅데이터 구축

학습 목표

인공지능 서비스는 인터넷과 모바일을 통한 데이터(이미지, 텍스트 등) 획득·가공·반복 학습으로 AI 모델(알고리즘)의 생성 결과를 제공한다. 기술적으로 클라우드 기반 위에 빅데이터가 구축되고, 학습 빅데이터를 기반으로 인공지능 알고리즘을 개발하면 인공지능이 완성된다. 인공지능은 대규모 사전 학습시키는 학습 데이터 구축의 우선적으로 선행되어야 한다. 인공지능에 사전 학습을 시키려면, 정제된 데이터(GIGO: garbage-in garbage-out)가 입력되어야 훌륭한 인공지능 모델이 만들어진다. 정제 과정의 학습 데이터는 인공지능이 할 수 있는 영역이 아니고, 인간의 섬세함이 개입되어야 한다. 빅데이터는 몇 사람이 작업할 수 있는 규모가 아니기 때문이다.

입력은 3가지 방안이 있다. 첫째는 인터넷상에서 클라우드 기반으로 수집하거나, 둘째 IoT(M2M) 기반으로 수집하거나, 셋째 대규모 인력이 직접 문서(자료) 입력하는 방식으로서 클라우드 소싱 방식의 작업이 진행된다. AI로 공공과 비즈니스 문제를 해결하기 위해서는 많은 전문가의 노력이 필요하다. 본 장에서는 데이터를 자동으로 수집할 수 있는 클라우드 컴퓨팅 서비스 기반 기술을 이해하고, 학습 데이터 세트 구축 방법과 모델 처리 절차에 대하여 학습한다.

인공지능 사회를 구현하려면 클라우드 컴퓨팅이라는 그릇을 반드시 필요로 하므로 사전 학습 데이터(데이터베이스, 빅데이터)에 대하여 학습한다.

제5장 목차

웹사이트: 하둡사이트
아파치재단(ASF:Apache Software Foundation)
https://hadoop.apache.org/

제1절
데이터 수집

1. 웹 크롤링(Web Crawlling)

데이터를 체계적으로 스캔하는 자동화된 프로세스이다. 웹페이지에 대한 정보를 색인화하고 저장하는 인터넷 도구인 Google, Bing, Yahoo와 같은 검색 엔진은 웹 크롤러를 사용하여 웹사이트에 대한 데이터를 수집하고 검색 색인을 구축한다.

웹 크롤링 프로세스는 스파이더 또는 봇이라고도 하는 검색 엔진의 크롤러가 웹사이트를 만들고 그 콘텐츠를 분석한다. 크롤러는 웹사이트의 링크를 따라 다른 페이지로 이동하며, 링크된 웹사이트에서 가능한 많은 부분을 색인화할 때까지 프로세스가 계속된다.

웹 크롤러는 복잡한 알고리즘을 사용하여 정보를 식별하고 분류한다. 페이지 제목, 메타 태그, 링크, 이미지 및 콘텐츠를 포함한 웹페이지에 대한 정보로 검색 엔진에서 검색 결과를 생성하는 데 사용된다.

[표 5-1] 웹 크롤러와 웹 스크래핑 비교

수집 명칭	방법(정보를 색인화하고 저장)
웹 크롤러	- 웹 페이지 및 링크 다운로드하여 자동 정보 수집 프로그램 - 동일 콘텐츠가 여러 페이지에 업로드되는 것을 인식하지 못하여 중복 제거는 필수임 (이용자) 검색 도구 및 자동화 도구
웹 스크래핑	- 스크래퍼를 통하여 웹을 포함한 다양한 소스에서 데이터 추출(반드시 웹과 관련된 것은 아님)하여 필요 정보를 빼내는 프로그램 - 특정 데이터를 추출하는 것이므로 중복 제거가 필요한 것은 아님 (이용자) 사람이나 목적을 위해 특별히 설계된 자동화 도구
Parsing	- 문장을 구문 요소로 분해하는 프로세스로서 문자열 분석을 통해 용이하게 처리할 수 있는 구문 구조로 분할하는 프로그램 (이용자) 모든 컴파일러나 인터프린터는 파서를 포함함

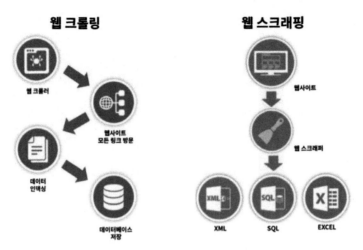

[그림 5-1] 웹 크롤링과 스크래핑 비교 (출처: NIA)

2. 웹 스크래핑(Web Scrapping)

웹사이트에서 데이터를 추출하는 프로세스이다. 데이터는 텍스트, 이미지, 비디오 또는 기타 형식과 같은 모든 형식일 수 있다. 데이터는 시장조사, 경쟁 분석 또는 기타 유형의 분석과 같은 다양한 목적으로 사용될 수 있다. 웹 스크래핑은 종종 웹 스크레이퍼 또는 데이터 추출기라는 자동화 도구를 사용하여 수행된다. 이러한 도구는 사용자의 특정 요구 사항에 따라 구조적 또는 비구조적 형식으로 웹사이트에서 데이터를 추출할 수 있다. HTML 및 XML 문서 구문 분석을 포함하여 웹 스크래핑에 사용되는 다양한 기술이 있다. 특정 데이터를 추출하고 API를 사용하여 이를 제공하는 웹사이트에서 데이터를 추출한다.

3. 웹 크롤링과 웹 스크래핑의 차이

웹 크롤링은 웹사이트에 대한 정보를 색인화하고 저장하는 데 사용되고, 웹 스크래핑은 분석 및 기타 목적을 위해 웹사이트에서 데이터를 추출하는 데 사용된다. 웹 크롤러는 웹사이트의 링크를 따라 링크에 대한 정보를 색인화하는 반면 웹 스크래퍼는 다양한 기술을 사용하여 웹사이트에서 특정 데이터를 추출한다.

제2절
분산 데이터 관리 시스템

분산 데이터 관리 시스템은 대규모의 구조화 데이터를 분산 환경에 저장하고 저장된 데이터의 질의를 서비스하는 시스템으로 클라우드 데이터 서비스 기술로 활용되고 있다.

[표 5-2] 분산 환경 시스템 속성

정의	속성
일관성(Consistency)	- 모든 클라이언트는 항상 동일한 데이터를 보장받는 속성
가용성(Availability)	- 분산 시스템의 가용성은 네트워크 단절 상황에서도 장애가 발생하지 않은 노드는 모든 요청에 대해 정해진 시간 내에 응답을 해야 하는 속성
PartitionTolerance	- 네트워크가 단절된 상태에서도 시스템의 속성(정합성 또는 가용성)을 유지해야 하는 속성

시스템이 분할내성(Partition Tolerance) 한 속성을 갖기 위해서는 노드 사이에 전송되는 메시지가 전달되지 않는 상황에서도 시스템에 일관성과 가용성을 지원해야 한다. 이러한 속성을 약어로 CAP 속성이라고 하며, 세 가지 속성을 모두 만족시키는 분산 시스템을 구성하는 것은 어렵기 때문에 대부분의 분산 시스템은 두 가지 속성만을 지원한다.

관리	속성
관계형 데이터 관리 시스템	ACID규정준수로 유연성, 사용 편의성
분산 데이터 관리 시스템	가용성, Partition-Tolerance 정합성, Partition-Tolerance

분산 데이터 관리 시스템은 데이터의 파티셔닝 및 배치에 대한 정보를 중앙에서 관리하고 분산 파일 시스템을 사용하는 Bigtable 방식과 consistent hashing 기법을 이용하는 Dynamo와 같은 방식이 있다. Bigtable 기반의 분산 데이터 관리 시스템

은 주로 분산 파일 시스템을 이용하기 때문에 분산 파일 시스템에서 제공하는 수준의 정합성을 제공하고 있다. 또한, 배치 정보를 중앙 집중 관리하고 있어 저장된 데이터의 분석이 필요한 경우에는 MapReduce와 같은 분산/병렬 컴퓨팅 플랫폼과 쉽게 연동할 수 있는 장점이 있다. 반면 consistent hashing을 이용하는 Dynamo와 같은 시스템은 고가용성을 필요로 하는 비교적 단순한 데이터에 대한 실시간 저장 및 조회가 필요한 시스템에 주로 사용한다.

[표 5-3] 분산 데이터베이스 비교

분산 DB명	내용
Bigtable	- 구글에서 개발한 분산 데이터 관리 시스템으로 수천 대의 값싼 하드웨어 장비를 이용하여 페타바이트(PetaBite:PB) 이상의 구조화된 데이터(semi structured data)를 저장하며, 범용성, 확장성, 고성능, 고가용성의 목표를 가지고 만들어진 시스템
Dynamo	- AWS에서 제공하는 서버리스(Serverless) 기반 Key-Value NoSQL 데이터베이스로서 요청한 만큼만 비용을 지급하며, AWS Lambda 같은 다른 서버리스 기반 서비스와 좋은 시너지를 내고 있음
Cassandra	- 확장성이 뛰어난 오픈소스 NoSQL 데이터베이스이며, 여러 클라우드 데이터센터에서 대량의 정형, 반정형 및 비정형 데이터를 관리하는 데 적합하며, 유연성과 빠른 응답 시간을 위해 설계된 강력한 동적 데이터 모델과 함께 단일 장애 지점 없이 많은 상용 서버에서 지속적인 가용성, 선형 확장성 및 운영 단순성을 제공
CouchDB	- 오픈소스로 되어 있으며, 매우 유연하고 다양한 운영 체제 및 가상화 툴에 설치 실행하며, 모바일 디바이스의 브라우저에서 실행하도록 설계된 경량 데이터베이스 PouchDB와 호환 가능

1. Bigtable

Bigtable은 GFS, MapReduce, Chubby 등과 같은 구글 내부의 여러 분산 플랫폼을 이용한다. Bigtable은 GFS를 데이터 파일 또는 커밋 로그 저장용으로 사용한다. GFS에서 하나의 파일은 3개의 복제본을 가지고 있기 때문에 추가적인 백업이 필요 없으며, 수천 노드 이상으로 확장할 수 있는 확장성과 복제본 간의 정합성을 제공한다.

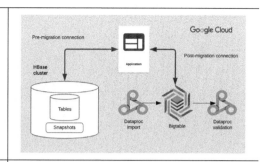

| Google Cloud의 HBase에서 Bigtable로 마이그레이션 | Google Cloud의 Bigtable 마이그레이션 |

[그림 5-2] Bigtable 클러스터 구성도(출처: NIA)

GFS는 파일의 Random write 기능을 제공하지 않기 때문에 이미 저장된 파일을 수정하는 것이 불가능하다. 이런 제약 때문에 Bigtable은 In-Memory/On-Disk 데이터 관리 시스템의 속성을 가진다. Bigtable에 저장된 데이터에 대해 대규모의 분석 작업이 필요한 경우 MapReduce 플랫폼을 이용하며, 분산 처리 단위는 하나의 Tablet이 된다.

2. Dynamo

Dynamo는 아마존에서 개발한 key-value 기반의 분산 데이터 관리 시스템이다. 아마존 내에는 여러 종류의 스토리지 솔루션이 존재하며 Dynamo는 쇼핑 카드, 사용자 정보, 제품 카탈로그 등과 같은 key-value 기반의 고가용성이 필요한 업무에 주로 사용한다.

[표 5-4] Dynamo 설계 원칙

Dynamo 설계	원칙
Incremental scalability	- 한 번에 하나의 스토리지 노드를 추가하며, 노드 추가 시 시스템 제공 기능 또는 시스템 자체의 최소 영향 기능만 수행
Symmetry	- 단순한 시스템 구성과 관리의 편의를 위해 클러스터의 모든 노드는 동일한 역할을 수행
Decentralization (탈중앙화)	- 중앙 집중적으로 관리되는 데이터나 이를 관리하는 서버는 존재하지 않으며, 사양이 다른 서버들로 클러스터를 구성

Dynamo는 데이터를 분산 배치하기 위해 P2P(Peer-to-Peer) 분산 기법을 이용한다. 초기의 P2P 기술에서는 비구조화된(unstructured) 네트워크 구성을 사용함으로써 네트워크 오버헤드 또는 중앙 집중 관리 방식에서의 장애 상황 등의 단점이 있었다. 최근에 사용하는 P2P 기법은 structured P2P라고 하여 데이터의 hash(k)와 클러스터에 참여하는 노드의 hash(node id)의 값을 동일한 주소 공간으로 매핑하여 관리하는 DHT(Distributed Hash Table) 알고리즘을 사용한다.

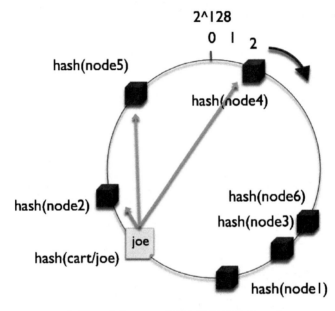

[그림 5-3] Dynamo 클러스터 구성 (출처: NIA)

3. Cassandra

Facebook에서 P2P 네트워크 환경에서 구조화된 데이터 저장소를 제공하는 시스템으로 개발하여 공개하였으며 Apache incubation 프로젝트로 등록되어 있다.

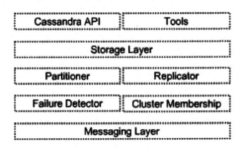

[그림 5-4] Cassandra 시스템 구성 (출처: NIA)

Cassandra는 Bigtable의 데이터 모델, In-Memory/On-Disk 처리 기법과 Dynamo의 consistent hashing 기법을 혼합하여 구성한 시스템이다. Bigtable은 데이터의 파티셔닝 정보를 META 테이블을 이용하여 별도로 관리하지만, Cassandra 는 consistent hashing 기법을 이용하고 있기 때문에 META 정보를 가지고 있지 않다. Cassandra의 데이터 모델은 Bigtable과 비슷하지만 Simple, Super 두 가지 타입의 Column Family를 제공한다.

4. CouchDB

CouchDB는 Apache foundation의 오픈소스로 문서 기반(Document oriented) 분산 데이터 관리 시스템이다. CouchDB가 저장하는 단위는 문서(Document)이며 문서 내에는 메타데이터를 위해 다수의 필드를 가질 수 있으며 필드는 유일하게 식별할 수 있는 필드 명과 필드 값으로 구성된다. 트랜젝션의 단위는 문서 단위가 되며 문서 내의 임의의 필드만 수정/삭제하는 기능은 제공하지 않는다. CouchDB의 가장 큰 특징은 read/write에 대해 잠금 처리를 하지 않기 때문에 뛰어난 성능을 보장할 수 있다.

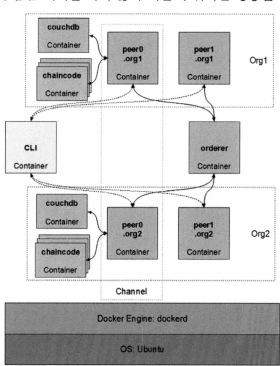

[그림 5-5] CouchDB 시스템 구성 (출처: NIA)

제3절
클라우드 데이터 서비스

클라우드 데이터 서비스는 클라우드 컴퓨팅 환경 내에서 구조화된 데이터에 대한 저장, 질의, 인덱스 등과 같은 데이터 관리 시스템의 기능을 제공하는 서비스를 의미한다. 클라우드 데이터 서비스라는 용어는 업계 표준으로 정착된 용어가 아니며 DaaS(Data as a Service), 클라우드 데이터베이스(Database), 클라우드 데이터 액세스(Data access) 등 다양한 용어가 존재한다.

[표 5-5] 클라우드 데이터 서비스 공통 특징

공통	특징
확장성	- 클라우드 환경에서는 데이터 저장 공간, 데이터센터 등의 지역적 제약 조건 없이 확장 가능한 서비스를 제공
고가용성	- 클라우드 내에 저장된 데이터는 일부 서버의 장애, 데이터센터 전체 장애 상황에서도 데이터 서비스를 제공받음
약한 데이터 정합성	- 서비스별로 차이가 있지만 관계형 데이터 관리 시스템에서 제공하는 수준의 일관성은 제공하지 않음
단순한 데이터 모델	- 대부분 관계형 데이터 모델은 지원하지 않으며 key-value 기반의 단순한 형태의 데이터 모델만 지원
요금 정책	- 트래픽, 저장 공간 등의 서비스 사용량에 따른 비용 지급
보안	- 데이터 관리 시스템은 일부 사용자 접근만을 허용하나. 클라우드 데이터 서비스에서는 모든 서비스 사용자가 동일한 인터페이스로 접근하고, HTTP 프로토콜 기반의 데이터가 서비스되므로 보안은 중요한 요소

여기에서는 서비스되거나 베타 서비스되고 있는 클라우드 데이터 서비스의 사례로 Amazon SimpleDB, Microsoft SSDS, Google AppEngine Datastore를 소개한다.

1. SimpleDB

SimpleDB는 아마존에서 출시한 클라우드 데이터 서비스로 데이터의 인덱스와 질의와 같은 핵심 데이터베이스 기능을 웹 서비스를 통해 제공하는 서비스이다. SimpleDB의 데이터 모델은 Domain, Item, Attribute이다. Domain은 Item의 집합으로 관계형 데이터 관리 시스템의 테이블과 유사한 개념이지만 Item 객체를 저장하는 ArrayList로 정의할 수 있다. 하나의 Domain 내에 저장된 Item 객체는 다른 Item과 관계를 갖지 않는다. 따라서 도메인 간에 Foreign key도 존재하지 않는다. SimpleDB 내의 각각의 질의는 하나의 도메인에서만 수행된다. Item은 Attribute의 집합이다. 관계형 데이터 관리 시스템의 row와 비슷하지만 Item 이름을 가지고 있으며 동일한 Domain에 있는 서로 다른 Item은 동일한 Attribute 개수를 가질 필요는 없다. Attribute는 Attribute 이름과 n개의 텍스트 값을 가진다. SimpleDB에 저장된 모든 데이터는 자동으로 인덱스가 생성되며 가용성을 위해 Domain 단위로 복제한다. 복제본 간의 데이터 일관성은 eventual consistency 정책을 취하고 있다. 데이터의 저장뿐만 아니라 애플리케이션에서 SimpleDB로 질의나 연산을 요청하는 경우 CPU와 메모리 등과 같은 클라우드 내의 자원을 사용하기 때문에 자원에 대한 사용료를 지급해야 한다. SimpleDB는 모든 요청에 대해 BoxUsage라고 하는 사용료의 기준 되는 시스템 리소스를 얼마나 사용하는지에 대한 정보를 제공한다.

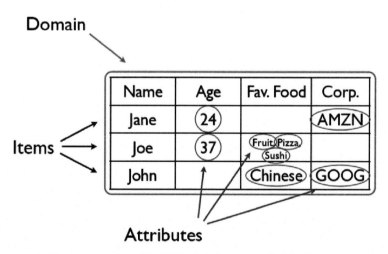

[그림 5-6] SimpleDB에 저장된 하나의 Domain에 대한 예 (출처: NIA)

2. SQL Data Service

마이크로소프트는 Azure 서비스 플랫폼이라고 하는 클라우드 서비스 플랫폼을 제공한다. Azure 서비스 플랫폼은 Windows Azure, Microsoft .Net Services, Microsoft SQL Services, Live Services 등으로 구성되어 있으며 Microsoft SQL Service는 Azure 플랫폼 내에서 클라우드 데이터 서비스를 제공한다. SQL Service 내에는 다양한 데이터 서비스가 제공되며 SQL Data Service만 제공한다. SQL Data Service는 기반 기술로 SQL Server를 사용하고 있지만 확장성, 가용성 등을 위해 SQL Server에서 제공하는 JOIN 등과 같은 관계형 데이터 관리 시스템의 핵심 기능은 제공하지 않는다. 아래 그림은 SQL Data Service를 구성하는 기술 스택이다.

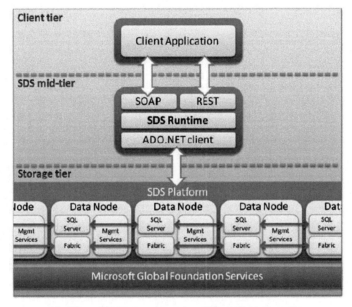

[그림 5-7] SQL Data Service 기술 스택 (출처: NIA)

SQL Data Service의 데이터 모델은 Authority, Container, Entity(ACE 모델)로 구성되어 있다. SQL Data Service는 여러 데이터센터를 통해 서비스되며, 각 데이터센터는 여러 개의 Authority 정보를 저장하고, 각 Authority는 유일한 DNS 이름을 가진다. Authority는 n개의 Container를 가지고, Container는 하나의 데이터센터 내에서 복제된다. Container는 부하 분산과 가용성의 단위가 되며 Container에 장애가 발생하면 자동으로 새로운 복제본을 만든다. 하나의 Container는 다수의

Entity를 가지며 각 Entity는 다수의 Property를 가진다. Property는 name, type, value로 구성된다. SQL Data Service는 모든 복제본에 저장되어야만 트랜잭션을 성공시키는 transactional consistency 정책을 통해 정합성을 제공한다.

3. Google AppEngine Datastore

구글은 독립적인 클라우드 데이터 서비스는 제공하지 않지만 웹 애플리케이션을 클라우드 환경에서 수행하게 하는 서비스인 AppEngine 서비스 내에 Datastore라는 이름으로 데이터 서비스를 제공한다. AppEngine Datastore는 앞에서 설명한 다른 데이터 서비스와 달리 Python 기반의 API를 이용해야 하며 반드시 AppEngine 내에서만 수행되어야 하는 제약이 있다.

AppEngine Datastore의 저장 단위는 Entity이며 Entity는 Kind, Key와 다수의 Property를 가진다. Key는 자동으로 생성하거나 사용자가 입력한 문자열이 되며 foreign key로 연결될 수 있다. Type은 Entity의 종류를 나타내며 관계형 데이터 관리 시스템의 테이블 명이나 객체 지향 개념에서 class에 해당한다.

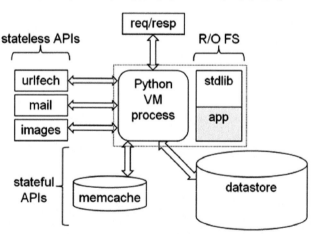

[그림 5-8] Google AppEngine 구성 (출처: NIA)

하나의 트랜잭션 내에서 여러 개의 연산을 수행할 수 있으며, 처리 도중 특정 연산에 실패할 경우 트랜잭션 내에서 수행된 모든 연산에 대해 rollback 할 수 있는 기능을 제공한다. 테이블의 인덱스는 프로그램 내부에서 사용하는 질의를 이용하여 Datastore가

자동으로 생성하거나 사용자 정의 인덱스를 구성할 수 있다. AppEngine Datastore는 내부적으로 Bigtable을 활용하여 구현하고 있기 때문에 Bigtable의 CAP 속성을 따른다. [표 5-6]은 지금까지 설명한 분산 데이터 관리 시스템과 클라우드 데이터 서비스에 대한 비교표이다.

[표 5-6] 분산 데이터 관리 시스템 및 클라우드 데이터 서비스 특징 비교

항목	분산 데이터 관리				클라우드 데이터 서비스		
	Bigtable	Dynamo	Cassandra	CouchDB	SimpleDB	SQL Data Service	AppEngine
일반성 Consistency	O	X	X	X	X	O	O
가용성 Availability	X	O	O	O	O	X	X
Partition-Tolerance	O	O	O	O	O	O	O
Partition 관리	META	hashing	hashing	X	N/A	N/A	N/A
Replication	O	O	O	O	O	O	O
Data Model	Bigtable	blob	Bigtable	Document	Domain Item Attribute Value	Container Entity Property	Entity Property
Index	Row key Column key	X	X	DocID	All values	All properties in entity	All Properties User defined composited index
Language	C++	Java	Java	Erlang	N/A	N/A	N/A
Persistence	GFS	BDB MySQL	Disk	BDB	Unknown	MS SQL Server	Bigtable
Client Protocol	C++ API	HTTP	Thrift	REST	SOAP REST	SOAP REST	Python API
Open Source	X	X	O	O	service	service	service
License	X	X	Apache	Apache	N/A	N/A	N/A
Company	Google	Amazon	Facebook	Apache	Amazon	Microsoft	Google

4. 분산 데이터 관리 서비스 분석

분산 데이터 관리 시스템은 관계형 데이터 모델보다 단순한 모델을 제공하며, 대용량의 데이터를 분산된 노드에 배치시키고 데이터 복제를 통해 고가용성과 확장성에 초점을 맞추고 있다. 이러한 특징은 대규모의 데이터를 다루는 인터넷 서비스 회사들이 그들의 서비스 요구 사항에 맞는 데이터 관리 시스템을 개발하는 과정에서 도출되었다. 이러한 분산 데이터 관리 시스템을 사용하거나 참조할 때는 이들 기술의 배경과 서비스의 성격에 대한 이해가 필요하며, 각 기술이 제시하는 데이터 모델, 정합성, 고가용성, 성능, 확장성 등의 다양한 특성을 고려해야 한다.

SimpleDB, SQL Data Service, AppEngine Datastore 등과 같은 클라우드 데이터 서비스는 현재까지는 대부분 베타 서비스 등의 형태로만 제공되어 있다. 데이터 서비스를 사용하여 구축된 시스템들은 아직 단순한 기능만 제공하거나 인터넷 서비스 업체에서 제공하는 오픈 API를 이용하여 만든 Mashup 형태의 서비스만 제공하는 수준이다. 시스템을 직접 구축하는 일은 어렵고 비용이 많이 드는 상황에서 클라우드 데이터 서비스는 손쉬운 개발 방법을 제공하고, 데이터 저장과 처리 능력의 확장 및 데이터 가용성에 대한 고민을 덜어 준다. 클라우드 데이터 서비스가 안정적으로 정착되기 위해서는 개발 과정에서 서비스에 접속하지 않고서도 개발자 고유의 환경에서 개발 및 테스트가 가능하도록 지원해야 하며, 서로 다른 데이터 서비스들 간의 표준적인 인터페이스나 질의 언어를 수립하는 일이 필요하다.

제4절
클라우드 핵심 서비스(빅데이터)

1. 빅데이터 정의

빅데이터는 2010년 OECD가 '기술전망포럼(Technology Foresight Forum)'을 통하여 빅데이터를 미래 신성장 동력 산업으로 공식화하였다. 경제적 자산으로서 빅데이터 활용은 가치 창출을 선도하면서 비즈니스 혁신을 선도한다고 정의하였다. 각국 정부는 급속한 환경 변화 및 불확실한 여건하에서 개인정보 및 프라이버시를 보호하고, 정보 접근을 개방하고, 정보통신 기술 인프라와 관련 기술 분야에서 일관성 있는 정책을 수행하고 있다. 빅데이터란 기존의 DB 소프트웨어로는 수집·저장·관리·분석이 어려울 정도의 대규모 빅데이터를 1C 5V(복잡성, 가치, 규모, 속도, 다양성, 정확성: Complexity, Value, Volume, Velocity, Variety, Veracity)로 4차원의 데이터 성장 변화를 의미한다. 이에 의사 결정을 위한 비용 대비 효과가 높은 데이터 처리가 혁신적인 과업이 되어 가고 있다. 일반적으로 빅데이터를 구성하는 데이터 종류는 정형화 정도에 따라 크게 정형 데이터(Structured Data), 반정형 데이터(Semi-structured Data), 비정형 데이터(Unstructured Data)로 구분된다.

[그림 5-9] 빅데이터 정의

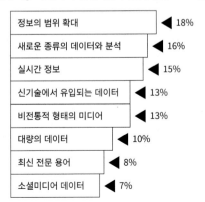

[표 5-7] 빅데이터 범위 (출처: IBM GBS 보고서)

항목	비율
정보의 범위 확대	18%
새로운 종류의 데이터와 분석	16%
실시간 정보	15%
신기술에서 유입되는 데이터	13%
비전통적 형태의 미디어	13%
대량의 데이터	10%
최신 전문 용어	8%
소셜미디어 데이터	7%

[표 5-8] 학습 기초 데이터 세트 수집 분류 (출처: Spri)

수집 방법	자료 수집
인터넷상	- Text, 음성, 이미지, 영상 등
문서(자료)	- Text, 음성, 이미지, 영상 입력 등(.jpg, .json 등)
IoT(M2M)	- 기계 등을 통한 데이터 자동 수집

[표 5-9] 학습 데이터 세트 구분 및 정의 (출처: NIA)

구분	세부 정의
정형 데이터 (Structured Data)	- 정의: 정해진 구조로 고정된 필드에 저장되어 있는 데이터 - 사례: 관계형 데이터베이스(RDBMS) - 특징: 데이터로서의 활용성 높음
반정형 데이터 (Semi-structured Data)	- 정의: 고정된 필드에 저장되지는 않지만 메타데이터, 스키마 등을 포함하는 데이터 - 사례: XML, HTML 문서 등 - 특징: 데이터로서의 활용성, 비정형 데이터보다 높음
비정형 데이터 (Unstructured Data)	- 정의: 정해진 구조가 없고 고정 필드에도 저장되지 않는 데이터 - 사례: 일반 텍스트 문서, 이미지, 동영상, 음성 등 - 특징: 크기와 복잡성에서 큰 비중 차지 - 링크드 데이터 변환 등의 기법으로 데이터의 활용성 및 공유 가능성이 높아지면서 새로운 가치로 인정받고 있음

비정형 데이터는 소셜미디어 서비스(SNS)라는 등식일 정도로 소셜 네트워크를 통해 급증하는 데이터에 대한 활용 가능성에 주목받고 있다. 빅데이터 전문가들의 진단이 잇따라 등장하면서 빅데이터는 소셜미디어 데이터로 대변되는 움직임마저 있다. 그러나 데이터 관리 전문가들은 소셜미디어 데이터가 빅데이터의 모든 것을 의미하지는 않는다고 말하고 있다. 데이터의 크기와 속도와 다양성이 주요 키워드이며 통합적 분석을 통한 의사 결정 및 업무 효율화가 핵심적으로 추구하는 방향이다.

2. 빅데이터 이용의 불확실성

[표 5-10] 데이터 관리 활용의 불확실성 (출처: K-DATA)

종류	실정
(제도의 불확실성)	- 사회적으로 수용 가능한 프라이버시 보호 수준 등 데이터에 대한 국민 인식, 문화, 제도가 어떻게 발전할지 가늠하기 어려운 상황
(시장의 불확실성)	- 데이터의 경제적 가치 산정, 거래 제도, 보호 방법 등 데이터 경제를 지탱할 핵심 제도들이 미성숙
(기술의 불확실성)	- 데이터 분석 및 인공지능 기술의 발전 방향을 예측하기 어려워 중장기 투자와 인력 양성이 어려운 실정

영국의 왕립학회는 데이터 불확실성은 데이터 경제의 발전에 가장 큰 걸림돌이 될 것으로 보고, 2017년 7월 데이터 거버넌스에 대한 보고서(Data Management and Use: Governance in the 21st century)를 발간하고, 데이터 불확실성을 제거하기 위해 국가 차원의 데이터 거버넌스 발전의 필요성을 강조하였다.

- 개인 및 단체의 권리 및 이익 보호

- 데이터 관리 및 사용에 영향을 받는 사항의 투명성·책임성·포괄성 보장

- 여러 성공과 실패로부터의 모범 사례 수용

- 기존 민주적 거버넌스 강화

빅데이터 불확실성에 대해 체계적 대응 체계를 세우고 각종 위험을 효과적으로 분산시킬 수 있는 국가가 데이터 경제의 우위를 점할 수 있다.

3. 빅데이터 산업의 범위

데이터 산업은 데이터의 생산·수집·처리·분석·유통·활용 등의 활동을 통해 가치를 창출하는 제품과 서비스를 생산 제공하는 산업이다. 데이터의 생명주기 또는 가치 사슬상에 나타나는 데이터 관련 제반 활동을 포함하며 데이터로부터 가치를 창출하는 일련의 과정을 포함한다. 한국데이터진흥원의 대분류는 데이터 산업에서 데이터 관련 제품을 판매하거나 기술을 제공하는 데이터 솔루션·데이터 구축·데이터 컨설팅 등 데이터 기반 서비스 분야로 정의한다.

[표 5-11] 데이터 산업의 범위 (출처: K-DATA,2018)

분류	범위
데이터 솔루션	- DBMS(데이터베이스 관리 시스템), DBMS 관리, 데이터 모델링, 분석 및 시각화, 검색 엔진, 품질 등 관련 솔루션 제품으로 비즈니스 - 라이선스, 유지 보수, 커스터마이징(개발)에서 매출 발생 - 데이터 수집, DBMS 설계, 관리, 품질 관리, 분석, 데이터 플랫폼
데이터 서비스 (데이터 브로커)	- 데이터를 활용해 정보 제공, 데이터 거래, 분석 결과 정보 제공 등을 온오프라인 (모바일 앱 등 포함)으로 제공 - 데이터 이용료 또는 수수료, 광고료 등으로 비즈니스를 영위하거나 마케팅을 목적으로 데이터를 수집·가공하여 판매하는 기업
데이터 구축	- DB 설계, 데이터 이행 등을 포함한 DB 시스템 구축, 문서·음성·영상 등의 데이터를 DB로 변환·정비하는 데이터 처리 - 데이터 외부 제공을 위한 API, LOD 구축, DW, Data Lake 등의 데이터 구축으로 비즈니스(데이터/DB 관련 SI와 IT 아웃소싱 포함)
데이터 컨설팅	- 데이터 거버넌스, 품질, 데이터 설계, 데이터 활용 등 데이터 관련 기획 및 컨설팅 비즈니스

4. 공공기관에서의 빅데이터 처리 효과

공공 부문은 그동안 축적된 데이터의 규모나 내용 면에서 빅데이터의 효과적인 활용 분야로 평가받고 있어 기존의 행정 처리의 개선 및 새로운 행정 서비스 구현에 빅데이터가 활용된다. 구조화되지 않은 엄청난 규모의 데이터에 대한 가치가 인정되고 있는 시대에 데이터를 더욱 효율적으로 분석하여 업무 해결에 통찰력을 확보하는 것은 기업은 물론 대국민 행정을 구현하는 정부의 필수 조건이 된다.

[표 5-12] 빅데이터의 개념을 가치와 활용 및 효과 (출처: K-DATA)

활용 방안	효과
데이터의 분석을 통한 유형(pattern) 발견	- 조직의 문제 해결과 신속한 의사 결정 그리고 업무 효율화 등 미션과 비전 실행을 위하여 관련된 내부 데이터와 외부 데이터를 모두 수집하고 이를 분석하여 특정한 유형을 찾아냄
빅데이터를 대입할 수 있는 수학적 함수 (function)발견	- 매일 25억 기가바이트 이상씩 생산되는 데이터에서 특정한 유형과 이를 통한 예측치를 찾아내기 위해 문제 해결에 필요한 수학적 알고리즘 구현 - 문제의 성격과 상황에 따라 수학적인 알고리즘도 교체 가능
데이터를 근거로 한 미래 예측(forecasting) 발견	- 기존의 연구 조사 방법론은 특정 집단으로부터 수집한 일부의 데이터를 분석하여 인과관계를 밝혀내는 샘플링 조사를 통한 통계 분석 - 빅데이터 시대에는 수집할 수 있는 모든 데이터를 대상으로 분석하여 데이터 간의 연관성을 찾아내는 전수 조사의 과정 - 샘플링 조사는 신뢰수준 95% 오차범위 ±5% 내외라는 엄격한 수치를 요구하지만, 빅데이터 분석에서는 유형으로 찾아낸 데이터 간의 상관관계결정

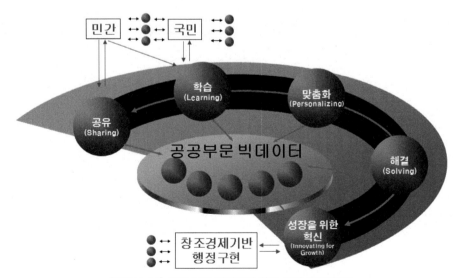

[그림 5-10] 공공 부문 빅데이터 활용 특징 (출처: NIA)

[표 5-13] 공공부문에서 빅데이터 활용 기회 (출처: Chris Y, 2012)

활용	기회 창출
공유(sharing)	- 정부 부처를 비롯해 산하 기관들이 보유하고 있는 데이터의 공유와 연계 - 국민의 시간 낭비를 줄이고 납세자의 세금 절약
학습(learning)	- 그동안 정부의 관리자들은 일부의 성과지표로 조직의 건전성과 효율성 평가 - 모든 데이터를 예전보다 더 종합적이고 세부적으로 파악할 수 있게 된 빅데이터 시대에는 다양한 분석 기법과 비주얼화 도구 등을 활용하여 끊임없는 학습을 통해 조직의 일하는 방식 교체 필요
맞춤화 (personalizing)	- 아마존의 구매 이력 기반의 맞춤화 추천 시스템처럼 정부도 기존 축적된 데이터로 국민을 위한 맞춤형 행정 시스템 구현 가능
해결 (solving)	- 대규모 데이터 세트에 고급 분석 기술을 활용 - 빅데이터에 숨겨진 유형(pattern)과 상관성 분석 - 복합적 요인 발생으로 문제 해결 단서를 찾고, 사전 문제를 미래 예측으로 방지 - 문제 해결 위한 빅데이터의 다양한 특징을 활용하여 데이터 근거로 의사 결정 가능
성장을 위한 혁신 (innovating for growth)	- 비용 절감·효율 향상을 위해 빅데이터 수집·분석이 사용되는 경우 생산성 증대 - 공공 부문의 경우 최종 사용자인 국민을 위한 혜택이 있음 - 기업의 빅데이터 활용은 디지털 경제의 선도적 위치 - 공공 부문은 빅데이터 기업들과의 파트너십을 통한 국가 경제적 혜택 수혜

제5절
인공지능 학습 데이터 수집

1. 데이터마이닝

데이터마이닝이란 대량의 데이터로부터 유용한 정보를 추출하여, 이해하기 쉬운 형태로 변환하여 실제의 의사 결정 과정에 적용하는 전 과정을 의미한다. 저장된 데이터에서 정보, 지식, 규칙, 패턴, 특성을 추출하여 지식 정보를 자원화한다.

[표 5-14] 의사 결정을 위한 지식 정보 추출 과정 (출처: K-DATA)

데이터		정보		의사 결정
인구 통계 Point of Sale ATM, 금융 통계 신용 정보, 문헌 첩보 자료 진료 기록, 신체검사 기록	→	A 상품 구매자의 80%가 B 상품도 구매 미국인 자동차 구매력이 X개월간 증가 A 상품 매출 중가가 B 상품의 2배 탈수 증상을 보이면 위험	→	광고 전략은? 상품의 진열? 최적의 예산 할당은? 시장 점유 확대 방안은? 고객 이탈 방지책은? 처방은?

이는 저장된 데이터양의 폭발적 증가, 데이터베이스 시스템의 사용 증가, 데이터 수집의 자동화, 정보, 지식의 언제나 부족, 인지적 처리의 한계, 자동 처리의 요구 증대, 인공지능 기술의 발전(Knowledge Discovery, Knowledge Extraction, Machine Learning, Data/Pattern Analysis)으로 항상 기본 데이터를 필요로 한다.

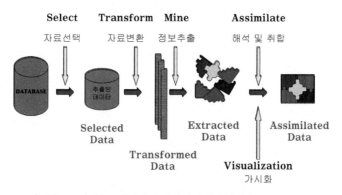

[그림 5-11] 학습 데이터의 데이터마이닝 과정 (출처: K-DATA)

2. 데이터마이닝 기법 분류

[표 5-15] 데이터마이닝 기법 분류

데이터마이닝기법	분류
탐사 지식, 정보 종류	- Association(연관성 발견) - Characterization(특성 발견) - Classification(분류) - Summarization(요약) - Clustering(군집화) - Sequential Pattern Discovery(연속 패턴 발견) - Trend(경향 발견) - Deviation Detection(추세 변화 발견)
탐사 데이터 베이스 종류	- Relational DB - Transactional DB - Object-oriented DB - Spatial DB - Temporal DB - Textual vs Multimedia - Heterogeneous, etc...

	- 기호 처리식 인공지능적 방법론
	- 논리적 추론, Rule Induction
	- 패턴 인식/통계적 방법
	- Statistical Classification(supervised learning)
적용 탐사 기법	- Clustering Techniques(unsupervised learning)
	- Time Series Analysis
	- 신경망 방법
	- 이론적으론 어떠한 Functional Mapping도 가능
	- 강력한 학습 Algorithm이 있음

대량의 자료 분석을 통하여 정보, 지식의 자동 추출에 활용된다. 데이터베이스의 새로운 활용은 인공지능, DB 기술이 통합되면서 현장에서 쓰이는 솔루션 제공 수준에 도달하고 있다. 다양한 형태로부터의 정보 추출 연구(Hot Research Item)도 진행되고 있다.

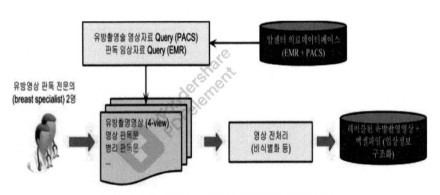

[그림 5-12] 인공지능 데이터 수집 절차 (출처: TTA)

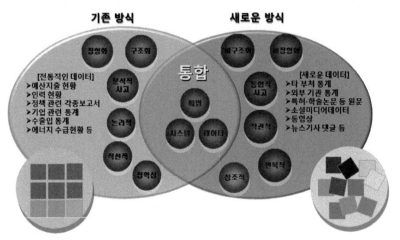

[그림 5-13] 빅데이터 시대의 통합적 접근 방식 (출처: NIA)

부서별로 빅데이터를 활용하여 효율적인 사무를 구현하기 위한 첫 단계이자 우선과제로 데이터 탐색을 꼽은 것도 데이터별로 처리 및 분석해야 할 도구와 해법이 다르기 때문이다. 모든 업무 부서의 내부 데이터는 대부분 정형 혹은 반정형 데이터가 대부분이다. 따라서 내부 데이터를 우선 탐색해야 한다.

3. 클라우드 기반 빅데이터 처리 절차

빅데이터란 기존의 관리, 분석 체계로는 감당하기 어려운 막대한 데이터 집합과 이를 해결하기 위한 플랫폼, 분석 기법 등을 포함한다. 빅데이터는 데이터 생성→수집→저장→분석→표현의 처리 과정을 거치며 각 프로세스마다 세부 영역과 관련 기술이 등장한다.

분석 기술은 통계, 데이터마이닝, 기계학습, 자연어 처리, 패턴 인식, 소셜 네트워크 분석, 비디오, 오디오, 이미지 프로세싱 등이 해당된다. 빅데이터의 활용, 분석, 처리 등을 포함하는 인프라에는 BI, DW, 클라우드 컴퓨팅, 분산 데이터베이스(NoSQL), 분산 병렬 처리, 분산 파일 시스템 등이 해당된다.

1) 빅데이터 처리 과정의 필요 기술

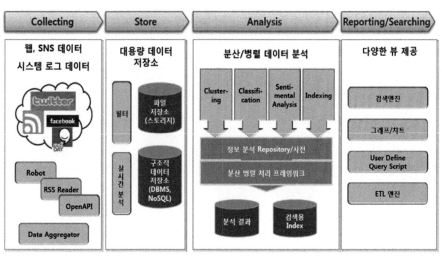

[그림 5-14] 빅데이터 처리 과정 실제 적용 기술 (출처: NIA)

[표 5-16] 빅데이터 처리 과정 필요 기술

기술	과정 기술
인프라 기술	- 데이터를 수집·처리·관리하는 데이터베이스, 분산 파일 시스템, 병렬 처리 시스템
분석 기술	- 데이터 마이닝, 확률/통계 기법, 자연어 처리, 기계학습 등
시각화 기술	- 표현 기술

2) 빅데이터 실용화를 위한 도입 프로세스

빅데이터 도입 프로세스는 교육 단계에서는 빅데이터의 개념 및 정의에 대한 이해와 관련 시장에 대한 탐색 및 관측 등이 주요 활동으로 진행된다. 탐색 과정에서는 기관 내·외부의 데이터를 점검하고 검색한 후 시각화를 한 다음, 그 결과에 대한 이해를 거쳐 의사 결정에 반영하고 있다.

[표 5-17] 빅데이터 도입 4단계

교육	탐색	개시	실행
관련 지식 수집 시장 관측	업무 기반 전략 및 로드맵	파일럿 프로젝트 유효성 검증	업무 적용 시작 고차원 분석 확대
-개념 정의 이해 -관련 시장조사	- 데이터 점검(내외부) - 빅데이터 시각화 - 의사 결정 효율화를 위한 전략 수립	- 전략 및 로드맵 검증 - 빅데이터 가치 및 유효성 검증	- 인텔리전스 및 통찰력 강화 - 행정 구원의 효율성 검증 및 피드백

데이터 활용에 대한 전략 수립의 방향이 적합한지를 확인하기 위해서는 관련 사항별로 체크리스트를 점검하는 방법이 있다. 빅데이터 도입 및 활용을 통해 효율적인 의사 결정으로 부서간의 비효율성을 줄여나가기 위해서는 내부적인 데이터 및 시스템 점검과 아울러 내부적인 업무 프로세스 및 조직 문화 변화도 필요하다.

3) 빅데이터의 3대 구성 요소

- 성공적인 빅데이터 활용을 위해서는 데이터의 자원화

- 데이터를 가공하고 분석/처리하는 기술

- 데이터의 의미를 통찰하는 인력

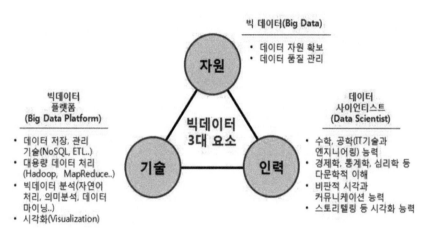

[그림 5-15] 빅데이터 시대 성공 조건 (출처: McAfee, A.외(2012.10)

4. AI 학습용 데이터 구축 절차

빅데이터 처리 과정은 수집→저장→분석→표현이다. AI 학습용 데이터는 머신러닝, 딥러닝 등 AI 모델 학습을 위해 활용되는 데이터를 총칭한다. 원본 데이터와 원본 데이터에 활용 목적에 따라 표시 작업을 한 라벨링 데이터를 모두 AI 학습용 데이터라 하며, 원본 데이터는 하나지만 라벨링 데이터는 사용 목적에 따라 다양한 형식으로 가공 가능하다.

[표 5-18] AI 학습용 데이터의 구성

원본 데이터		라벨링 데이터
이미지, 영상	+	텍스트, 음성 등 활용 목적에 따른 라벨링 데이터

AI 학습용 데이터는 목적에 따라 학습 데이터, 검증 데이터, 평가 데이터로 구분하여 활용한다. 학습 데이터로 AI 모델을 학습→AI 모델 정확도 확인을 위해 검증 데이터를 활용해 수정→평가 데이터로 성능 평가를 진행한다.

[표 5-19] 학습 데이터 처리 과정

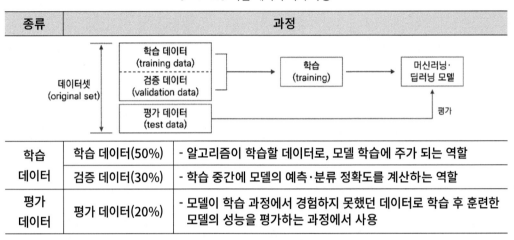

종류	과정	
학습 데이터	학습 데이터(50%)	- 알고리즘이 학습할 데이터로, 모델 학습에 주가 되는 역할
	검증 데이터(30%)	- 학습 중간에 모델의 예측·분류 정확도를 계산하는 역할
평가 데이터	평가 데이터(20%)	- 모델이 학습 과정에서 경험하지 못했던 데이터로 학습 후 훈련한 모델의 성능을 평가하는 과정에서 사용

[표 5-20] AI 학습용 데이터 구축부터 AI 서비스 출시 과정 (출처: NIA)

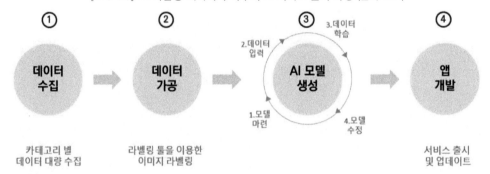

수집	- AI 모델 생성을 위한 데이터 수집 또는 제작을 통해 학습용 데이터 구축 과정
가공, 라벨링	- AI 학습 모델 제작을 위하여, 종류별 데이터에 편향과 노이즈 제거로 속성 표시 작업
AI 모델 생성	- 정제된 데이터로 AI를 학습시키고 문제 발생 시 모델 수정 과정을 거쳐 최종 모델 생성
AI 서비스 출시	- 소비자에게 제공할 수 있는 정도의 서비스 정확도가 나오면 본 서비스를 출시

[그림 5-16] 학습 데이터 세트 구축 절차 (출처: NIA)

텍스트	이미지	영상
- 학습 목적에 맞춰 나열된 텍스트에 날짜, 사람, 목적 등등 속성값을 부여하는 방식으로 라벨링	- 사진 속의 특정 객체를 박스로 묶거나, 이미지 자체를 분류하거나, 시멘틱(의미) 분할을 통해 라벨링	- 이미지와 동일하게 박스로 묶기 또는 시멘틱 분할을 이용하며, 영상 테깅 툴을 이용해 이미지에 라벨링

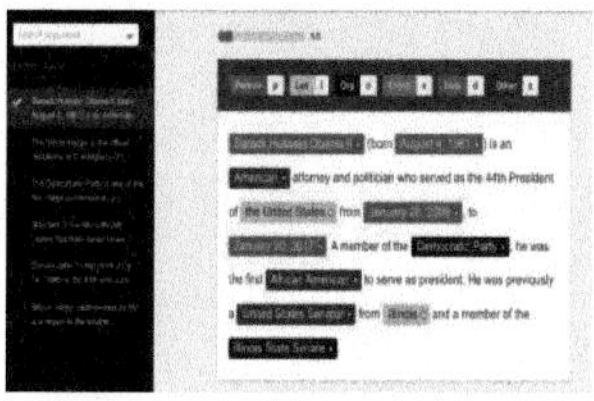

[그림 5-17] 빅데이터 학습 데이터 종류 (출처: NIA)

제6장

클라우드 컴퓨팅 플랫폼 기술

학습 목표

클라우드 컴퓨팅은 모든 IT 분야에 영향을 끼치고 있다. 클라우드 기술의 서비스 기능은 차세대 웹 기술인 클라우드 플랫폼(Cloud Platform)으로 진화하였다. 클라우드 플랫폼은 다양한 단말과 함께 유기적으로 연동 가능한 유비쿼터스 서비스 플랫폼으로 발전하고 있으며, 클라우드 컴퓨팅의 미래 서비스 패러다임은 사용자와 서비스 중심의 개방형 구조로 변화하며, 네트워크와 단말에 독립적인 차세대 웹/앱 기반의 서비스 지향 클라우드 컴퓨팅 플랫폼 구조로 발전하였다.

클라우드 플랫폼은 단일 서버에 여러 가상 머신(VM)을 만드는 가상화 기술을 사용하기 때문에 하나의 물리적 서버에서 다양한 고객을 위한 별도의 운영 체제와 애플리케이션을 실행할 수 있다. 고객은 퍼블릭 및 프라이빗 클라우드 플랫폼 모두에서 컴퓨팅 서비스를 접속할 수 있다.

글로벌 벤더들도 강력한 개방형 파트너십으로 인공지능(AI), 빅데이터, IoT 등의 첨단 서비스들을 자사 클라우드 플랫폼(PaaS)에서 제공하고 있다. 대한민국은 한국지능정보사회진흥원에서 클라우드 플랫폼 개발을 위한 파스-타를 공공과 상용 PaaS 서비스로 개발하여 교육 과정 개설과 인증 제도로 보급 확산하고 있다. 파스-타 전문 기업 육성, 개방형 플랫폼 보급 및 전문 인력 양성을 위한 오픈랩 운영, 개발자·기업 대상 무상교육 등 개방 클라우드 플랫폼 센터와 민간기업, 대학, 공공기관 등이 상호 협력하여 생태계 활성화를 진행하고 있다.

클라우드 기술 역량이 제고되고 클라우드 산업이 한 단계 도약할 수 있도록 오픈소스 기반 기술로 개발된 개방형 클라우드 플랫폼 파스-타를 중심으로 민관이 각자의 역할을 충실히 이행하고 협력해야 한다.

제6장 목차

제1절
클라우드 플랫폼 서비스

가상화 기술은 하드웨어 가상화를 넘어, 서비스 및 응용 가상화 기술 실현은 물론 데이터 처리 기술로 발전하고 있다. 단말 독립 서비스 지원 기술은 개방형 구조의 다중 단말 서비스 플랫폼 기술로 진화되고 있다. 보안, 프라이버시 지원(신뢰성 확보) 기술은 데이터 집중화에 따른 해킹 및 서비스 중단 위험이 존재하기 때문에 이를 해결하기 위한 다양한 시도가 이루어지고 있다. 도메인 특화(Business Model 다중화) 기술은 기업용 클라우드 서비스 기술로 발전하므로 중장기적인 차원의 기술 개발 및 표준화가 요구된다.

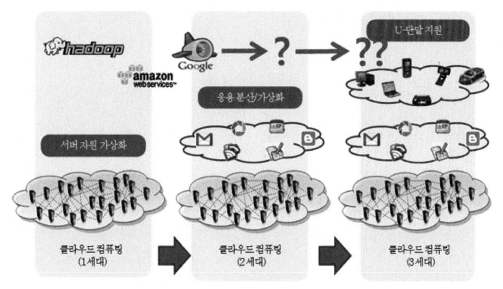

[그림 6-1] 클라우드 컴퓨팅 다양한 지원 서비스 (출처: NIA)

컴퓨팅 및 서비스 환경은 시간과 공간을 초월하는 서비스 기능성, 유비쿼터스 환경의 다양한 유무선 단말의 심리스 서비스(Seamless Service) 제공이 필수적으로 요구되고 있다. 전반적인 가상화 기술은 서버 자원, 운영 체제(OS), 애플리케이션이 대상이나 스토리지, 서버, 네트워크 자원 등은 개별 가상화(Virtualization) 기술 개발로 진행되고 있다.

[그림 6-2] 클라우드 컴퓨팅의 진화 방향 (출처: NIA)

최근 개별 가상화 기술들이 하나의 통합된 형태로 제공되는 클라우드 플랫폼으로 발전하면서, 유비쿼터스 단말에서의 심리스 서비스 운영 체제 기능이 포함된 웹/앱 클라우드 플랫폼 기술로 차별화된 기술 자원을 선도하고 있다.

1. 클라우드 컴퓨팅 진화 방향

그동안 클라우드 플랫폼의 진화는 가상화 기술을 바탕으로 발전하였다. 스토리지 서버 등의 단순 컴퓨팅 자원 가상화로부터 시작하여 미들웨어, 응용 레벨의 가상화를 통한 응용 플랫폼 차원의 클라우드 컴퓨팅 환경으로 진화하였다. 앞으로는 유비쿼터스 단말을 통한 심리스 서비스 제공이 가능한 형태의 클라우드 플랫폼으로 진화하고 있다.

2. 클라우드 플랫폼 분석

플랫폼은 네트워크 결합형 컴퓨팅 환경으로 진화하고 있으며, 이들을 중심으로 클라우드 컴퓨팅 기술 및 관련 솔루션 개발 기업에 의하여 많은 기술이 탄생하고 있다. 향후 클라우드 시장은 외산 플랫폼에 대응한 국가적 차원의 전략이 요구된다.

[표 6-1] 클라우드 플랫폼 경쟁력 분석(SWOT) (출처: ETRI, 2008)

강점/약점 기회 요인/위협 요소	- 뛰어난 네트워크 인프라 보유 - 차세대 웹 핵심 기술 보유 - 게임 등 우수한 SW 기술 보유 - 높은 네트워크 참여 문화	-자체 운영 체제 미보유 -높은 플랫폼 외산 의존도
네트워크 중심의 플랫폼 패러다임 변화(초기 시장)	우수 인프라를 활용한 신규 플랫폼 시장 선점 시도(클라우드 컴퓨팅 기반 플랫폼 가상화 기술) 에너지 절감 컴퓨팅 기술 개발 연계	네트워크 기반 플랫폼 시장 진입을 통한 신규 경쟁력 강화(유비쿼터스 서비스 지향 클라우드 플랫폼 기술 확보)
외국 공룡기업들의 신규 플랫폼 시장 진입	외산 기술의 조기 IPR 확보를 통한 외산 플랫폼의 시장 진입 방어	취약 인프라 기술에 대한 전략적 제휴를 통한 약점 보완(오픈소스 진영과의 협력 추진)

클라우드 플랫폼 기술은 자체적인 운영 체제(OS) 또는 플랫폼 기술력을 보유하고 있지 못하기 때문이므로 위기이자 기회로 다가오고 있는 것이 현실이다. 클라우드 컴퓨팅 플랫폼 분야는 가상화 기술 중심의 하부 코어 기술은 외국 플랫폼 의존도가 높은 편이기 때문에 플랫폼의 경쟁력을 높이기 위해서는 기존 플랫폼과 차별성을 강화하는 전략이 필요하다. 우수한 네트워크 인프라와 SW 기술 기반으로 기존 클라우드 컴퓨팅 기술에 대한 해외 플랫폼의 우수성과 인프라 기술에 대한 전략적 제휴로 성장이 요구된다.

3. 서비스 지향 클라우드 컴퓨팅 플랫폼

서비스 지향 클라우드 컴퓨팅 플랫폼은 단순 컴퓨팅 자원 기반의 클라우드 컴퓨팅 환경을 넘어서 응용 서비스의 개발 및 제공 시 서버 자원을 포함한 개발 환경과 응용 및 서비스의 구성-제공-관리 등 일련의 컴퓨팅 기능과 서비스를 개방형 인터페이스를 통해 제공할 수 있다. 서비스되는 단말의 종류는 종속되지 않는 미래형 컴퓨팅 플랫폼으로 정의한다. 기존 클라우드 컴퓨팅의 개념에 SOA(Service Oriented Architecture), SaaS(Software as a Service) 등의 개념이 포함되어 있다고 볼 수 있으나, 보다 유연하고 호환성이 극대화될 수 있는 서비스 특성을 유지하며 다양한 사용자 단말 플랫폼상에서 빠르고 효율적으로 지원하기 위한 다양한 서비스 환경의 차별화된 클라우드 플랫폼 개발이 요구된다.

[그림 6-3] 서비스 지향 클라우드 플랫폼 구성도 (출처: NIA)

서비스 지향 클라우드 플랫폼의 필요성은 차세대 웹 환경에서 유·무선 네트워크를 통해 인터넷에 연결되는 다양한 단말들(PC, 휴대전화, IPTV, 텔레매틱스, 이러닝 등)을 시공간 제약없이 소프트웨어, 스토리지, 컴퓨팅 자원, 미디어 콘텐츠 등의 다양한 서비스가 웹/앱을 통해 제공되는 환경으로 변화하며 이에 따른 대응이 요구되고 있기 때문이다. 서비스 지향 클라우드 플랫폼은 타 클라우드 서비스와의 상호 호환성을 유지할 수 있도록 멀티호밍(Multihomig) 개념을 채택하며, 단말 독립적으로 동작하기 때문에 이기종 단말에서 심리스한 서비스가 가능해지는 특징을 가지고 있다. 서비스의 연속성과 사용자 서비스 지향 제공을 위한 차세대 웹 기술 기반이다.

[표 6-2] 웹 클라우드 컴퓨팅 플랫폼과 기존 클라우드 플랫폼 비교 (차별성)

구분	기존 클라우드 플랫폼	서비스 지향 클라우드 플랫폼
내용	- 기존 PC에서 작업하던 데이터, 응용 프로그램 등의 작업을 네트워크상에 가상의 서버 환경을 통하여 컴퓨팅 환경 (CPU, 메모리, 저장 장치, 응용 등)을 제공하는 플랫폼이며, 각자 독자적인 방식의 클라우드 플랫폼으로 구축됨	- Open API 기반의 개방형 클라우드 플랫폼 서비스 제공(플랫폼 호환성 제공) - 단말 독립적인 클라우드 서비스 제공 (u-단말 및 임베디드 단말 지원) - 기존 가상화 서버에 대한 유틸리티 서비스 제공
특징	- 서버 구축 및 서비스 제공: 비용 절감 - 독립형 온디맨드 컴퓨팅 환경 제공 - 독립적 클라우드 서비스에 따른 이용 환경 제약 존재	- 서버 구축 및 서비스 제공: 비용 절감 - 개방형 온디맨드 컴퓨팅 환경 제공 - 개방형 클라우드 서비스 제공(DB, Language, API 이용 제한 없음) - u-단말(모바일 등) 최적화 서비스 가능

[표 6-3] 플랫폼 서비스의 3가지 유형 및 내용

서비스 구분	서비스 내용	활용 사례
확장 플랫폼 (Software Platfrom)	- 시스템 소프트웨어를 완성된 형태(pre-built)로 필요한 기관에 제공 - 재정 여력이 부족한 중소기업의 경우, 시스템 개발에 필요한 표준 환경을 저렴한 비용으로 단기간 내에 제공 받는 것이 가능	- Amazon : EC2 - WuXi의 클라우드 - IBM : TAP
구축 플랫폼 (Development Platfrom)	- 개발자가 손쉽게 프로그램 개발 및 테스트할 수 있는 개발프레임워크를 제공 - 애플리케이션 소프트웨어의 개발을 위한 실행환경 (java.net 등) 및 프레임워크(표준프레임워크, Django, J2EE 등)를 함께 제공	- Google App Engine - Amazon : EC2 - Hadoop
운영 플랫폼 (Delivery Platfrom)	- IaaS 서비스 제공을 위한 운영 환경 제공의 기반 ·운영플랫폼이 없다면 서버 위에 운영체제, 실행 환경, 관리 환경, 네트워크 구성 등의 작업을 수작업으로 진행하여야 하나 이를 바로 사용할 수 있는 형태로 제공	- Google App Engine (Sass의 확장 API) - 세일즈포스 : CRM 소프트웨어 변경 및 확장 API 제공

4. 서비스 지향 클라우드 플랫폼 프레임워크 구조

서비스 지향 클라우드 컴퓨팅 플랫폼은 u-단말을 지원하는 개방형 웹/앱 인터페이스 기반 컴퓨팅 플랫폼을 지향하며 서비스 프레임워크, 코어 서비스 프레임워크, 자원 가상화 프레임워크로 구성된다.

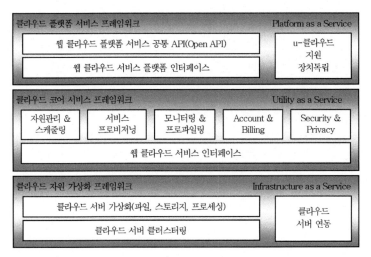

[그림 6-4] 클라우드 플랫폼 프레임워크 구조 (출처: NIA)

1) 클라우드 자원 가상화 프레임워크(Infrastructure as a Service)

파일, 스토리지, 프로세싱 등 자체 클라우드 서버 가상화 기능을 가지고 있으며, 클라우드 서버 간 클러스터링을 통하여 여러 개의 클라우드 서버를 자유로이 이용할 수 있도록 한다. 클라우드 서버 연동 기능을 통하여 기존의 클라우드 서버와 심리스한 연동이 가능토록 하는 기능을 제공한다.

2) 클라우드 코어 서비스 프레임워크(Utility as a Service)

클라우드 서비스를 위한 유틸리티 계층으로 서비스 지향 클라우드 서비스에 대한 총괄적 인터페이스를 통하여 하부의 서버에 독립적인 코어 클라우드 서비스를 가능하게 한다. 기본적으로 자원 관리 및 스케줄링, 서비스 프로비저닝, 모니터링 및 프로파일링, 어카운트 및 과금, 보안 및 프라이버시에 대한 기능을 제공하고 있으며, 개방형 서비스 인터페이스를 통하여 외부 개발자가 코어 서비스를 추가하는 것이 가능하다.

3) 클라우드 플랫폼 서비스 프레임워크(Platform as a Service)

서비스로 플랫폼을 지향하는 계층으로 웹 기반 Open API를 지원하여 서드파티 개발자 등 외부 개발자의 애플리케이션 개발이 용이하며, u-클라우드 지원 장치 독립 모듈을 통하여 데스크톱 응용뿐만 아니라 다양한 모바일 및 유비쿼터스 단말까지 지원이 가능하다.

4) 서비스 지향 클라우드 플랫폼 구성

서비스 지향 클라우드 플랫폼으로 새로운 비즈니스 생태계 조성이 가능한데, 개방형 플랫폼 구조의 서비스 지향 플랫폼은 대형 포털과 중소 CP/포털, 일반 개발자와 서비스 사업자 간의 유기적이고 상호 호혜적인 비즈니스 흐름을 가능하게 한다. 대형 포털은 서비스 지향 클라우드 플랫폼을 기반으로 일반 개발자와 중소 CP에 플랫폼을 제공하고, 중소 CP와 개발자는 개방된 플랫폼을 활용하여 자체 개발 솔루션을 서비스 사업자와 대형 포털에 공급이 가능하며, 개방형 플랫폼은 다양한 형태의 개인 및 기업 개발자 확대에 기여함으로써 자연스러운 플랫폼 경쟁력 제고로 이어질 수 있게 된다.

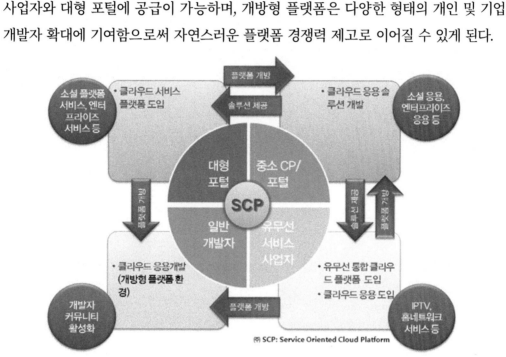

[그림 6-5] 서비스 지향 클라우드 플랫폼 구성 (출처: NIA)

플랫폼 서비스(PaaS)는 소프트웨어 서비스(SaaS) 경쟁력 확보에 근간이 되는 서비스 유형으로, 높은 수준의 개발 경험이 필요하며, 구현 방식은 오픈소스 소프트웨어 기반의 애플리케이션 프레임워크를 조합하여 해당 기관의 상황에 맞는 통합·개발하는 방식으로 전환한다.

제2절
엣지 클라우드 컴퓨팅

1. 엣지 클라우드 기술 정의

엣지 클라우드(edge-cloud)는 데이터가 생성되는 엣지 단말 근처에서 데이터를 수집·분석·처리할 수 있는 방식으로 안정성·즉시성·효율성을 높일 수 있는 클라우드 기술이다. 엣지 클라우드는 중앙의 클라우드(코어 클라우드)와 협력하여 서비스의 효율성을 극대화시켜 준다.

엣지 클라우드는 서비스 사용자(CSC: Cloud Service Customer)와 물리적으로 가까운 위치에서 컴퓨팅 서비스를 처리하고 제공함으로써 클라우드 서비스 사용자(CSC: Cloud Service Customer)는 보다 빠르고 안정적인 서비스를 제공받을 수 있다. 사용자와 기업은 기존의 유연한 대규모의 클라우드 컴퓨팅 기능(인프라, 네트워크, 서비스 등)을 이용하면서 엣지 클라우드를 통하여 사용자와 인접한 지역에서 즉각적인 컴퓨팅 서비스를 지원받을 수 있다.

엣지 클라우드는 클라우드 컴퓨팅(Cloud Computing)의 확장이며, 모든 서비스 및 데이터를 중앙에서 처리하는 클라우드 컴퓨팅(코어 클라우드)에서 문제점으로 언급되던 긴 네트워크 대기 시간, 모든 데이터를 중앙의 데이터센터에 보내면서 야기되는 대역폭 문제를 해결하기 위해 설계된 분산 클라우드 컴퓨팅이다. 클라우드 서비스 제공자(CSP: Cloud Service Provider)는 클라우드 서비스의 일부나 별도 기능을 엣지 클라우드에 설치·운영함으로써 네트워크 지연이 치명적인 인접한 곳에서 안정적으로 서비스하며, 대규모 데이터의 발생지 주변에서 데이터 이동없이 현장에서 실시간으로 빠르게 서비스를 제공한다.

[그림 6-6] 엣지 클라우드 기술 개념 비교 (출처: NIPA)

2. 엣지 클라우드의 필요성 및 효과

엣지 클라우드 기술은 사용자와 인접한 지역에서 클라우드 서비스를 즉각적으로 초저지연 서비스를 제공함으로써 기존 클라우드가 갖는 물리적인 한계점의 극복 방안이다. 이 기술은 IoT 기기(센서, 액추에이터 등)에 의해 생성되는 대부분의 원격 측정 데이터에 대해서 중앙 클라우드에 보내지 않고, ① 엣지에서 1차적인 데이터 필터링하여 중요 데이터만을 전송함으로써 네트워크의 부하를 획기적으로 줄일 수 있다. 또한, ② 엣지에서 처리하는 정보 중에 중요 데이터나 개인정보는 엣지에서만 저장하고 네트워크를 통한 이동을 막을 수 있어서 데이터 이동할 때 발생할 수 있는 해킹을 근본적으로 막을 수 있어서 구조적으로 탁월한 보안 능력을 제공한다.

엣지 클라우드는 ③ 분산 클라우드의 중요한 축을 형성하며, 필요에 따라서 서비스가 필요한 지점에 상대적으로 자유롭게 클라우드를 새롭게 형성하거나 재삭제를 통한 유연한 확장성을 제공한다. 즉 비용이 많이 드는 전용 데이터 센터를 구축하거나 확장하지 않고 최종 사용자에게 더 가까이 배치될 수 있는 엣지 클라우드를 사용하면 기능이 빠르고, 효율적인 비용으로 확장할 수 있다. ④ 새로운 장치가 추가될 때마다 네트워크에 상당한 대역폭을 요구하지 않으므로 확장비용이 줄어든다. ⑤ 엣지 클라우드는 원거리의 데이터센터에서 데이터를 가져오지 않고, 인접한 곳에서 데이터를 저장하고 서비스를 제공하기 때문에 중앙과의 네트워크가 차단되어도 지속적이고 신뢰성 있는 서비스를 제공한다.

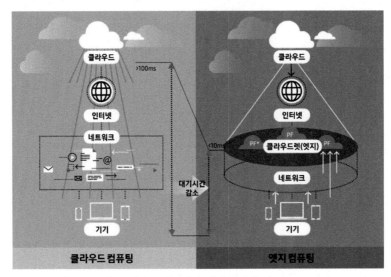

[그림 6-7] 클라우드 컴퓨팅과 엣지 컴퓨팅 비교(출처:NIPA)

3. 기술 개발 현황 및 전망

1) 국제

엣지 클라우드 분야는 글로벌 클라우드 업체들이 주도하고 있으며 기존 클라우드의 확장 영역으로 인식하여, 기존 클라우드와의 연계된 새로운 서비스 창출을 위한 작업에도 활용된다. 특히 이동통신 사업자들과 연계된 서비스의 확대에 중점을 두고 있으며, IoT 영역에서는 장비 업체 중심으로 저지연 서비스 활용을 위한 솔루션이 개발·제공되고 있다.

2) 국내

주요 통신 사업자(SK, KT, LGU+ 등)를 중심으로 글로벌 클라우드 서비스 사업자(AWS 등)에서 제공하는 엣지 기술(Wavelength 등)을 연계한 엣지 클라우드 서비스 개발을 추진하고 있다. 5G와 연계된 기지국에 기반하여 저지연 서비스가 필요한 응용을 위한 엣지 클라우드 서비스가 주를 이루고 있다. 클라우드 제공 업체/연구소/기업을 중심으로 엣지 클라우드에 대한 기술 개발이 이루어지고 있으며, 주요 장비 업체를 중심으로 5G 기술을 이용하여 엣지 클라우드를 구현할 수 있는 솔루션을 개발하여 제공하고 있다.

통신사들은 기업을 대상으로 데이터 처리 지연 시간을 최소화할 수 있는 5세대(5G) 이동통신 기반 '엣지 클라우드' 서비스를 제공하고 있다. 엣지 클라우드는 서울, 부산, 대전, 제주 등 전국 8곳에 있는 5G 엣지 통신센터에 클라우드 인프라를 구축, 서비스형 인프라(IaaS)와 콘텐츠 딜리버리 네트워크(CDN) 서버를 제공하고 있다. 엣지 클라우드는 기존 클라우드 서비스와 달리 수도권 중앙통신센터 백본을 거치지 않고 고객과 가까운 5G 엣지 통신센터에서 데이터를 처리하기 때문에 서비스 지연 시간을 최소화하고 트래픽 부담을 줄여 준다.

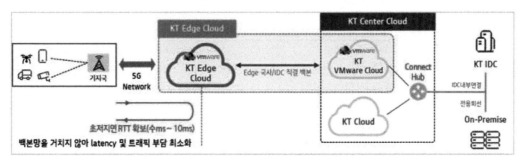

[그림 6-8] 통신사 엣지 클라우드 구성도 (출처: NIPA)

[표 6-4] 엣지 클라우드 국내외 주요 사업자 서비스 동향

AWS	- AWS Wavelength, AWS IoT Greengrass, AWS Outposts 지원 - 휴대용 엣지 컴퓨팅 및 데이터 전송 디바이스인 AWS Snowcone 발표(2020년)
MS	- 클라우드 애저 엣지존(Azure region Edge Zones) 발표(2020년)
Google	- AI와 5G 서비스 활용성 증대를 위한 컴퓨팅 서비스를 관리·운영할 수 있는 클라우드 관리 플랫폼 '안토스'를 출시(2021년)
SK텔레콤	- AWS와 5G 엣지 클라우드 서비스인 'SKT 5GX 엣지' 상용화(2020년 12월)
KT	- 데이터 지연 시간 최소화 5G 이동통신 'KT 엣지 클라우드' 출시(2019년)
삼성전자	- IBM과 공동 엣지 컴퓨팅, 하이브리드 클라우드 솔루션 공동 개발(2020년6월)
이노그리드	- 산학연협력 '5G 엣지 컴퓨팅 기반 이동형 유연 의료 SW 플랫폼' 개발(2022년) - 엣지(EDGE) '엣지잇(Edgeit)'과 전용 머신 '엣지 제로(EdgeXerO) 2020년 공동 개발 시작
ETRI	- AI 기반 지능형 엣지 네트워킹 핵심 기술 개발 시작(2021년)
한화시스템	- 다양한 무기 체계 플랫폼에서 확장성과 운용이 가능한 고성능·저전력의 클라우드 시스템 '엣지 AI 시스템(Edge AI System) 개발
라임라이트 네트웍스	- 엣지에서 CDN 서비스 가능한 '라임라이트 엣지 컴퓨팅 서비스' 솔루션 개발 제공
아카마이	- 인텔리전트 '엣지 플랫폼(Intelligent Edge Platform)' 개발 서비스 중

제3절
클라우드 플랫폼 기술의 종류

1. Amazon EC2 플랫폼

Amazon EC2는 사용자에게 가상의 컴퓨팅 자원을 제공하고 사용한 만큼 비용을 청구하는 서비스다. 비용은 1시간 단위로 계산되며 가장 기본 단위의 컴퓨팅 인스턴스를 1시간 사용 시 10센트가 청구된다.

[표 6-5] EC2의 3가지 기술 컴포넌트

특성	기능
EC2 인스턴스 (Instance)	- OS와 애플리케이션이 실행되는 최소 컴퓨팅 자원 단위로서 Xen 기반의 가상머신으로서 인스턴스의 종류는 웹 서비스와 같은 애플리케이션에 적합한 사양의 표준 인스턴스와 복잡한 계산 응용을 위한 High CPU 인스턴스로 나뉘며, 각 인스턴스의 크기는 가상 머신 생성 시 CPU, 메모리, 디스크 등 자원 할당을 조절하면서 결정
AMI(Amazon Machine Image)	- 지원하는 OS는 각종 Linux 배포판부터 Windows Server 2003, OpenSolaris 등 다양하며 이미 제공되고 있는 AMI에는 Apache 웹 서버부터 데이터베이스, WAS, 개발 환경, Hadoop 등 다양한 애플리케이션 등이 패키징되어 있음
Simple APIs	- EC2 인스턴스와 AMI를 컨트롤하고 관리하는 대부분의 기능이 SOAP API와 HTTP Query API로 구현되어 있으며, 기본으로 제공되는 Command Line 도구 외에 외부 웹 서비스나 애플리케이션을 통해 EC2 서비스에 접근 가능

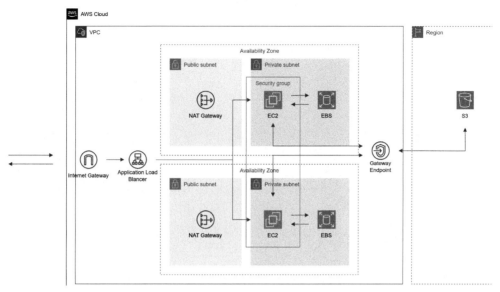

[그림 6-9] Amazon EC2 플랫폼 구조 (출처: NIPA)

각 EC2 호스트는 Xen Hypervisor가 기본으로 설치되어 있고 그 위에 EC2 인스턴스로서 두 개의 가상 머신이 실행된다. EC2 인스턴스들은 풀(Pool)을 형성하여 EC2 매니저에 의해 관리된다. 수천, 수만의 인스턴스를 관리하기 위해선 효율적인 가상 머신 라이프사이클 관리 기능이 필요하며, 개개 EC2 호스트의 호스트 프로그램과 긴밀한 협조하에 모니터링 및 자원 관리 기능이 필요하다. EC2 매니저는 인스턴스 관리, AMI 관리, Security Group 및 Key-pair 관리, 사용자 요청 처리 등의 핵심적인 기능을 담당한다. AMI는 영속적인 저장소인 Amazon S3에 저장 및 관리되고 인스턴스를 생성할 때 EC2와 연동하여 사용된다. AmazonS3는 수만 대의 서버에 대량의 데이터를 안전하게 저장해 주는 서비스를 제공한다. Amazon 플랫폼의 강점은 서버 가상화 기술을 활용한 효율적인 컴퓨팅 자원 관리와 대용량 데이터 저장 시스템, 표준 웹 API를 통한 인터페이스, 이들을 유기적으로 결합하는 관리 및 운영 시스템이라 할 수 있다.

2. Google App Engine 플랫폼

Google App Engine은 2008년 시작한 클라우드 컴퓨팅 서비스로서 사용자 개발 웹 서비스를 구글 인프라 위에서 실행할 수 있는 인프라 자원을 제공할 뿐 아니라 웹 서비스를 개발할 수 있는 SDK와 서비스 관리 도구 등도 함께 제공하는 클라우드 플랫폼이다. 이미 다양한 서비스를 통해 검증된 Google 인프라를 활용하므로 확장성과 안정성 측면에서 개발자는 부담을 덜 수 있고 웹 서비스 개발 환경을 제공하기 때문에 서비스 개발부터 배포, 운영까지 전 과정을 Google App Engine에서 처리할 수 있다.

[표 6-6] Google App Engine 플랫폼 5가지 특징

특성	플랫폼 기능
확장성 있는 서비스 인프라스트럭처	- 사용자 개발 서비스들은 Google 서비스와 동일한 인프라 기술 위에서 실행되기 때문에 서비스의 확장성과 안정성이 있음
Python 런타임 환경과 다양한 서비스 APIs	- 현재 Python 실행 환경을 제공하고 있으며 MVC 모델을 비롯하여 보다 효율적인 개발을 돕기 위해 Python 웹 프레임워크인 webapp와 Django를 제공
Software Development Kit (SDK)	- SDK에는 Google App Engine을 접속할 필요 없이 로컬에서 모든 개발과 테스팅을 할 수 있도록 내장 웹 서버, API들의 로컬 버전과 웹 프레임워크 등이 기본적으로 탑재됨
웹 기반 서비스 관리 도구	- App Engine은 웹 기반의 Admin Console을 제공하여 언제 어디서나 웹 브라우저를 통해 서비스 상태, 사용자 방문 이력, 시스템 로그, 데이터 관리 등의 관리 작업을 처리
확장성 있는 데이터 저장소	- App Engine은 기존 관계형 데이터베이스 대신 Google의 분산 데이터 저장소인 Bigtable을 기본 저장소로 사용하여 확장성 해결

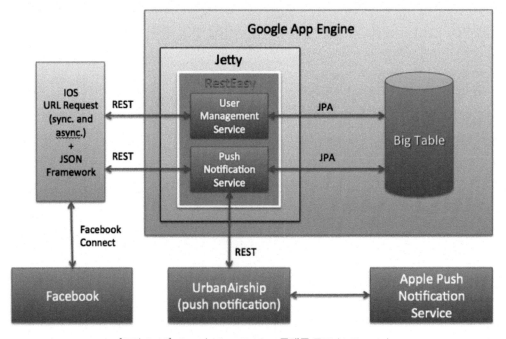

[그림 6-10] Google App Engine 플랫폼 구조 (출처: NIPA)

Google App Engine의 강점은 이미 검증된 Google의 서비스 인프라를 최대한 활용하여 확장성과 안정성 확보, 로컬 환경에서 개발과 테스트 작업을 마칠 수 있는 개발 도구를 제공, Google의 다양한 API와 통합을 통해 시너지를 극대화시키는 것이다.

3. Microsoft Azure 서비스 플랫폼

Azure 서비스 플랫폼은 Microsoft의 기술 컨퍼런스인 PDC에서 발표된 클라우드 컴퓨팅 기술로서, Azure의 목표는 'Platform as a Service' 시장이다. 웹 애플리케이션의 개발과 운영을 지원하는 Web Role 서비스 타입을 지원한다는 점에서 Google App Engine과 유사하다. .NET 기반의 애플리케이션을 클라우드 환경에서 제공하기 위하여 Worker Role 서비스를 지원한다.

[표 6-7] Azure 서비스 플랫폼 특성과 기능

특성	기능
Windows Azure Compute 서비스	- 클라우드에 적합하도록 설계된 Hypervisor 위에 각 애플리케이션 인스턴스를 위해 가상 머신(VM)을 제공하며, 웹 애플리케이션을 위한 Web Role 인스턴스와 .NET 기반 애플리케이션을 위한 Worker Role 인스턴스를 지원
Windows Azure Storage 서비스	- 세 가지 타입의 데이터 구조(이미지, 동영상 등의 바이너리 데이터를 위한 Blob(Binary Large Object), Windows Azure 애플리케이션 간의 커뮤니케이션을 위한 Queue와 엔티티의 계층 구조를 표현할 수 있는 Table을 제공하며, Azure 스토리지 서비스에서 제공하는 테이블은 LINQ Syntax의 직관적인 쿼리 언어를 사용
Access Control	- 사용자의 애플리케이션 접근 제어에 대한 통일된 방법을 제공하고 회사 간 Identity 영역을 넘어 접근 제어 기능을 사용할 수 있도록 Identity Federation을 지원
Service Bus	- 애플리케이션의 서비스를 외부에 노출시켜 다른 회사나 조직에서 접근 가능할 수 있는 간편한 방법을 제공

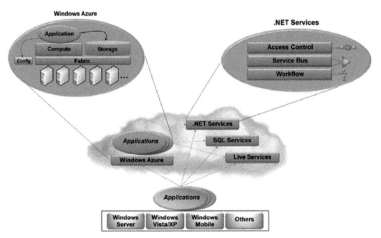

[그림 6-11] Microsoft Azure 서비스 플랫폼 (출처: NIPA)

4. NexR 데이터 클라우드 플랫폼

NexR은 플랫폼 개발 및 구축 전문회사로 대용량 데이터 저장 및 처리 플랫폼과 클라우드 컴퓨팅 플랫폼을 전문으로 하고 있다. NexR 플랫폼의 특징은 Xen 기반의 서버 가상화 인프라와 Hadoop 분산 시스템을 유기적으로 통합하여 데이터 처리 및 분석에 최적화된 데이터 클라우드 플랫폼을 구성하였다.

[표 6-8] NexR 플랫폼 특성과 기능

특성	기능
Virtual Cluster Center(VCC)	- 각 클라우드 컴퓨팅(CC) 인스턴스들은 하나의 가상머신으로 맵핑, 사용자 요구에 따라 복수 인스턴스가 가상 클러스터(VC)를 구성하여 독립적인 서버 클러스터처럼 운영됨. VCC는 CC 인스턴스 관리와 가상 클러스터 운영을 담당하며 CC Manager 요청에 따라 인스턴스 풀을 제어
CC Manager	- 사용자와 시스템 사이의 기능적인 인터페이스를 담당, 사용자 요청에 따라 VC 생성 및 해제를 하고 Metering & Billing 등을 처리
MR. Flow	- Hadoop MapReduce 모듈들을 Drag-and-Drop 방식으로 조합, 복잡한 데이터 처리 서비스를 데이터 분석가들이 쉽게 워크플로우를 개발할 수 있게 해 줌
Hadoop Source	- Hadoop MapReduce 프로그램을 등록하여 공유하는 디렉토리 서비스로서, 외부 개발자에 의해 개발된 데이터 처리 프로그램을 활용 가능, 프로그램 실행과 관련된 메타데이터를 표준 XML 형태로 기술, MR. Flow뿐 아니라 다른 데이터 처리 서비스에서 접근 가능하도록 지원

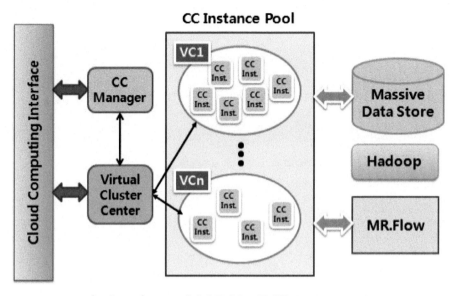

[그림 6-12] NexR 데이터 클라우드 플랫폼 구조 (출처: NIPA)

   NexR 데이터 클라우드 플랫폼은 로그 분석, 데이터 마이닝, 데이터 웨어하우징, BI(Business Intelligence), Knowledge Discovery 등의 데이터 처리 응용을 클라우드 서비스화하는 데 최적화되어 있으며 대규모 컴퓨팅 자원이 요구되는 대용량 데이터를 저장하고 처리할 수 있도록 지원하고 있다.

제4절
오픈 플랫폼 기술

1. Hadoop 플랫폼

Hadoop은 오픈소스 클라우드 컴퓨팅 플랫폼의 대표주자로 Yahoo!, Facebook, Amazon, IBM, NexR 등 많은 기업에서 활용되면서 가치를 인정받고 있다. Google의 분산 플랫폼이 검색 엔진을 분산화 과정에서 개발되어 그 응용 범위가 넓혀진 것처럼 Hadoop 역시 Lucene과 Nutch 등의 오픈소스 검색 엔진의 분산화를 위해 시작되었고 최근에는 활용 범위가 대용량 시스템으로 확대된 경우이다. 초기 개발 단계에서부터 Google GFS, MapReduce 등을 모델로 했기 때문에 Google 플랫폼과 유사한 방식으로 동작한다.

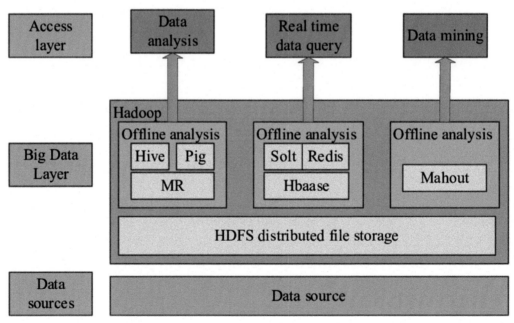

[그림 6-13] Hadoop 플랫폼 구조 (출처: NIPA)

[표 6-9] Hadoop 플랫폼 관리 기능

구조명	관리 기능
HDFS	- 대용량 데이터를 저장할 수 있는 분산 파일 시스템으로, 대규모 서버 클러스터를 묶어 단일 파일 시스템 이미지를 제공하여 비용 절감 효과와 함께 뛰어난 확장성을 보장한다. 특히 데이터 안정성을 보장하기 위해 최소 세 개의 복사본을 유지하며 대용량을 커버하기 위해 64MB의 블록 단위를 가지고 있다.
HBase	- HDFS 기반의 분산 데이터 저장소로서 기존 관계형 데이터베이스와 달리 컬럼 기반의 Key-Value 방식의 저장 방식을 채택하고 있으며 메모리와 디스크를 동시에 활용하는 하이브리드 구조로 구현되어 있다.
MapReduce	- 분산 데이터 처리 시스템으로 HDFS에 분산 저장되어 있는 데이터를 map()과 reduce()라는 간단한 분산 프로그래밍 방식을 통해 병렬 처리해 준다. 분산 병렬 처리에 필요한 작업 스케줄링, 부하 분산, 장애 대책 등을 시스템에서 처리해 주기 때문에 쉽게 data parallel 스타일의 병렬 처리가 가능하다.

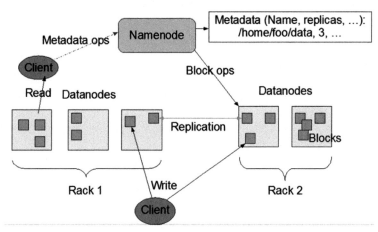

[그림 6-14] Hadoop Distributed File System(HDFS) 구조 (출처: NIPA)

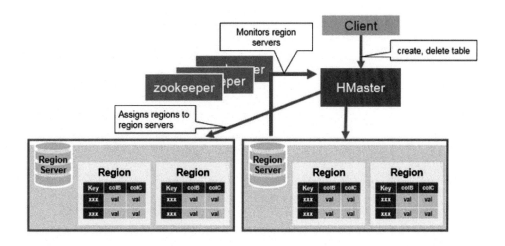

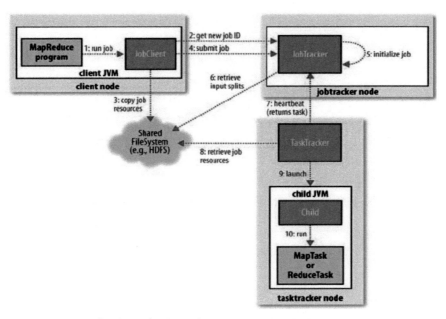

[그림 6-15] Hbase와 MapReduce 구조 (출처: NIPA)

　　Hadoop 플랫폼은 Google 플랫폼과 매우 유사하지만 오픈소스 진영에 의해 개발된 오픈 플랫폼이라는 점에서 의미하는 바는 매우 크다. 수많은 사용 기업에 Production 환경의 안정성을 검증받음으로써 도입 사례가 급격히 증가하고 있고, 이것은 Hadoop 개발에 긍정적인 피드백으로 작용하여 개발 속도를 증가시키고 릴리즈 주기를 단축하고 있다. 외부에서 Hadoop의 부족한 부분을 개발하는 서브 프로젝트들이 수십 개씩 생겨나면서 일종의 Hadoop Ecosystem(그림 6-16)을 형성하고 있다. 오픈 플랫폼을 중심으로 형성된 이러한 개발자 및 사용자 생태계는 다국적 기업들의 폐쇄적 플랫폼이 따라오기 힘든 큰 장점이다. 글로벌로 Hadoop Community가 Hadoop Ecosystem 활성화를 위해 활동 중에 있다.

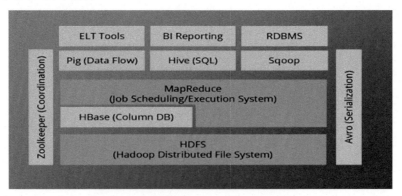

[그림 6-16] Hadoop Ecosystem (출처: NIPA)

2. Eucalyptus: Elastic Utility Computing 플랫폼

Eucalyptus는 캘리포니아 산타바바라대학(UCSB)에서 클라우드 컴퓨팅 연구를 위해 만든 오픈소스 플랫폼이다. 연구를 위해 만든 것이기 때문에 상업적인 플랫폼보다 설치와 관리가 용이하고 플랫폼의 수정과 확장이 가능토록 설계되어 있다. 컴퓨팅 자원에 대한 단순한 계층 구조와 모듈형 디자인을 통해 확장되도록 하였고, Virtual Networking과 Web Services 연결로 기존 인프라에 영향을 주지 않고 설치 가능하다. 설치의 편이성을 위해 오픈소스 클러스터 설치 도구인 Rocks Cluster를 활용한다. 상업적으로는 Amazon EC2와 인터페이스 호환성이 보장되며 기존 툴들을 사용할 수 있다. 다양한 오픈소스 소프트웨어의 활용 및 Xen hypervisor와 Axis2, JiBX, Rampart 등의 산업계 표준 Web Services 소프트웨어를 이용한다.

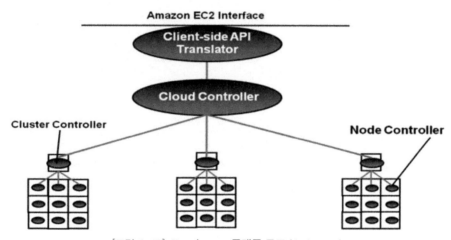

[그림 6-17] Eucalyptus 플랫폼 구조 (출처: NIPA)

[표 6-10] Eucalyptus 플랫폼 기능

구조명	관리 기능
NC(Node Controller)	- VM Instance를 호스팅하는 물리적 노드를 관리하기 위한 컴포넌트로 각 노드에 설치되어 runInstance, terminateInstance, describeInstance 등의 VM Instance를 관리하고 제어
CC(Cluster Controller)	- 노드 클러스터에서 NC들을 관리하는 역할을 하며 일반적으로 클러스터의 헤드 노드에 설치. NC들에서 상태 정보를 수집하고 Instance 제어 명령을 NC에게 전달하며 Virtual Networking을 관리
Cloud Controller (CLC)	- 클라이언트가 플랫폼에 접속하는 entry point이며 클라우드 전체에 대한 설치 및 제어를 담당. 사용자 요청 및 관리자 요청에 대한 처리, VM Instance 스케줄링, Service Level Agreements(SLA) 처리 및 메타데이터 관리 등을 수행

Client-side API Translator	- 내부의 Eucalyptus 시스템 인터페이스와 몇몇 외부 클라이언트 인터페이스 간 변환을 책임. Amazon EC2 SOAP 인터페이스는 Eucalyptus 내부 오브젝트로 변환되어 처리됨

3. Enomaly ECP(Elastic Computing Platform) 플랫폼

Elastic Cloud Enterprise high level architecture

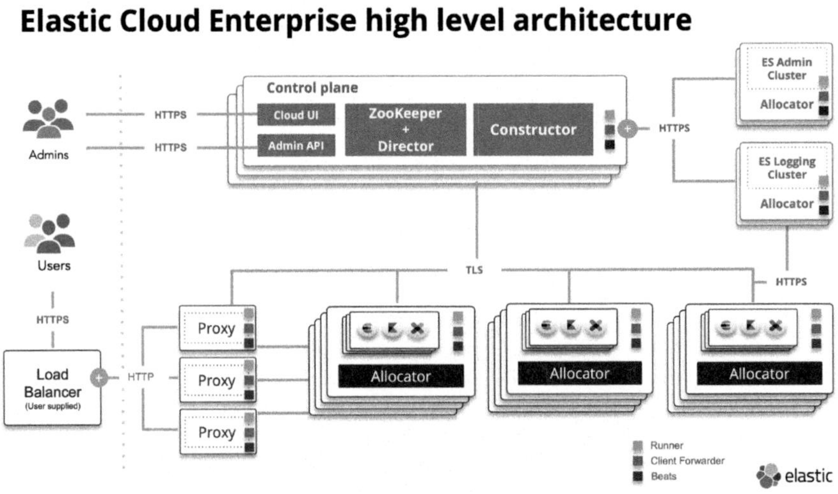

[그림 6-18] Enomaly ECP(Elastic Computing Platform) 플랫폼 구조 (출처: NIPA)

Enomaly ECP는 로컬 및 리모트 컴퓨팅 노드들을 가상 클라우드 인프라스트럭쳐 환경으로 구성해서 Virtual Application을 실행 관리할 수 있는 오픈소스 소프트웨어이다. 서버 가상화 관리 소프트웨어가 확장된 형태여서 클라우드 컴퓨팅 서비스보다 관리 기능에 중점을 두고 있다. 웹 기반의 Management Dashboard를 제공하여 VM 배치 플래닝, 자동 VM 스케일링, 부하 분산 등의 기능을 제어한다.

[표 6-11] Enomaly ECP 관리 기능

구조	관리 기능
서버 가상화 관리	- 다양한 hypervisor와 인터페이스할 수 있는 libvirt 오픈소스 소프트웨어를 사용하여 Xen, KVM, VMware 등의 서버 가상화를 지원하며 Virtual Application Wizard로 가상 애플리케이션을 쉽게 배포
Hybrid Cloud Computing	- 갑작스러운 자원 요구 증가에 대처하기 위해 Private Cloud와 Public Cloud를 결합한 Hybrid Cloud Computing 모델을 채택 - VPC(Virtual Private Cloud)라는 개념을 도입, 로컬 자원과 리모트 자원을 단일 homogeneous computing 환경으로 구축

4. EU Reservoir Cloud Computing Project

Reservoir는 IT 서비스를 유틸리티로서 효율적이고 안정적인 배포 및 운영하기 위한 차세대 컴퓨팅 클라우드 프로젝트이다. 단일 클라우드 컴퓨팅의 제한된 확장성과 클라우드 컴퓨팅 서비스 간 Interoperability의 부재를 핵심 쟁점으로 지적하고 이를 해결하기 위해 Open Federated Cloud Computing 플랫폼을 연구한다. 기업 비즈니스 요구에 맞추기 위해서 Service Level Agreement(SLA) 관리 및 동적 자원 제어 알고리즘 개발에 중점을 두고 있다.

[표 6-12] EU Reservoir Cloud Computing 플랫폼 관리 기능

구조	관리 기능
Service Manifest	- 서비스 애플리케이션 기술에 대한 모든 사항을 가짐. 마스터 이미지(OS, 미들웨어, 애플리케이션, 데이터, 설정 등)와 이를 이용한 VM Instance 생성 규칙, Virtual Networking 컴포넌트 등의 서비스 애플리케이션 구조 정보를 갖고 있으며 이는 Open Virtual Format(OVF)를 확장한 형태로 기술. 자원 할당 요구사항을 명시하여 이를 기반으로 플랫폼의 자원을 제어
Service Manager	- 비용을 협상하며 지급 처리를 관리하는 등 서비스 제공자와 커뮤니케이션을 담당. Service Manifest의 정보에 따라 서비스 애플리케이션을 배포 및 설치하고 이를 감시하며 SLA에 맞게 자원 할당량을 조절
VEE Manager	- Virtual Execution Environment(VEE)를 Service Manifest에 명시된 조건에 맞는 물리적 노드로 적절히 배치. Remote Cloud와의 Federation을 책임짐. Remote Cloud에 VEE를 이동시키고 관리 및 모니터링하는 기능을 구현

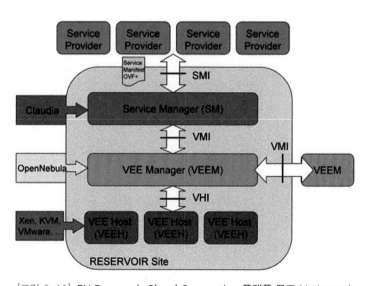

[그림 6-19] EU Reservoir Cloud Computing 플랫폼 구조 (출처: NIPA)

5. 클라우드 플랫폼의 개발 대응 전략 필요

서비스 플랫폼에 대한 기술적 노하우와 운영 경험을 보유하고 있는 글로벌 IT 기업이 성숙도면에서 경쟁력이 있다. 그러나 Hadoop 사례처럼 기술적으로 뛰어난 오픈 플랫폼은 시장에서 인정받고 많은 사용자 및 개발자를 확보하면 경쟁력 있는 플랫폼으로 성장 가능하다.

특화된 기술을 보유한 다양한 오픈 플랫폼을 확보하려면, 이들과 유기적인 협력 관계를 유지해서 뛰어난 플랫폼 기술을 확보하여야 한다. 협력 관계는 오픈 플랫폼 기술 기반으로 경쟁력을 갖추기 위함이다. 각국의 기업들이 클라우드 컴퓨팅 플랫폼 기술을 단기간에 선두 사업자의 수준까지 오르려면 오픈 플랫폼을 최대 활용하는 전략이 필요하다. 특히 범용 OS에 이어 클라우드 플랫폼도 외산 플랫폼에 종속될 가능성이 높은 상황이어서 국가 및 기업 차원에서 자국민에 필요한 대응 전략이 있어야 한다. 국가적으로 필요한 기술과 외산 클라우드에서 서비스를 못하는 부문에 대해서 틈새시장을 확보하고, 관련 선행 기술을 표준화하여 내수 시장의 보호하기 위한 클라우드 컴퓨팅 정책과 전략이 필수이다.

제5절
PaaS-TA 사례
[전자정부 클라우드 구현 도구(PaaS-TA 도구)]

1. 개방형 클라우드 플랫폼 '파스-타'

파스-타(PaaS-TA)는 해외 기업 중심의 클라우드 플랫폼 시장에서 IT 서비스와 소프트웨어 기술 경쟁력을 강화하고자 과학기술정보통신부와 한국지능정보사회진흥원(NIA)의 연구개발 지원으로 소프트웨어 기업의 참여로 2014년부터 5년간 개발한 개방형 클라우드 플랫폼이다.

파스-타는 오픈소스 기반의 PaaS(Platform as a Service)로서 개방형 클라우드 기술 개발과 표준화, 공공 부문 선도 적용 및 확산, 기업의 플랫폼 기술력 확보 등을 지원하고자 개발되었다. 파스타(PaaS-TA)는 파스(PaaS)와 타(TA)의 합성어로 타(TA)는 한글로는 PaaS에 올라타라는 의미를 가지고 있다.

파스-타는 미들웨어 성격의 클라우드 플랫폼(PaaS) 서비스로 인프라(IaaS)와 애플리케이션(SaaS) 중간에 위치하여 서비스 제공자에게는 안정적이고 검증된 플랫폼을, 애플리케이션 개발자에게는 쉽고 편리하며 친숙한 개발·운영 환경을, 서비스 사용자에게는 유연하고 이식성 높은 이용 환경과 풍부한 클라우드 애플리케이션 풀을 지원한다. 개발자들이 소프트웨어를 개발하기 위해 개발 서버 등의 작업 환경을 구성할 때, 파스-타가 서버, 스토리지, 네트워크 등 표준화된 하드웨어의 설치·구성 및 개발에 필요한 프레임워크, 미들웨어(WEB/WAS), 운영 체계(OS) 등 표준화된 소프트웨어의 설치와 구성을 자동화하여 제공함으로써 개발자는 별도의 작업없이 코드를 개발하고 테스트하며 개발 업무에만 집중할 수 있다.

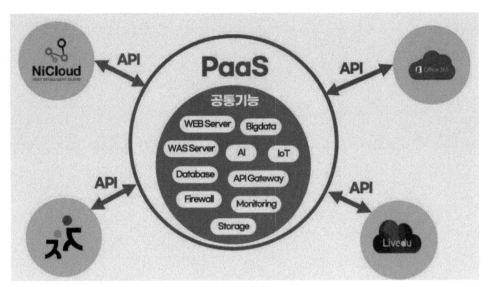

[그림 6-20] PaaS 개념-SaaS 개발·구축·운영에 필요한 공통 기능 제공 (출처: PaaS 교육)

　　파스-타는 클라우드 파운드리(Cloud Foundry) 기반의 애플리케이션 플랫폼과 쿠버
네티스(Kubernetes) 기반 컨테이너 플랫폼 및 인프라(IaaS)·플랫폼(PaaS)·서비스(SaaS)
에 대한 통합모니터링을 제공한다. 파스-타는 총 82종의 오픈소스를 활용하여 개발되
었으며, 모든 소스코드와 가이드는 깃허브에 공개되고 있다.

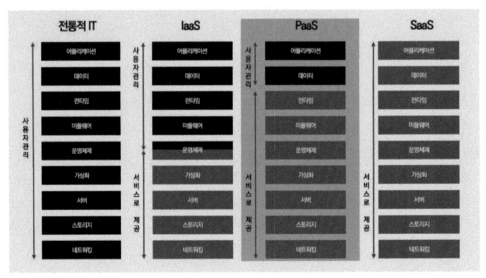

[그림 6-21] PaaS 역할-전통적 IT와 클라우드 컴퓨팅(IaaS, PaaS, SaaS)(출처: PaaS 교육)

2. 파스-타의 주요 특징

디지털 혁신 정부의 추진 계획에 따라 공공과 민간, 글로벌 오픈소스 커뮤니티를 연결하는 구심점 역할을 위해 파스-타 전담 조직인 개방형 클라우드 플랫폼 센터를 운영하고 있다. 플랫폼 센터는 파스-타의 지속적인 고도화와 호환되고 연계되는 SW·서비스의 확대와 공공 적용 수요(전자정부, 지역정보 등)를 대상으로 전문 기술 지원을 전담한다.

[표 6-13] 파스-타 주요 특징

기능성	안정성	확장성
오픈스택, VMWare 등 총 11종 IaaS 지원(인프라 종속성 탈피)	통합 모니터링(IaaS, PaaS, SaaS) 애플리케이션 플랫폼, 컨테이너 플랫폼	다양한 국산 SW·서비스 탑재 및 호환성 제공
풍부한 개발·운영 환경, 데브옵스 도구 지원, 편리한 사용자 UI 지원	자동화된 서비스 확장(가상 머신 VM, 컨테이너, 애플리케이션, 서비스의 자원 사용량 자동 확장 및 장애복구 기능 지원)	마켓플레이스 제공(사용량 기반 미터링, 상품 카탈로그, 구매, 관리 등 지원)
1) 파운드리(Cloud Foundry) 기반의 애플리케이션 플랫폼 2) 쿠버네티스 (Kubernetes) 기반의 컨테이너 플랫폼 제공	보안 취약점 점검 조치 및 패치 버전 오픈소스 깃허브 제공	1) 가이드라인, 매뉴얼 제공(깃허브 공개) 2) 자바, 파이선 등 개발 언어 9종, 전자정부 표준 프레임워크, 스프링부트 등 프레임워크 5종, 미들웨어 17종, 기타 개발도구 5종 등을 제공

3. 파스-타 연구개발 배경 및 발전 과정

클라우드는 제4차 산업혁명 및 디지털 뉴딜 등 디지털 경제를 촉진하는 핵심 인프라로, 경제사회 전반의 비대면 업무가 급속히 확대되고 보편화되면서 디지털 전환이 가속화되고 인공지능(AI), 빅데이터, 사물인터넷(IoT) 등 첨단 정보통신 기술과 서비스를 빠르고 손쉽게 활용하기 위해 공공과 민간 모두에게 가장 중요한 인프라가 되고 있다.

[그림 6-22] 파스-타 개발 목적 (출처: PaaS 교육)

빠르고 쉽게 개발하고 운영, 이용할 수 있는 환경을 제공하여 인프라(IaaS) 중심의 클라우드 서비스를 플랫폼 서비스(PaaS)로 진화시키고 특정 기업에 종속되지 않는 오픈소스 기반의 플랫폼 생태계를 육성하여 PaaS 표준을 선도하고자 한다. 인프라 서비스(IaaS)는 가상 머신(VM) 위에 클라우드 사용자가 수작업으로 개발·테스트·운영을 위한 각각의 플랫폼을 직접 설치해야 하는 불편함과 플랫폼의 중복 운영으로 인해 비효율성이 발생한다. 이 문제들은 응용프로그램(SaaS)의 개발·실행·운영에 필요한 공통 기능을 제공하는 플랫폼(PaaS) 서비스를 이용하여 해결할 수 있다. 다만 플랫폼(PaaS) 위에서 동작하는 애플리케이션(SaaS)은 각 플랫폼(PaaS)에 종속된다는 특징이 있다.

전 세계적으로 검증된 오픈소스를 활용하여 국가 주도의 한국형 표준 PaaS인 파스-타를 개발하고 소스코드 전체를 개방함으로써 공공 및 민간기업 누구나 플랫폼의 종속성에서 벗어나 무상으로 PaaS 플랫폼을 사용할 수 있는 기반 기술을 확보하게 되었다.

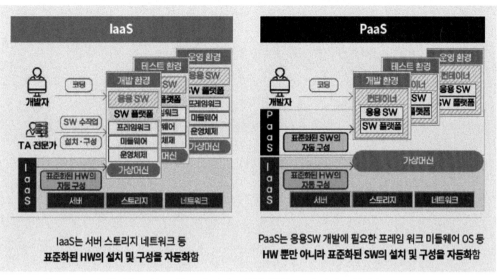

[그림 6-23] 클라우드 인프라(IaaS) 서비스와 플랫폼(PaaS) 서비스 차이 (출처: PaaS 교육)

개방형 클라우드 플랫폼 파스-타는 멀티테넌트 기반의 플랫폼을 제공하여 특정 기업과 기술에 종속되는 현상을 방지하고 응용 프로그램을 개발하고 실행, 운영할 수 있는 기술 기반이다.

[표 6-14] 파스-타 연구개발 추진 경과

구분(6년간)		개발	고도화
개발	1단계 (2014년)	- 오픈소스 분석 및 아키텍처	공공·민간 적용 확산을 위한 표준화 체계 마련
	2단계 (2015년)	PaaS 주요 기능 개선 및 개발	베타 버전 소스코드 배포
	3단계 (2016년)	- PaaS 서비스를 위한 기능 - 확장 및 개발·운영 도구 개발	공식 버전 스파게티 1.0 공개 선도 적용 = KOSCOM K파스-타 구축 (시범 서비스 운영)
고도화	1단계 (2017년)	개발/운영/관리 환경 고도화	민간 서비스 확대 KT, NHN 등
	2단계 (2018년)	이종 클라우드 지원 및 관리 기술	도메인 클라우드 플랫폼 확대 기후(APCC), 에너지(한전), 의료(KOHEA), 교육(KERIS) 등
	3단계 (2019년)	응용 마켓플레이스 구현 및 통합 모니터링 구축	6개 레이어와 34개 서비스(PaaS) 완성, 파스-타 5.0 라비올리 출시

| 확대 | (2020~2021년) | KISA-CSAP(Cloud Security Assurance Program, 클라우드 서비스 보안) 인증 획득 | NAVER Cloud 등 민간 클라우드로 확대 |
| | | 파스-타 5.5 세미니 버전 공개 | 애플리케이션 플랫폼 경량화, 컨테이너 플랫폼 단독 배포, 모니터링 기능 최적화 및 로그 데이터 활용성 강화 |

파스-타 5.5 세미니 버전(2021년 2월 공개)의 주요 특징은 애플리케이션 플랫폼은 기존 단일화 구성으로 배포 시, 최소 15개의 가상 자원(VM)을 사용한다. 파스-타 5.5 민(min) 경량 모델은 가상 자원(VM)을 사용하여 IaaS 자원 활용의 효용성을 증대시켰다. 파스-타 5.5 민(min)은 교육용 또는 PoC(개념 증명) 용도에 적합하여 소규모 PaaS 운영에 활용할 수 있다. 또한, 컨테이너 플랫폼은 기존 애플리케이션 플랫폼에 통합되어 운영되었는데, 신버전에서는 별도로 분리되어 단독 배포가 가능해졌고 별도 운영자 포털 및 사용자 포털 기능이 추가되었다. 따라서 사용자가 원하는 플랫폼을 선택적으로 사용할 수 있다.

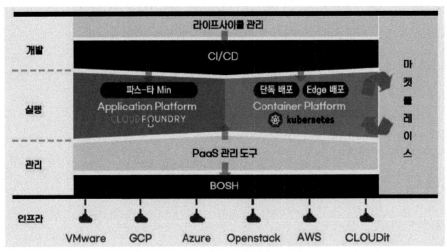

[그림 6-24] 파스-타 5.5 세미니 아키텍처-애플리케이션 플랫폼, 컨테이너 플랫폼

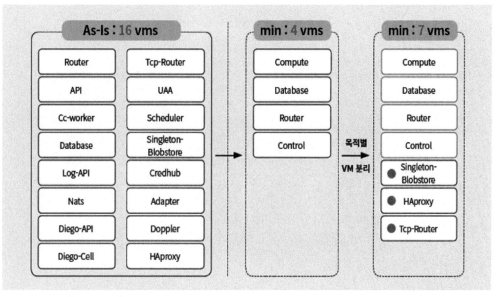

[그림 6-25] 파스-타 5.5 세미니 애플리케이션 플랫폼 경량화 (출처: PaaS 교육)

모니터링 기능은 IaaS, PaaS, SaaS 수집 데이터를 통일하여 에이전트 기능을 개선하였다. 비정형 로그 데이터의 수집·처리를 위해 오픈소스인 로그서치(Logsearch)를 사용하여 정형 데이터로 전환하고 통계, 검색 등 데이터 분석 기능을 강화하였다. 파스-타 서비스 전 영역의 오픈소스에 대해 CVE(Common Vulnerabilities and Exposures), CCE(Common Configuration Enumeration) 등 보안 취약점을 주기적으로 점검하며, 패치 버전을 깃허브에 지속 공개하고 있다. 파스-타는 연구개발 고도화 단계부터 개방형 클라우드 플랫폼 생태계 조성을 위해 계속 노력하고 있다.

제5절 PaaS-TA 사례 [전자정부 클라우드 구현 도구(PaaS-TA 도구)] **193**

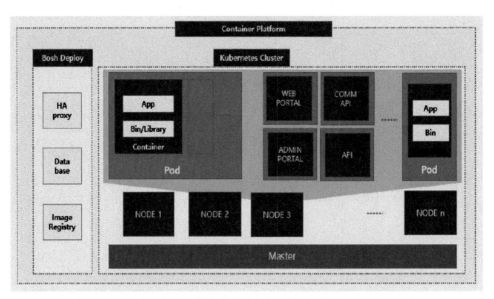

[그림 6-26] 파스-타 5.5 세미니 컨테이너 플랫폼 구성도 (출처: PaaS 교육)

파스-타의 안정적 기술 지원 및 생태계 활성화를 위한 전담 조직으로 개방형 클라우드 플랫폼 센터를 운영하고 있다. 오픈소스 기반 파스-타 플랫폼 기능을 지속적으로 고도화하고 공공과 민간의 파스-타 수요 기관을 대상으로 전문 기술 지원을 제공으로, 개발자·기업 대상 전문 기술 교육, 온/오프라인 세미나, 대학·대학원의 파스-타 오픈랩 운영을 통해 플랫폼 전문가와 개발자 양성을 무상으로 지원하고 있다.

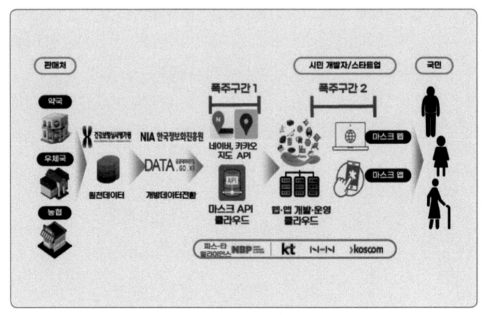

[그림 6-27] 파스-타 얼라이언스-(코로나19 위기 극복 마스크 앱 개발) 사례

파스-타를 활용한 전자정부 클라우드 플랫폼 개발 및 민간 클라우드 기업들의 파스-타 기반 공용 상용 PaaS 서비스 확산, 전문 기업 육성, 호환성 확인 서비스, 개방형 클라우드 플랫폼 교육 및 전문 인력 양성을 위한 파스-타 오픈랩 운영, 오픈 플랫폼 개발자 커뮤니티, 개발자·기업 대상 무상교육 등 개방형 클라우드 플랫폼 센터와 민간기업, 대학, 공공기관 등이 상호 협력하여 생태계 활성화를 진행하고 있다.

글로벌 벤더들은 강력한 개방형 파트너십으로 인공지능(AI), 빅데이터, IoT 등의 첨단 서비스들을 자사 클라우드 플랫폼(PaaS)에서 제공하고 다양한 교육 과정 및 인증 제도를 통한 인력 양성을 추진하고 있다. 클라우드 기술 역량이 제고되고 클라우드 산업이 한 단계 도약할 수 있도록 오픈소스 기반 기술로 개발된 개방형 클라우드 플랫폼 파스-타를 중심으로 민관이 각자의 역할을 충실히 이행하고 협력해야 한다. 앞으로의 파스-타의 지속적인 경쟁력 강화를 위해서 공공과 민간 부문에서 안전하게 사용할 수 있는 클라우드 서비스가 많아지고 클라우드 전환·구축·이용 등의 경험을 통하여 플랫폼 기술의 내재화가 필요하다.

제7장

클라우드 서비스 브로커리지(CSB)와 에이전트

학습 목표

클라우드 서비스 브로커리지(CSB: Cloud Services Brokerage)는 클라우드 서비스 소비자와 제공자 사이에 중개 역할을 하는 서비스로, 소비자의 요구 사항을 파악하고, 제공자로부터 최적의 클라우드 서비스를 제공받을 수 있도록 지원한다. CSB 분야는 기술적인 혁신과 다양한 이점이 있다. 클라우드 서비스 및 제품이 빠르게 증가하면서 기업들을 위한 기존의 클라우드 시장은 여러 형태로 확장되고 있으며, 최종 사용자(End User)들이 여러 업체의 다양한 제품들의 서비스를 이용하는데 점차 어려움이 발생하고 있다. 또한 클라우드 기반 제품이 급속히 확산되면서 제품들에 대한 완벽한 통합의 필요성이 대두되고 있다. 이에 따라 클라우드 이식성 표준, 보안 프레임워크 및 상호 운용성 측면의 융통성이 요구되고 있다. CSB를 이용하면 판매 업체에 대한 종속성(vendor lock-in)이 필요 없고 서비스 인증 측면에서 완벽한 연동이 보장된다.

CSB의 주요 기능으로, 첫째는 클라우드 서비스 비교 및 추천으로 다양한 클라우드 서비스 제공자로부터 제공되는 다양한 서비스를 비교하고, 소비자의 요구 사항에 가장 적합한 서비스를 추천한다. 둘째는 클라우드 서비스 도입 및 운영 지원으로 클라우드 서비스 도입에 필요한 기술적, 법률적, 보안적 지원을 제공한다. 클라우드 서비스의 운영 및 유지 보수를 대행함으로써 소비자의 업무 효율성을 증대시킨다. 셋째는 클라우드 서비스 비용 절감으로 클라우드 서비스 제공자로부터 할인된 가격으로 클라우드 서비스를 제공받을 수 있도록 협상해 주고, 클라우드 서비스 이용량에 따라 비용을 지급하는 탄력적인 요금제를 제공함으로써 소비자의 클라우드 서비스 비용을 절감할 수 있도록 지원한다. 이로써 CSB는 클라우드 서비스의 도입 및 확산을 촉진하는 역할을 한다.

제7장 목차

제1절
클라우드 서비스 브로커리지(CSB)

1. 클라우드 서비스 브로커리지 정의

인공지능(AI) 기계학습, 빅데이터 구축, 사물인터넷(IoT), 엣지 컴퓨팅 등의 주제가 등장하는 가운데 클라우드상에서 다양한 혁신 모델로 발전하고 있다.

혁신 서비스 모델(CSB: Cloud Service Brokerage)은 클라우드 서비스 소비자와 제공자 사이에서 클라우드 서비스의 '부가가치' 창출을 위해 소비자를 대신하여 일하는 중개자(Broker)를 의미한다. 소비자와 제공자 간 관계 조율 및 소비자의 요구에 맞춰 최적의 클라우드 서비스를 제안하고 다양한 클라우드 서비스의 활용, 성능 관리, 전달 등을 담당한다. 용어는 NIST(미국 국가기술표준원)이 Cloud Broker로 정의하였다.

CSB는 클라우드 서비스를 어떤 형태로 고객에게 가치 있게 제공하는가에 따라 다음과 같이 3가지 형태로 분류한다.

[표 7-1] CSB 분류

분류	내용
서비스 중개 브로커 (Service Intermediation Broker)	- 특정 기능 개선을 통한 서비스 향상 및 부가 서비스 제공 - 클라우드 서비스 판매 후 ID 접근 관리 툴과 같은 부가 서비스를 판매하는 사업자는 AT&T, 버라이어존, 텔스트라, 버진 미디어 등이 해당됨
서비스 결합 브로커 (Service Aggregation Broker)	- 다양한 서비스를 한 개 이상의 새로운 서비스로 통합 제공 - 데이터 통합, 클라우드 소비자와 다수의 제공자 간 데이터 이동 안전성 보장 등을 제공
서비스 차익 거래 브로커 (Service Arbitrage Broker)	- 서비스 결합 브로커와 유사하나 결합되는 서비스가 고정되어 있지 않다는 차이점으로 인해 브로커에게 유연성 제공

2. CSB 등장 배경

1) CSP(Cloud Service Provider)에 대한 종속성 종료

서버 인프라 구조가 클라우드에 적용되면 고객이 특정 서비스에 종속될 리스크가 항상 존재한다. CSB는 공급 업체에 종속되지 않는 솔루션을 제공하므로 고객들은 다수 공급 업체의 다양한 클라우드 기반 응용과 제품을 완벽한 인터페이스를 통해 융통성 있게 적용할 수 있다. CSB는 고객 맞춤화 서비스, 통합과 데이터 마이그레이션 방법들을 제공함으로써 카탈로그 리스팅 이상으로 자신의 제품을 확장한다. 이는 공급 업체에 대한 종속을 없앨 뿐만 아니라 기존 또는 과거 공급 업체 플랫폼으로부터의 원활한 마이그레이션으로 이어진다.

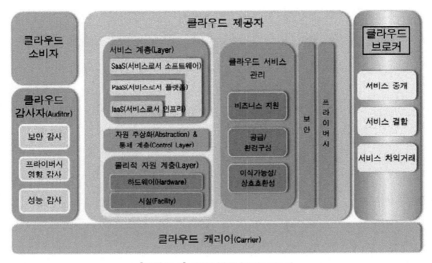

[그림 7-1] CSB 분류 (출처: NIPA)

ISV(Independent Software Vendor)의 SaaS로 전환 조직들은 소프트웨어를 내부적으로 구매하거나 호스팅하는 것이 아니라 SaaS 기반 제품의 이용을 선택하고 있다. ISV들은 기본적으로 자신의 모델을 구축한 후 전통적인 방식으로 계정을 관리한다. 필요한 것은 클라우드와 가상화이며, SaaS는 ISV들이 소프트웨어 개발자에서 소프트웨어 제공자로 탈바꿈하도록 요구하고 있다. ISV들에게는 전통적인 개발자 역량을 뛰어넘어 SaaS 제품으로 클라우드에 진입할 수 있는 신규 사업의 영역이다.

2) 효과적인 비용 절감

신규 시장 환경과 더불어 극심한 경쟁에 대처하기 위하여 기업들은 CSB를 받아들이고 있다. CSB는 보안성 및 확장성 측면에서 하드웨어, 지원 프로그램 및 기술 전문 지식에 관한 비용 절감에 도움이 된다. CSB는 조직의 예산을 책정하고 다양한 기능적 수준에서 위험 상황을 알려 클라우드 비용을 통제할 수 있도록 한다. 이 예산 관리를 통해 이루어지는 효과적인 가격 책정은 자원의 적절한 조정, 고객에 대한 할인 정책을 제공하고 소비에 기반하여 수요를 결정한다.

3) Pay as you go 모델

클라우드 중개는 소규모 및 대규모 조직에서 Pay as you go 모델 기반으로 IT 인프라 구조의 수준을 신속하게 올리거나 내릴 수 있는 기능(Scale Up/Down)을 지원한다. 최근 기업들이 자신의 운영 경비를 절감함으로써 경쟁 우위를 확보하고 있다. SaaS, PaaS, IaaS 및 BPaaS 등의 모든 클라우드 제품은 최고의 기술과 효율적인 프로세스를 Pay as you go 모델을 이용하여 시장에 직접 도입함으로써 클라우드 기반 서비스를 수월하게 수용한다. 이러한 모델로 대기업들은 직원들의 프로세스와 기술을 통합하고 지원하므로 효과적인 의사 결정이 가능해진다.

제2절
CSB 기술

1. CSB 기술 정의

다수의 이종 클라우드 서비스 연계를 통한 중개 및 관리를 위한 플랫폼 기술로 정의되며, CSB 포털 및 인터페이스, 다중 클라우드 환경의 SLA(Service Level Agreement) 기반 서비스 조율 및 관리, 이종 클라우드 서비스 연결 관리 및 검증으로 구성된다.

[그림 7-2] 클라우드 서비스 브로커리지 기술 (출처: NIPA)

[표 7-2] 제공 기능에 따른 가치와 효과

서비스	기능	가치	효과
	다수의 이종 클라우드 서비스 중개	중·소 클라우드 서비스가 글로벌, 외산 서비스와 동등하게 경쟁 가능	외산/글로벌 서비스 종속성 개선, 중소기업의 시장 진입 장벽 완화
	XaaS 간 종횡 통합 및 부가가치 서비스 제공	서비스 간 통합, 융합을 통한 신규 서비스 창출	신규 서비스 발굴, 중소기업 이윤 창출

	사용자 및 제공자 SLA 기반의 서비스 선택 및 배치	사용자 중심의 클라우드 서비스	서비스 품질 및 신뢰성 제고
	이종 클라우드 환경에 대한 사용 및 관리 편의성 제공	이종 클라우드 서비스에 대한 동일 사용 환경 제공	사용자 중심 서비스
	사용자-제공자, 제공자-제공자 간 상생, 협력 환경 제공	지속 가능한 서비스 선순환 생태계 제공	신규 사업자 및 신시장 창출, 클라우드 산업 성장 동력 마련

※ XaaS: Infra/Platform/Service as a Service

2. CSB(Cloud Service Brokerage) 주요 기술

CSB의 기술은 다양한 이종 클라우드 서비스의 연계를 통한 중개 및 관리를 위한 플랫폼 기술로 정의되며 CSB 포털 및 인터페이스, 다중 클라우드 환경의 SLA 기반 서비스 조율 및 관리, 이종 클라우드 서비스 연결 관리 및 검증으로 구성된다.

[표 7-3] CSB 주요 기술

기술	내용
클라우드 서비스 브로커리지 포털 및 인터페이스	- 클라우드 서비스 브로커리지 플랫폼을 사용하는 서비스 사용자, 사업자 및 관리자가 요구하는 서비스의 배치, 관리 및 사업화 지원을 위한 다양한 업무 환경과 인터페이스를 제공하는 기술
다중 클라우드 환경의 SLA 기반 서비스 조율 및 관리	- 이종 서비스를 대상으로 SLA 기반 서비스 배치, 모니터링, 제어를 수행하며, 서비스 간 통합으로 신규 서비스 생성, 서비스 이동성 지원 등의 서비스 조율 및 관리를 지원하는 기술
이종 클라우드 연결 지원	- 이종 클라우드 서비스로 인한 복잡한 인터페이스를 추상화하여 동일한 사용 환경을 제공하는 부분으로, 이종 클라우드 서비스에 따른 개별적인 인터페이스를 제공으로 다양한 클라우드 서비스의 연결 관리가 가능하도록 지원

초기에는 관련 기반 기술이 부재한 상황으로 대부분의 CSB 서비스가 IaaS 위주의 서비스 조율 및 관리 기술에 한정되어 있으며, 특정 대형 CSP(Cloud Service Provider)에 한정된 서비스만을 제공하였다. 하지만 최근에는 IaaS 서비스 중심의 중개, 관리 사업자 및 SaaS/PaaS에 특화된 다양한 사업자가 시장을 형성하기 시작하였으며, 자체 기술력으로 개발한 브로커리지 플랫폼과 공개 SW 기반의 플랫폼이 함께 등장하

고 있는 상황이다. 향후 클라우드 서비스 단순 중개 기능에서 탈피하여 서비스 통합 (integration) 및 최적화(Customization) 서비스가 증가할 것이며, 브로커리지 사업자 고유의 클라우드 간 Value-added 서비스가 진행되고 있다.

클라우드 서비스 브로커리지 플랫폼은 다수 클라우드 사업자의 서비스를 검색·배치·사용·관리할 수 있도록 하는 통합 서비스 접점을 제공하는 시스템으로, 다양한 이종 환경의 서비스에 대하여 단순하고 일관된 사용 환경을 제공함으로써 서비스 생태계를 활성화할 수 있는 기술이다. 클라우드 서비스 브로커리지를 통하여 서비스를 제공하는 클라우드 사업자가 증가할수록 사용자들은 다양한 서비스의 사용이 가능한 클라우드 서비스 브로커리지 플랫폼을 활용하게 될 것이며, 사용자가 증가함에 따라 수익 창출이 가능한 브로커리지 플랫폼을 통하여 서비스를 제공하는 사업자가 증가하는 선순환 생태계를 형성한다.

3. CSB 기술 구성

클라우드 서비스 브로커리지 플랫폼 스택은 다수의 이종 클라우드 서비스를 연계하여 서비스 간 통합을 통한 신규 서비스를 창출하고 사용자 요구 사항 기반의 최적 서비스 선택, 배치하는 기술로 정의한다.

클라우드 서비스 브로커리지 플랫폼은 기존 서비스를 재판매하는 단순 중개 방식 (Intermediation/Aggregation), 기존 서비스들을 융합·통합하여 새로운 서비스를 창출 제공(Integration)하는 방식 및 사용자 요구 사항에 따라 최적화된 서비스 및 브로커리지 부가서비스를 추가 제공하여 새로운 가치를 제공(Customization/Arbitrage)하는 방식으로 구분할 수 있다. 클라우드 서비스 브로커리지 플랫폼은 포털, 엔진, 연결 관리 및 운영 자동화 도구의 네 개 부분으로 구분 개발된다.

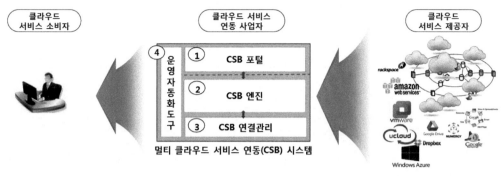

[그림 7-3] 클라우드 서비스(포털, 엔진, 연결 관리, 운영 자동화 도구) 연동 구조 (출처: NIPA)

글로벌 대기업 위주의 클라우드 시장을 중·소 클라우드 서비스 기업 참여가 용이하도록 재편하기 위해서는 진입 장벽 개선, 기업 간 공정 경쟁을 가능케 하는 클라우드 서비스 연동 시스템의 개발/적용이 필요하다.

[표 7-4] 클라우드 서비스 브로커리지의 구성 기술 및 특징

순서	개발 대상	주요 기술	특징
①	CSB 포털	- 운영 정보 관리 기술 - 다중 클라우드 기반 고객 관리, 미터링, 과금, 보고서 기능 - 사용자 그룹별 서비스 관리 환경	- 사업자 의존적인 부분을 다수 포함
②	CSB 엔진	- 서비스 중재 - 서비스 선택 및 배치 최적화 - SLA 기반의 서비스 관리 - 통합 서비스 지원	- 다양한 클라우드 핵심/기반 기술 개발 필요
③	CSB 연결 관리	- 다양한 클라우드 서비스를 클라우드 서비스 연동 시스템과 연결	- 연결 관리의 설계 노하우 및 기업 솔루션에 대한 노하우 동시에 필요
④	운영 자동화 도구	- CSB 시스템의 설치·운영 및 관리 편의성을 제공	- 사업자 요구 사항 반영 필요 - 핵심 기술과의 연동

4. CSB 연결 관리

연결 관리는 CSB 플랫폼에게는 이종 클라우드로 인한 복잡한 인터페이스 환경을 추상화하여 동일한 사용 환경을 제공하고, 이종 클라우드에 따른 상이한 인터페이스

를 위한 연결 부분을 제공함으로써 다양한 클라우드 서비스의 연결 및 관리가 가능하도록 지원한다.

[표 7-5] CSB 연계 기술

기술	내용
이종 클라우드 서비스 연동 프레임워크 기술	- 이종 클라우드별 상이한 개방형 API에 대해 CSB 플랫폼으로 공통 인터페이스를 제공하고, 정의된 공통 인터페이스에 연결되는 개별 클라우드 서비스 사업자의 인터페이스의 추가를 용이하게 하는 프레임워크 기술
이종 클라우드 서비스 연결 프락시 기술	- CSB 플랫폼에 개별 클라우드 서비스를 연계하기 위한 클라우드 사업자 의존적인 인터페이스제공 기술
클라우드 연동 검증 기술	- 클라우드 서비스 유효성, 보안 준수 여부 등의 감사(audit) 기능으로, 플랫폼 자체 제공 기능과 제3자에 의한 부가 기술임

※ 자동화 운영 도구는 CSB 플랫폼 관리자를 위한 부분으로, 플랫폼의 설치, 운용 및 유지 보수 복잡성을 단순화하여 편리하고 효율적인 관리가 가능토록 하는 CLI 및 GUI 환경을 제공한다.

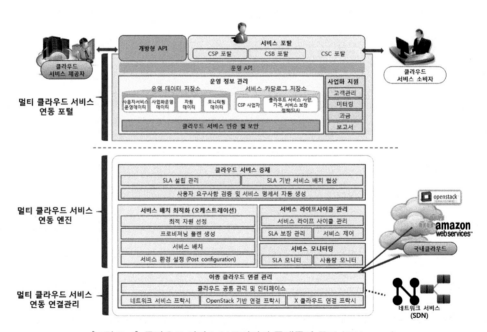

[그림 7-4] 클라우드 서비스 브로커리지 플랫폼의 구조 (출처: NIPA)

[표 7-6] 클라우드 서비스 브로커리지 관련 사업자

	구분	참여자	비고
서비스 연동 (CSB) 사업자	신규 사업자	- RightScale, Jamcraker 등 (해외) 영우디지털, SoftwareInLife, ncloud24, 동부CNI 등 (국내) - 3rd party 인증, 감사, 보안(향후 전망)	시장 형성 준비, 제품 성숙도 (하)
IaaS, PaaS, SaaS 사업자	클라우드/네트워크 서비스 제공자 (CSP)	- Amazon, Rackspace, VMware 등 (해외) - KT, SKT, 이노그리드, KINX, PaaS 사업자, SaaS 사업자 등 (국내)	외산/글로벌 사업자 위주, 국내 사업자 활용률 낮음
서비스 사용자 (기업, 일반)	클라우드/네트워크 서비스 사용자 (CSC)	클라우드 기반의 웹 서비스 사업자, 게임 서비스 사업자, CDN 사업자 등	
		클라우드 서비스 일반 사용자 (End-user)	공공, 일반사용자 활용 정체
3rd Party 사업자	보안, 인증, 감사, SaaS 서비스 통합 사업자	클라우드 서비스 대상의 솔루션 보유 사업자	

CSB 생태계가 형성됨에 따라 제3자 보안, 인증, 감사 사업자가 참여하고 브로커리지의 기능을 활용한 SaaS 서비스 통합 사업자도 출현하였다.

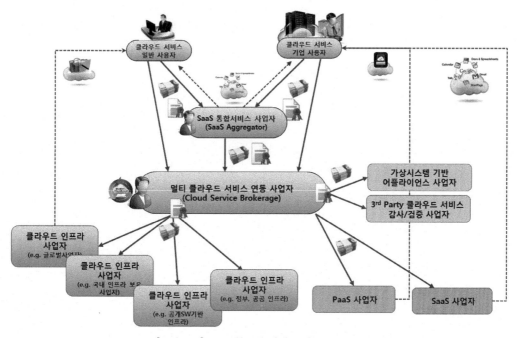

[그림 7-5] CSB 참여자 연계 모델 (출처: NIPA)

제3절
클라우드 컴퓨팅 서비스 미터링

클라우드 컴퓨팅(Cloud Computing)은 'IT 자원의 소유'에서 '서비스로의 접속'으로 패러다임이 변화하고 있음을 의미한다. 이 변화는 필연적으로 IT 자원의 이용에 대한 과금 정책과 미터링(metering) 방식의 변화를 불러왔다.

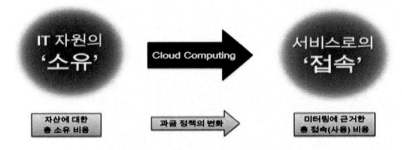

[그림 7-7] 클라우드 과금 미터링 (출처: NIPA)

1. 클라우드 컴퓨팅 미터링 관련 동향

클라우드 컴퓨팅을 정의하는 많은 특성들 중 빼놓을 수 없는 개념이 바로 '사용한 만큼 지불한다'(Pay as you go)는 경제성이다. 글로벌 경제 위기가 심화되고 기업들이 불황에 대비하여 대응책을 찾는 시점에서, 클라우드 컴퓨팅의 경제성은 크게 두 가지 측면에서 의미를 살펴본다.

첫째는, 기업의 IT 활동을 외부 클라우드 서비스 사업자에게 맡김으로써 기업의 IT 인프라 '투자비'를 '운영 비용'으로 전환할 수 있다. 경제 불황이 계속되고, 경영 환경이 급박하게 변화하는 현시점에서 막대한 투자비가 필요한 구축형 사업은 기업 회계 측면에서 위험 부담이 된다.

둘째는, 비용 절감이다. 거대 기업이 소유한 대규모 IT 인프라를 이용한다는 측면에서 '규모의 경제'를 바탕으로 저렴한 서비스 제공이 가능해진다. '1 Copy, 1 CPU, 1 User' 형태를 주로 사용하던 과거 라이선스 방식에서 탈피하여 소프트웨어의 실제 사용량을 측정하기 위한 시도들이 이루어지면서, 기업이 지급하는 비용과 실제 제공받은 가치 사이의 괴리를 줄이고 비용 절감의 효과를 가져온다.

경제성은 적정 미터링 기술 없이는 실현하기 어려우며, 사용자의 실제 사용량을 정교하게 측정할 수 있는 미터링 기술은 클라우드 컴퓨팅 사업에 있어 중요한 요소이다.

2. 클라우드 컴퓨팅 미터링 관련 기업 동향

1) 아마존(Amazon)

대표적인 IaaS 제공자인 아마존은 자사의 Elastic Compute Cloud(EC2)의 미터링을 위해 EC2 Compute Unit(ECU)라는 단위를 사용한다. ECU는 특정 가상 머신에 어느 정도의 CPU가 할당되었는 지를 나타내기 위한 단위로, 아마존의 자체적인 벤치마킹을 통해 여러 측정 수치를 조합하여 만들어진 것이며, 측정 기준은 공개하지 않고 있다. 고그리드(GoGrid)를 포함한 IaaS 제공자들 역시 메모리 사용량, 네트워크 트래픽양 등 자체적인 기준으로 미터링을 수행하고 있다.

하드웨어 인프라를 서비스로 제공하는 IaaS의 경우 미터링해야 할 대상은 가상 머신 및 네트워크로 비교적 명확하다. 그러나 각 제공자마다 소유하고 있는 하드웨어 성능이 다르고, 측정 기준도 달라 서비스를 이용하는 고객의 입장에서는 합리적인 비교가 어려운 측면이 있다.

2) 마이크로소프트 Azure

가상화된 윈도우즈(Windows)를 제공해 주는 Windows Azure 서비스의 경우 자체 벤치마킹을 통해 CPU 사용 시간, 스토리지 저장량 및 트래픽양, 네트워크 트래픽양을 기준으로 미터링하며, 다른 IaaS 제공자들과 유사하다.

DB를 서비스 형태로 제공하는 SQL Azure의 경우 저장 용량별 월정액제 방식으로 청구되며, 데이터 유출입량은 별도 미터링을 거쳐 요금에 포함된다.

애플리케이션 플랫폼인 Windows Azure Platform은 액세스 컨트롤(로그인) 트랜잭션양, 서비스 버스 연결 개수, 네트워크 트래픽 양에 의해 요금이 청구된다.

3) 구글 App Engine

구글의 애플리케이션 플랫폼 서비스인 App Engine은 애플리케이션의 가동에 따라 소요된 네트워크 트래픽양, CPU 사용 시간, 스토리지 사용량 등으로 미터링을 수행 한다. 마이크로소프트와 구글은 소프트웨어 플랫폼을 서비스로 제공하기 때문에 IaaS와 달리 어떤 대상을 어떻게 미터링할 것인가가 명확하지 않으며, 그에 따른 원가 책정 역시 명확하지 못한 점이 있다.

3. 클라우드 컴퓨팅의 미터링 요구 사항

앞서 살펴본 현재의 미터링 방식들은 아직 완전한 형태가 아니며, 클라우드 컴퓨팅에 특화된 미터링의 요구 사항들을 완벽하게 소화하지 못하고 있다. 이러한 클라우드 컴퓨팅 환경에서 미터링에 대한 요구 사항을 사업적인 관점과 기술적인 관점으로 나누어 살펴본다.

[표 7-7] 클라우드 미터링 요구 사항

요구 사항	관점	
사업 관점의 요구 사항	투명성	- 기업 내부에 하드웨어와 소프트웨어를 모두 유지하고 관리하던 On-Premise 방식에서는 기업 스스로 IT 자원에 대한 통제와 감시가 가능했으나, 서비스 제공자가 모든 IT 자원을 관리하는 클라우드 컴퓨팅 환경에서는 미터링을 포함한 통제 및 관리가 모두 서비스 제공자의 권한이다.
	신뢰성	- 미터링 정보의 조작이나 오작동에 대한 해결책이 필요하며, 서비스 제공자와 사용자 모두 미터링 결과를 신뢰할 수 있어야 한다.
기술 관점의 요구 사항	일관성	- 동일 종류의 자원에 대하여 제공자별로 다른 기준 적용하며, 하드웨어 기종에 따른 편차가 있다.

IaaS 서비스 제공자들의 미터링을 보면, 동일한 종류의 자원에 대해서 제공자별 각기 다른 기준을 적용하고 있으며, 하드웨어의 기종에 따라 편차가 있다. 이러한 일관성의 결여는 고객들이 여러 서비스 제공자들의 가격을 비교하고 합리적인 선택을 하는

데 걸림돌로 작용한다. SatoriTech는 이에 관련된 기술을 보유한 기업으로, 하드웨어의 기종에 상관없이 절대적인 컴퓨팅 파워의 사용량을 나타내는 Computing Resource Unit(CRU)라는 수치를 만들어 내는 기술을 가지고 있다. IBM에서는 하드웨어에 대한 벤치마킹 및 미터링 관련 컨설팅을 포함하는 인증 프로그램인 'Resilient Cloud Validation' 프로그램을 제공하고 있다.

4. 기술적인 관점의 요구 사항

(1) Tenant-aware 미터링

고객(Tenant)마다 물리적으로 분리된 IT 인프라를 갖는 구조에서는 규모의 경제를 달성하기가 어렵다. 이에 하나의 물리적/논리적 자원을 공유하여 여러 고객에게 서비스하는 멀티 테넌트(multi tenant) 구조의 중요성이 강조되고 있다. 멀티 테넌트 구조에서는 하드웨어, 데이터베이스, 애플리케이션 등이 공유될 수 있으며, 공유된 자원에 대하여 각 테넌트별로 사용량을 분리해내는 기술이 필요하다.

(2) 서비스 지향(Service-oriented) 미터링

단순히 컴퓨팅 리소스를 대여하여 사용하는 IaaS와 달리 애플리케이션이나 플랫폼을 서비스로 제공받는 SaaS나 PaaS가 점점 늘어나고 있는 추세이다. 이는 단순 하드웨어 미터링만으로는 고객에게 제공된 서비스의 가치를 제대로 측정할 수 없음을 의미한다. 소프트웨어의 오작동이나 비효율적으로 작성된 코드에 의해 사용자가 요청한 기능을 수행하는 데 필요 이상의 컴퓨팅 파워를 사용할 경우, 미터링에 의해 측정된 결과와 실제 사용자가 제공받은 가치는 일치하지 않게 된다.

단순 하드웨어 미터링만으로는 SaaS, PaaS에 대한 효율적인 비용 책정이 어려울 수 있으며 데이터베이스, 애플리케이션 플랫폼, 메시지 버스, 데이터 분석 엔진 등 다양한 서비스 구성 요소에 대한 미터링이 필요하다. 실제로 WAS(Web Application Server) 모니터링 솔루션 업체인 JinspiRed는 WAS와 데이터베이스 요청에 근거하여 미터링을 수행하는 기술을 보유하고 있다.

(3) 예측 가능성

클라우드 컴퓨팅을 도입하려는 기업의 입장에서 서비스 비용의 예측 가능성은 중요한 요소이다. 첫째로, 예상치 못한 막대한 비용 지급을 방지하는 차원에서 중요하다. 실례로 갑작스런 트래픽양의 증가로 인해 큰 비용을 지급한 경우가 수차례 있었다. 둘째로, 기업의 재정 상태를 관리하고 적당한 예산을 책정하기 위해서는 서비스 비용에 대한 예측이 가능해야 한다.

마이크로소프트는 'Windows Azure TCO Analysis'를 통해 기존 인프라를 Azure 플랫폼으로 이전하는 비용, Azure 플랫폼 사용 시 서비스 비용, 기존 인프라 유지 비용 대비 ROI를 예측할 수 있도록 하였다. 정확한 결과를 보장하는 수준은 아니지만, 고객이 서비스 계약 전에 정확한 서비스 비용과 그에 대한 ROI를 측정할 수 있도록 하는 것이 중요함을 시사하고 있다.

(4) 클라우드 미터링 전망

클라우드 컴퓨팅의 궁극적인 이상향은 IT 자원의 일상 재화이다. 가장 많이 비유되는 것이 전기이며, 클라우드 컴퓨팅을 위한 미터링의 발전 방향 역시 전기에서 찾아볼 수 있다. 전기의 생성 및 전달은 제공자의 역할이며, 그에 대한 미터링 역시 제공자의 책임이다. 각 가정에 설치된 전기 계량기는 사용자들로 하여금 전기 사용량을 실시간으로 볼 수 있는 '투명성'을 제공한다. 와트(Watt) 단위의 요금 책정은 사용자에게 '신뢰성, 비교 가능성, 예측 가능성'을 제공한다. 누구나 전기요금에 대한 미터링을 신뢰하며, 그 방식이나 복잡성에 대해 의식하지 않고 전기를 사용한다. 클라우드 컴퓨팅을 위한 미터링도 이 수준에 도달하는 것이 궁극적인 목표이다. 와트라는 하나의 단위로 측정될 수 있는 전기와는 달리, IT 자원의 사용량 측정은 그 복잡성을 피할 수 없다. Cloud Service Broker(CSB)라는 개념이 논의되고 있다. CSB란 사용자와 서비스 제공자 사이에서 적절하고 신뢰할 수 있는 방식으로 미터링을 수행하거나, 미터링의 결과 데이터를 분석하여 비용 최적화에 도움을 주고, 미터링 결과에 대해 감사를 시행하는 제3자로 앞서 이야기한 문제점들을 완화할 수 있다.

제4절
지능형 에이전트(Intelligent Agent)

사용자로부터 위임받은 일을 자율적으로 수행하는 시스템으로 BDI(Belief- Desire- Intention) 모델로서 Belief(환경에 대한 정보), Desire(목적), Intention(의도, 목적 달성을 위한 세부 전술)을 목표로 한다.

1. 지능형 에이전트의 성질과 속성

지능형 에이전트는 특정한 목적을 위하여 사용자를 대신해서 작업을 수행하는 자율적 프로세스이다. 복잡한 동적인 환경에서 목표를 달성하려고 시도하며, 외부 환경과 센서와 행위자를 사용하여 상호 작용하는 시스템이다. 가상 공간 환경에서 특정의 사용자를 돕기 위하여 반복적인 작업을 자동화시켜 주는 컴퓨터 응용 프로그램을 지능형 에이전트(Intelligent Agent/Software Agent)라고 한다.

[표 7-8] 에이전트 성질과 속성 (출처: wikipedia)

종류	내용
자율성(Autonomy)	- 사람이나 다른 사물의 직접적인 간섭 없이 스스로 판단하여 동작하고, 행동이나 내부 상태에 대한 제어 가능
사회성(SocialAbility)	- 통신 언어를 사용하여 사람과 다른 에이전트들과 상호 작용
반응성(Reactivity)	- 실세계, 그래픽 사용자, 인터페이스를 경유한 사용자, 다른 에이전트들의 집합, 인터넷 같은 환경을 인지하고 그 안에서 일어나는 변화에 시간상 적절히 반응
능동성(Proactivity)	- 단순히 환경에 반응하여 행동하는 것이 아니라 주도권을 가지고 목표 지향적으로 행동

시간 연속성 (Temporal Continuity)	- 단순히 한번 주어진 입력을 처리하여 결과를 보여 주고 종료하는 것이 아니라, 전면에서 실행하고 이면에서 잠시 휴식하는 연속적으로 수행하는 데몬(demon)같은 프로세스
목표 지향성 (Goal-Orientedness)	- 복잡한 고수준 작업들을 수행하며, 작업이 더 작은 세부 작업으로 나뉘고 처리 순서를 결정하면 에이전트가 책임짐
이동성(Mobility)	- 사용자가 요구한 작업을 현재의 컴퓨터에서 처리하지 않고 그 작업을 처리할 수 있는 다른 컴퓨터로 이동시켜 수행함으로써 효율을 높이고 네트워크 부하를 감소
합리성(Rationality)	- 목표 달성을 위해 행동하며, 방해하는 방향으로는 행동하지 않음
적응성(Adaptability)	- 사용자의 습관과 작업 방식, 그리고 취향에 따라 스스로를 적응
협동성(Collaboration)	- 다른 에이전트, 자원, 사람과도 복잡한 작업을 수행하기 위해 협력

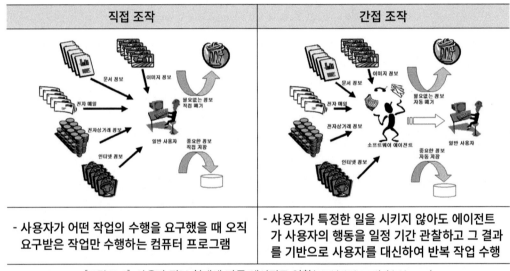

[그림 7-8] 사용자 정보 형태에 따른 에이전트 역할(직접/간접 조작) (출처: NIA)

에이전트는 지식 베이스와 추론 기능을 가지며, 사용자·자원(resource)·다른 에이전트와의 정보 교환과 통신을 통해 문제 해결을 도모한다. 에이전트는 스스로 환경의 변화를 인지하고, 대응 행동을 취하며, 경험을 바탕으로 학습 기능을 가진다. 에이전트는 수동적으로 주어진 작업만을 수행하는 것이 아니고, 자신의 목적을 가지고 그 목적 달성을 추구하는 능동적 자세를 지닌다. 에이전트 행동은 지속적으로 이루어지며, 결과는 환경의 변화를 가져온다.

2. 지능형 에이전트 분류

FIFA(Foundation for Intelligent Physical Agents): 에이전트 기술 국제표준화기구

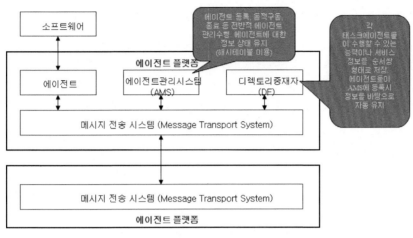

[그림 7-9] FIFA 에이전트 개발 플랫폼 (출처: NIPA)

[표 7-9] 지능형 에이전트의 기능과 역할에 따른 분류

분류	내용
학습 에이전트	- 사용자가 웹상에서의 수행하는 행동을 관찰하고 어떤 내용에 관심이 있는지를 판단하여 사용자에게 알맞은 내용을 전달하도록 하는 것
인터페이스 에이전트	- 사용자의 원하는 작업을 찾아내서 이들을 네트워크나 응용 프로그램 안 어디에서든지 실행할 수 있도록 이동
데스크톱(desktop Agent) 에이전트	- PC나 워크스테이션의 운영 체제에 상주하면서 국부적으로 실행되는 소프트웨어 에이전트
응용 프로그램 에이전트	- 사용자에 의해 부여된 작업을 자동적으로 응용 프로그램 내에서 수행
인터넷 에이전트	- 서버에 상주하면서 사용자와 직접적인 상호 작용 없이 사용자를 대신해서 작업을 수행하도록 인터넷상에서 분산된 온라인 정보에 접근하는 프로그램
모빌 에이전트	- 클라이언트 컴퓨터로부터 원격 실행을 위해 다양한 서버들로 자기 자신을 이동시킬 수 있는 소프트웨어 에이전트
전자상거래 에이전트	- 사용자를 대신해서 쇼핑을 가서 제품 사양을 얻어오며 사양에 만족하는 구매 추천 목록을 반환, 상품이나 서비스 판매를 제공함으로써 판매자들을 대신한 점원(고객 상담)의 역할

멀티 에이전트 시스템	- 복잡한 문제를 해결하기 위해 에이전트 설계, 자원 할당, 작업 분할 및 업무 분담 같은 기능이 필요한 모든 분야

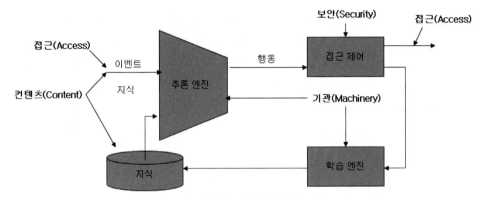

[그림 7-10] 에이전트 모델링 개념 (출처:NIPA)

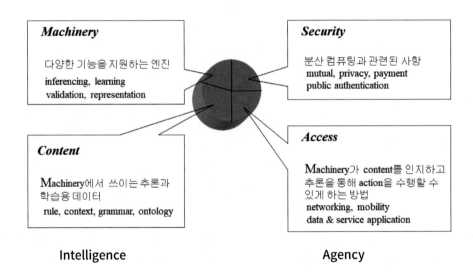

[그림 7-11] 지능적 에이전트 주요 기술 (출처: NIPA)

[표 7-10] 에이전트 분류(네트워크상 구조와 역할에 따른 분류)

분류	내용
단순 반사형 에이전트	(Simple reflex Agents) 환경 변화에 빠르게 반응 - 외부 센서로부터 감지한 신호 자체를 처리함으로써 행동 결정
외부 지식 기억형 에이전트	(Agent that keep track of the world) - 인지된 상태의 범위에 관한 내부 지식을 계속적으로 기억하고 있는 에이전트

목표 기반 에이전트	(Goal-based Agent) 환경, 추구하는 목표, 가능한 행동들에 대한 명시적 기호 모델을 가짐 - 기호의 변환 및 추론 문제가 중요(전통적인 에이전트 설계 방법)
함수 기반 에이전트	(Utility-based Agent) 목표에 대한 만족도를 수치화하는 에이전트

[표 7-11] 에이전트 활동 영역에 따른 분류

종류	에이전트	영역
데스크톱 에이전트	운영 체제 에이전트	- 데스크톱 에이전트와 함께 사용자를 지원 에이전트
	애플리케이션 에이전트	- 특정 애플리케이션에서 사용자 지원 에이전트
	애플리케이션 적합 에이전트	- 여러 애플리케이션에서 사용자 지원 에이전트
인터넷 에이전트	웹 검색 에이전트	- 정보 검색 서비스 지원
	웹서버 에이전트	- 특정 웹서버에 존재하며 서비스 제공
	정보 필터링 에이전트	- 사용자 성향에 따른 정보 필터링 기능 제공
	정보 검색 에이전트	- 사용자 성향에 따른 정보 패키지 제공
	알림 에이전트	- 사용자 개인의 흥미 인식하여 이벤트 발생 기능 제공
	서비스 에이전트	- 사용자에게 특정 서비스제공
	모바일 에이전트	- 특정 서비스 시 태스크 수행 서버 간 이동 독립 기능 제공
인트라넷 에이전트	협동 적응 에이전트	- 비즈니스 단위별 워크플로우 프로세서 자동 수행 에이전트
	프로세스 자동화 에이전트	- 자동적으로 비즈니스 워크플로우 프로세서를 수행하는 인 트라넷 에이전트
	데이타베이스 에이전트	- 사용자들에게 데이타베이스를 잘 사용할 수 있도록 서비스 지원하는 에이전트
	리소스 브로커 에이전트	- 클라이언트 서버 구조에서 리소스 할당
내부 지식 분류	Learning Agent	- 학습 및 추론에 의한 내부 지식 획득
	Neural Agent	- 신경회로망의 학습 기능에 의한 내부 지식 획득
멀티 에이전트	- 단일 Agent가 해결하지 못한 복잡 문제 해결을 위한 협동 체제 구축 다중 Agent System	
	- Facilitator(중재자)를 통한 Message 전달 및 Control 수행	
	- Application Agents의 Heterogeneity 해결이 시급한 문제	
	- Federated System	

[표 7-12] 지능 에이전트 적용 분야와 한계

분야	적용 분야
에이전트 적용 분야	- 제조업, 공정 제어, 정보통신, 항공 운항 관제, 교통·운송 관리 - 비교적 작은 틈새에서 작동되는 시스템 - 정보 검색 및 여과, 정보 수집 및 통합 등 정보 관리 - 전자 상거래와 비즈니스 프로세스 제어 분야 - 컴퓨터 게임, 인간과 컴퓨터 간의 대화식 극장 - 3차원 가상현실 분야 - 건강 산업(환자 감시와 건강 보조) 분야
에이전트 상용화의 한계	- 지능형 에이전트 시스템 설계·구축은 우수 전문 엔지니어 필요 - 멀티 에이전트 시스템 응용 제품을 조립하는 설계자 부족 - 유용한 에이전트 시스템 개발 도구가 부족 - 에이전트 기술을 광범위하게 채택하기 위한 기술적 문제

제3부

클라우드
네이티브

제8장

클라우드 네이티브
애플리케이션

학습 목표

클라우드 네이티브는 인터넷 환경에서 애플리케이션의 상호 운용성 확보를 위한 최적의 성능과 효율성을 발휘하도록 설계된 기술이다. 네이티브 기술은 웹 애플리케이션, 모바일 애플리케이션, 데이터 분석, 인공지능을 구현할 때 클라우드 환경의 이점을 극대화하기 위한 필수 기술이다. 이를 활용하여 기업은 비용을 절감하고, 민첩성을 향상시키며, 새로운 비즈니스 기회를 창출할 수 있다.

기술의 대표적인 예는, 마이크로 서비스는 하나의 애플리케이션을 여러 개의 작은 서비스로 분리하는 방식의 분산 아키텍처를 기반으로, 자동화를 통해 운영을 간소화한다. 컨테이너는 애플리케이션과 그에 필요한 모든 종속성을 하나의 패키지로 묶은 것으로서 마이크로 서비스를 구현하는 데 사용된다. 쿠버네티스는 컨테이너를 관리하기 위한 오픈소스 플랫폼으로 자동화, 확장성, 탄력성을 제공한다.

클라우드의 혜택을 100% 활용하려면 '애플리케이션 중심'의 클라우드 전략을 다시 준비해야만 한다. 네이티브 애플리케이션이 활용되고 있는 분야의 대표적인 예로 웹/모바일 애플리케이션, 사물인터넷(IoT)이 있다.

클라우드 네이티브 애플리케이션이 무엇인지 이해한 후 기존 애플리케이션 개발 방법과 비교하여 설명하고, 발전된 클라우드 네이티브 기술 특징 및 활용으로 조직 혁신의 다양한 방법을 적용해야 한다. 네이티브 기술에서 사용되는 가상화 기술은 컨테이너 기반의 오픈소스 플랫폼이 대세가 되었다.

디지털 확산의 도구로서의 클라우드 네이티브 애플리케이션은 조직 혁신의 변화를 불러오면서 비즈니스의 민첩성과 운영 효율성 향상, 비용 절감 등의 이점이 제공되어서 경쟁력 강화에 기여하고 있다

제8장 목차

제1절
클라우드 네이티브 기술

클라우드 네이티브(Cloud Native) 기술은 넓은 의미로 클라우드 컴퓨팅의 장점을 최대한 활용할 수 있도록 애플리케이션을 개발하고 운영하는 방법론이다.

클라우드 네이티브 애플리케이션은 클라우드가 제공하는 확장성, 탄력성, 복원성, 유연성을 활용하도록 설계 및 구축된다. 클라우드 구축 후 기존 인프라에 만든 애플리케이션을 그대로 적용하는 것이 아닌, 처음부터 클라우드 환경을 고려해 애플리케이션을 만드는 기술과 방법을 포괄하는 개념이다. 공공기관과 대기업은 IT 환경에서 빠르게 클라우드 네이티브로 구축하고 있다.

[표 8-1] 클라우드 네이티브 애플리케이션

구분	정의
클라우드 네이티브	- 클라우드의 모든 장점을 활용할 수 있도록 구축
클라우드 전환	- On-Premise 시스템을 클라우드에서 호스팅하여 운영

1. 클라우드 네이티브 특징

1) 마이크로 서비스 아키텍처(MSA: Micro Service Architecture)

애플리케이션을 독립적인 작은 기능들로 분해하여 구축하는 기술이다. 기능 하나를 변경하기 위해 전체 애플리케이션을 재배포해야 하는 모놀리식 형태와는 달리, 마이크로 서비스 아키텍처는 작은 데이터베이스와 작은 서비스가 서로 묶여 있어 하나하나가 완벽하게 독자적으로 작동한다.

[표 8-2] 클라우드 네이티브 기술의 핵심 특성 [11]

기술 핵심	특성
분산 아키텍처	- 네이티브 애플리케이션은 분산 아키텍처 기반으로서 애플리케이션을 여러 개의 작은 단위로 분리하여 독립적으로 확장과 축소가 가능
컨테이너화	- 네이티브 애플리케이션은 컨테이너 단위로 종속성을 포함하여 쉽게 이동하고 배포가 가능한 가상화 단위임
자동화	- 네이티브 애플리케이션은 자동화를 사용하여 관리되며, 애플리케이션의 배포, 확장, 복구 등을 자동화하여 운영 효율성을 높임

2) 컨테이너 기술

마이크로 서비스 방법론으로 개발한 애플리케이션을 효과적으로 배포·활용할 수 있는 기술이다. 가상화 기술 중 하나로, 시스템을 가상화하는 것이 아닌 애플리케이션을 구동할 수 있는 컴퓨팅 작업을 패키징하여 가상화한 것이다. 도커(Docker)와 같은 컨테이너 엔진이 설치된 환경이라면 퍼블릭, 프라이빗 및 하이브리드를 포함한 다양한 환경 및 인프라 전체에서 동일하게 작동한다.

3) DevOps

Development(개발)와 Operation(운영)을 합친 단어로, 개발자와 엔지니어의 협업을 강조하는 개발 문화를 의미한다. 개발과 운영 간의 프로세스를 통합하여 개발에서 배포에 이르는 프로세스 속도를 높이는 데 초점이 맞춰져 있다. 애플리케이션 개발 및 배포 속도가 비즈니스 경쟁력이 되면서 DevOps의 필요성이 증가하고 있다.

4) CI/CD(Continuous Integration/Continuous Delivery)

지속적인 통합과 배포를 통해 애플리케이션 개발 단계를 자동화하여 고객에게 짧은 주기로 서비스를 제공하고 개선하는 방법이다. DevOps 문화를 성공적으로 구축하기 위해 필요한 요건 중 하나로 개발과 운영 간 업무 속도를 향상하는 데에 기여한다.

---

11) https://www.vmware.com/kr.html
　　https://tanzu.vmware.com/cloud-native

2. 컨테이너 기반의 클라우드 가상화

가상화 기술은 방식과 형태에 따라 전통적으로 하이퍼바이저(Hypervisor)형과 호스트(Host)형으로 나눌 수 있다. 각각 장단점이 있어 요구되는 상황에 맞추어 활용되어 왔다. 최근 클라우드 컴퓨팅 환경을 구축하는 데 있어서 시스템 환경에 대한 의존성이 없고, 경량화를 통한 속도 및 이식성 향상을 추구하는 컨테이너(Container) 기반의 가상화 기법이 활용되고 있다. 대표 플랫폼으로는 공개 SW 기반의 쿠버네티스(Kubernetes)와 도커(Docker)가 기술을 선도하고 있다.

1) 컨테이너의 개요

컨테이너(Container)는 시스템 컴퓨팅 환경에서 모듈화된 SW를 의미하며, 시스템 환경 의존성에서 탈피하여 안정적으로 구동된다. 컨테이너의 사전적인 의미는 '물체를 격리하는 공간'이다. 무역선 컨테이너 박스의 컨테이너와 같은 의미이다.

컨테이너는 규격화된 박스에 다양한 화물을 넣을 수 있어서 화물의 보관과 이송을 최적화하도록 되어 있다. 컴퓨터 세상에서도 컨테이너는 모듈화되고 격리된 컴퓨팅 공간 또는 컴퓨팅 환경을 의미한다. 가상 머신도 기존 운영 체제와 애플리케이션의 컨테이너라고 할 수 있다.

클라우드 컴퓨팅에서 컨테이너는 애플리케이션(App)과 App을 구동하는 환경을 격리한 공간을 의미한다. 가상화의 범주 내에서 컨테이너는 기존 하이퍼바이저와 게스트 OS를 필요로 했던 가상 머신 방식과는 달리, 프로세스를 격리하여 '모듈화된 프로그램 패키지'로써 수행하는 것을 의미한다. 이렇게 하면 기존의 가상 머신에 비해 가볍고 빠르게 동작하는 장점이 있다.

컨테이너라는 개념의 등장은 2000년대 중반에 리눅스에 내장된 LXC(LinuX Container) 기술이며, 컨테이너 기술은 개발한 프로그램이 구동 환경에 따라 예상하지 못한 각종 오류의 문제가 발생하는 것을 해결하기 위해서였다. 이러한 문제점은 SW 개발자들의 오랜 숙제였는데, 이 오류가 발생하는 이유는 구동 환경에 따라 네트워크, 스토리지, 보안 등의 정책이 각각 다르기 때문이었다. 결국 SW를 다른 컴퓨팅 환경으로 이동하더라도 안정적으로 실행하는 방법을 모색하여 나온 방법이 바로 컨테이너이다.

애플리케이션의 실행에 필요한 라이브러리(Library, Libs), 바이너리(Binary, Bins), 기타 구성 파일 등을 패키지로 묶어서 배포하면, 구동 환경이 바뀌어도 실행에 필요한 파일이 함께 따라다니기 때문에 오류가 최소화된다.

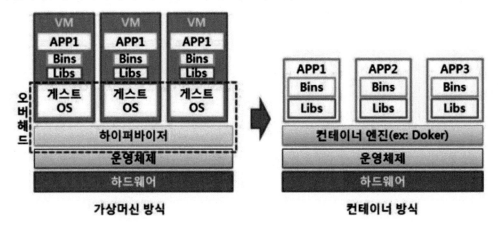

[그림 8-1] 컨테이너의 개념 (출처: egovframe 표준 프레임)

[표 8-3] 리눅스 컨테이너(LXC)

종류	설명
LXC(Linux Containers)	- 단일 머신상에 여러 개의 독립된 리눅스 커널 컨테이너를 실행하기 위한 OS 레벨의 가상화 기법으로 컨테이너 개념의 시초 - LXC는 대부분의 코드가 GNU(LGPLv2.1+) 라이선스를 따르는 오픈소스 소프트웨어
네임스페이스	- 리눅스 시스템 리소스들을 묶어 프로세스에 전용 할당하는 방식으로 제공되며, 하나의 프로세스 자원을 관리하는 기능
cgroup	- CPU, 메모리 등 프로세스 그룹의 시스템 리소스 사용량을 관리하여 특정 애플리케이션이 자원을 과다하게 사용하는 것을 제한할 수 있음

- IBM의 네임스페이스와 구글 cgroup이 결합하여 리눅스 컨테이너(LXC)가 탄생되었으며, 호스트에서 실행되는 프로세스들 사이에 벽을 만드는 기능
- 프로그램 개발·실행을 위한 도구, 템플릿, 라이브러리, 프로그래밍 언어 바인딩이 세트로 구성되어 로우 레벨 지원에 유연하며, 최신 커널을 지원하는 컨테이너 기능임

2) 컨테이너 기술의 경량화

최근 클라우드 컴퓨팅에서는 컨테이너 기반의 가상화가 기존의 하이퍼바이저 기반의 가상화 기술을 대체하며 각광받고 있다. 예로 IT 업계의 대표주자인 구글은 Gmail, Google Drive를 포함한 모든 서비스를 컨테이너로 제공하고 있으며, 현재 자사의 컨테이너 플랫폼인 쿠버네티스(Kubernetes)를 통해 이미 매주 20억 개 이상의 컨테이너를 구동하고 있다.

그렇다면 클라우드 컴퓨팅에서 이미 널리 쓰이는 서버 가상화 기술이 있는데, 왜 컨테이너가 인기를 끄는 것일까? 가장 큰 이유는 가볍기(경량화) 때문이다. 가볍기 때문에 파생되는 속도, 이식성 등의 향상 효과도 있다. 컨테이너는 가상 머신과는 달리 운영 체제를 제외하고 애플리케이션 실행에 필요한 모든 파일을 패키징(Packaging)한다는 점에서 'OS 레벨 가상화'라고 한다. 기존의 서버에 하이퍼바이저를 설치하고, 그 위에 가상 OS와 APP을 패키징한 VM을 만들어 실행하는 방식인 HW 레벨의 가상화와는 [그림 8-1]과 같이 게스트 OS와 하이퍼바이저가 없다는 측면에서 차별성을 보인다.

컨테이너는 가상 머신 방식의 가상화보다 시스템에 대한 요구 사항이 적다. 컨테이너 크기가 작기 때문이다. 일반적으로 컨테이너에는 OS가 포함되지 않아 크기가 수십 MB에 불과하다. 당연히 운영 체제 부팅이 필요 없기 때문에 서비스를 시작하는 시간은 상대적으로 짧기도 하다. 작기 때문에 컨테이너는 복제와 배포가 용이하다.

컨테이너의 경우, 생성 및 실행되면 마치 운영 체제 위에서 하나의 애플리케이션이 동작하는 것과 동일한 수준의 컴퓨팅 자원을 필요로 한다. 시스템은 기존 응용 프로그램을 실행시키는 것과 유사하게 구동하므로 여분의 컴퓨팅 자원으로도 기존의 가상 머신 방식 대비 시스템의 성능 부하가 훨씬 적게 든다.

자원에 대한 배분도 더욱 유연하다. 컨테이너에서 실행 중인 서비스는 가용성이 필요하거나 반대로 필요없을 때 CPU에 대한 사용량이나 사용자가 설정한 임계치에 따라 자동으로 확장 또는 축소가 가능하다. 컨테이너는 구동 방식이 간단하므로, 특정 클라우드 애플리케이션이 실행하기 위한 모든 라이브러리와 바이너리 파일이 패키지화되어 있으므로 기존 시스템에서도 실행이 가능하다.

이는 기존의 가상 머신 방식보다 시스템이 경량화되어 있기 때문에 더 많은 응용 프로그램을 보다 쉽게 시스템 서버에서 구동할 수 있다.

[표 8-4] 가상 머신 방식과 컨테이너 기반 가상화 방식의 차이

구분	기존 방식의 가상 머신(VM)	컨테이너 기반의 가상화
이식성	- VM당 모놀리식(Monolithic)한 서비스 - VM 단위의 이동, 복제와 생성 가능	- 실행에 필요한 모든 종속성 및 구성을 함께 배포(실행 환경의 일관성) - 마이크로(Micro) 서비스 구축에 최적

효율성	- 1VM당 1서비스 - 성능 오버헤드	- 호스트 OS 커널 공유이므로 필요한 만큼 자원 사용
서비스 요청에 따른 신속성	- 최소 수 GB 이상의 추가 VM을 생성하여 대응	- 게스트 OS가 없는 수 MB 단위의 컨테이너 생성
라이선스 비용	- VM 개수만큼 지급	- Host 1대의 비용만 지급
안정성	- 각각 독립된 VM들로 안정적인 운영 가능(완전한 분리)	- 통제된 영역이지만 OS 커널을 공유하므로 장애 발생 시 같이 영향 받음

3. 도커의 등장과 클라우드 기술의 변화

도커(Docker)는 오픈소스 기반의 컨테이너 관리 플랫폼으로, 컨테이너 기반 클라우드 컴퓨팅의 디팩토(de facto)이다. 컨테이너 기반의 가상화 소프트웨어에는 OpenVZ, LXC, Linux-VServer, FreeBSD Jail, Solaris Zones, Docker 등이 있다. 그중에서 최근 가상화 및 클라우드 컴퓨팅 영역에서 가장 각광받고 있는 것이 바로 도커(Docker)이다.

도커는 컨테이너를 관리하는 기능의 오픈소스 플랫폼으로, 2013년 3월 산타클라라에서 열린 Pycon Conference에서 dotCloud의 창업자인 솔로몬 하익스(Solomon Hykes)가 〈The future of Linux Containers〉라는 세션을 발표하면서 세상에 알려졌다. 도커가 인기를 끌면서 같은 해 10월 회사 이름을 자사의 플랫폼 명과 같은 Docker로 변경하고, 2014년 6월 Docker 1.0을 발표했다. 2013년 오픈소스로 공개된 후 불과 3년 만에 서버 운영 체제의 기본 기술로 각광받기 시작했다. [그림 8-2]은 도커의 로고인 푸른 고래와 클라우드 활용 지표를 나타낸다.

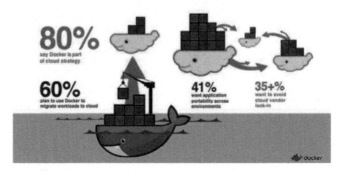

[그림 8-2] 도커의 로고와 클라우드 활용 지표 (출처: TTA,NIPA)

※출처: Docker.com, 2016. 4.

도커는 리눅스의 응용 프로그램들을 소프트웨어 컨테이너 안에 배치시키는 일을 자동화하는 오픈소스 프로젝트로, 리눅스 컨테이너(LXC) 기술을 기반으로 만들었다. 기존 리눅스 컨테이너(LXC) 기술에 이식성 향상, 데이터와 코드의 분산된 관리, 프로그램 스택의 간결·명료함 등 이동성과 유연성을 높이는 변화를 주었다. 기존의 시스템보다 더 쉽고 빠르게 워크로드를 배포하고 복제하고 이동할 수 있으며 백업도 가능하다.

도커의 특징은 컨테이너 이미지 생성 기능을 제공하는 것이다. 이는 특정 컨테이너에서 실행될 소프트웨어와 방식에 대한 '구동 사양(컨테이너 실행에 필요한 파일과 설정 값 등을 포함)'을 미리 정의해 놓는 것을 의미한다.

[표 8-5] 도커의 활용

도커	활용
개발자	- 도커에서 지원하는 컨테이너 이미지 도구를 활용하여 애플리케이션의 이미지를 만들고, 원격으로 배포하여 실행하는 것이 가능하며, 고도의 분산 시스템을 생성하는 일도 단순해지고, 개발자가 데이터 센터의 서버를 찾아다니며 하나씩 세팅할 필요는 없음
장점	- 도커를 활용한 이미지는 수정이 불가한 형태로 배포되는 장점이 있음
구현	- 컨테이너에서 실행되는 앱과 구동하는 시스템이 분리된 형태이므로 소프트웨어 스택 구현이 가능
실행 환경	- 이미지에는 컨테이너를 실행하기 위한 모든 필요 요소가 들어 있어 실행 환경에 구애받지 않고 환경 의존성을 벗어날 수 있음
원본 이미지 상태	- 이미지 파일은 항상 원본 상태를 유지하며, 아래 [그림 8-3] 컨테이너는 이미지를 실행한 상태인데, 같은 이미지에서 다수의 컨테이너를 생성할 수 있다. 컨테이너의 상태가 바뀌더라도 이미지는 남아 있으며, 실행 중 추가되거나 변경된 값은 현재의 컨테이너에 저장된다. 사용자가 해당 파일을 재구동 시 원본 이미지와 컨테이너가 가진 설정값이 조합하여 실행
레이어 (Layer)	- 원본 이미지에 대한 중복성을 없애고 수정된 값만을 관리하여 시스템이 경량화될 수 있다. 파일이 수정될 때마다 매번 새로운 전체 버전을 다운하거나 설치할 필요가 없다. 이 기능은 레이어(Layer)라는 개념으로 도커에서 지원

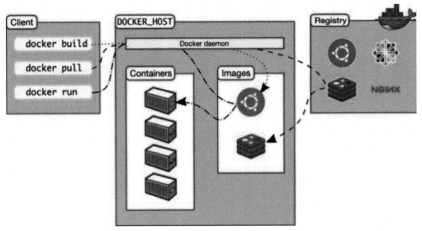

[그림 8-3] 도커의 구동 아키텍쳐 (출처: egovframe 표준 프레임)

도커의 이미지는 컨테이너를 실행하기 위한 모든 정보를 가지고 있어서 용량이 보통 수백 MB 이상에 이른다. 대개는 읽기 전용(Read Only) 레이어들로 구성되고, 파일이 수정 또는 추가되면 새로운 레이어가 생성된다.

4. 컨테이너 오케스트레이션 서드 파티

1) 다중 컨테이너에 대한 효율적인 관리와 클러스터링

컨테이너의 수가 많아지면 관리와 운영에 어려움이 따른다. 다수의 컨테이너(서비스)의 실행을 관리 및 조율하는 것을 컨테이너 오케스트레이션(Orchestration)이라고 한다. 대규모 엔터프라이즈급 컨테이너 배포 및 관리를 여러 서드 파티(3rd Party) 프로젝트가 제공하고 있다. 쿠버네티스(Kubernetes, K8s)는 구글에서 공개한 대표적인 컨테이너 관리 시스템으로서 오케스트레이션 플랫폼이다. 구글은 Gmail과 Google Drive 등의 운영 환경을 쿠버네티스로 운영 중이며, 오픈소스 커뮤니티에도 최대한 많은 코드 기여를 하고 있다.

개발자 및 사용자는 컨테이너 오케스트레이션 엔진을 통해서 컨테이너의 생성과 소멸, 시작과 중단 시점 제어, 스케줄링, 로드 밸런싱, 클러스터링(그룹화) 등 컨테이너를 통한 애플리케이션을 구성하는 모든 과정을 관리하고 있다. [표 8-6]은 오케스트레이션 엔진의 기능을 나타낸다.

[표 8-6] 오케스트레이션의 기능

기능		내용
서비스 디스커버리 (Service Discovery)		- 서비스 탐색 기능으로 기본적으로는 클라우드 환경에서 컨테이너의 생성과 배치 이동 여부를 알 수 없기에 IP, Port 정보 업데이트 및 관리를 통해 서비스를 지원함
스케일링 (Scaling)	로드 밸런싱 (Load Balancing)	- 생성된 컨테이너의 컴퓨팅 자원 사용량의 설정 및 자동 배분
	스케줄링 (Scheduling)	- 늘어난 컨테이너를 적합한 서버에 나누어 배포하고, 서버가 다운될 경우 실행 중이던 컨테이너를 다른 서버에서 구동시킴
클러스터링 (Clustering)		- 여러 개의 서버를 묶어 하나의 서버처럼 사용할 수 있도록 지원하거나, 가상 네트워크를 이용하여 산재된 서버를 연결시켜줌
로깅/모니터링 (Logging/Monitoring)		- 여러 개의 서버를 동시에 관리할 경우 한 곳에서 서버 상태를 모니터링하고 로그 관리를 할 수 있도록 함

도커에도 Swarm 모드라는 자체 오케스트레이션 기능을 지원한다. 그 외에도 Apache Mesos, CoreOS fleet, AWS EC2, Redhat Cockpit, HashiCorp Nomad 등 다양한 플랫폼이 있다.

[표 8-7] 주요 오케스트레이션 플랫폼 비교

구분	구글 Kubernetes	도커 Swarm	아파치 Mesos
특징 요약	다양한 테스트를 만족하는 안정적인 솔루션	사용이 용이한 솔루션	UI 수준이 높고 기능이 풍부하나 설치 및 관리가 어려운 솔루션
운영 가능 host 머신	1,000 nodes	1,000 nodes	10,000 nodes
관리 서비스	Google container Engine	Docker Cloud, SDN	Azure Container Service (MS)
기술 자료	기술 자료가 풍부하고, CNCF와 협력으로 클라우드 친화적	기술 자료가 풍부하고 개념과 기능이 간결한편	MS와 Mesosphere가 적극적으로 지원하나 기술 자료가 부족한 편
라이센스 모델	아파치	아파치	아파치

다만 쿠버네티스는 규모가 큰 엔터프라이즈급의 컨테이너 관리에 보다 안정적인 환경을 제공하며, 오픈소스 기반의 클라우드 친화적인 기술 자료가 풍부하다.

2) 쿠버네티스(Kubernetes, K8s)

쿠버네티스는 클러스터 구조를 띠는데, 클러스터 전체를 관리하는 마스터(Kubernetes Master)가 있고, 컨테이너가 배포되는 가상 또는 물리 머신인 노드(Worker Node)가 존재한다. 쿠버네티스에 의해서 배포 및 관리되는 컨테이너들은 포드(Pod)라는 단위로 묶여서 관리된다. Pod는 하나 이상의 컨테이너를 포함하고 있고, 같은 Pod 내에 속해 있는 컨테이너들은 서로 로컬 통신이 가능하며, 디스크 자원도 공유한다. 이로써 서비스에 따른 컴퓨팅 파워의 스케일링(Scaling)이 쉬워진다. 마스터는 쿠버네티스의 설정 환경을 저장하고 노드로 이루어진 클러스터 전체를 관리하며, Kubectl 커맨드 인터페이스를 통해서 세팅이 된다.

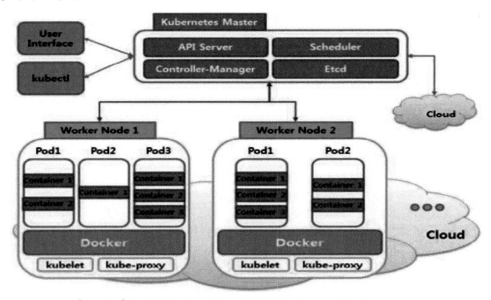

[그림 8-4] 쿠버네티스의 클라우드 아키텍쳐 (출처: egovframe 표준 프레임)

[표 8-8] 쿠버네티스의 마스터 설정 환경

구분	설정 환경
API 서버	- 유저(User Interface, UI)의 요청과 마스터-노드 간의 통신 담당
Etcd	- 클러스터 DB(Data Base) 역할로, 노드와 클러스터 설정값과 상태를 저장
스케쥴러	- Pod의 배포 및 서비스에 필요한 리소스 할당 시 적절한 노드에 할당하는 역할
컨트롤러 매니저	- Pod의 볼륨(Volum, 저장 공간) 조절, 동적으로 추가 또는 삭제되는 Pod에 대한 라벨(Label) 할당, 복제, 여러 Pod의 그룹핑 서비스 시 로드밸런싱 등을 관리
노드	- 마스터에 의해 명령을 받고 실제 작업을 수행하는 서비스 컴포넌트로 컨테이너를 보유한 Pod들이 배치

Pod	- 노드 내에서는 도커 플랫폼과 맞물려 자원을 할당받아 구동
Kubelet	- 마스터의 API 서버와 통신을 담당하며 수행할 명령을 받거나 노드의 상태를 마스터로 전달하는 역할
Kube-proxy	- 노드에 들어오는 네트워크 트래픽을 Pod 내의 컨테이너에게 라우팅하고 노드와 마스터 간의 네트워크 통신을 관리

쿠버네티스는 다중 머신 환경(클라우드)에서 사용자가 요청한 컨테이너를 어느 머신의 호스트에 설치하는 지, 어떤 머신이 컴퓨팅 자원에 여유가 있는 지를 판단하여 최적의 서비스 상태를 유지한다. 쿠버네티스의 장점 중 하나가 Fault-tolerance 기능인데, 기존의 서비스가 긴급 점검과 같은 서비스 중단 상태를 보여 왔다면 쿠버네티스는 점진적인 수시 업데이트를 통해 서비스 중단없이 서버를 업데이트할 수 있다. 또한, 특정 컨테이너에 장애가 발생하더라도 바로 복제 컨테이너를 생성해 서비스를 유지할 수 있다. 클라우드 사용자가 기존 서비스 제품 또는 인프라 간의 호환 문제로 서비스 공급자(Vendor)의 변경이 어려웠다. 이는 특정 업체에 종속되는 문제, 즉 벤더 종속성(Vendor Lock In)이라 한다. 쿠버네티스는 가장 널리 쓰이는 도커 컨테이너를 기반으로 하는 오픈소스 플랫폼이어서 클라우드 컴퓨팅 이전이 보다 자유로워진다.

실제로 쿠버네티스는 컨테이너 기반의 가상화에서 오케스트레이션 플랫폼의 표준처럼 사용되고 있으며, 도커 엔터프라이즈 에디션에 번들도 제공되고 있다.

제2절
클라우드 네이티브 개발 환경
(DevOps)

1. 개발자와 운영자 간 소통과 협업

DevOps는 소프트웨어 개발과 정보기술 전문 운영자 간의 소통과 협업을 강조하는 개발 환경을 의미하며, 소프트웨어 개발(Development)과 운영(Operations)의 합성어이다. 이는 상호 긴밀한 대응으로, SW 제품과 서비스를 빠른 시간에 개발 및 배포를 목적으로 한다. 프로그램, 게임, 콘텐츠 등과 같은 시스템을 개발하여 출시한 이후에는 반드시 '운영'이라는 과제가 남아 있기 때문이다.

시스템을 직접 개발했기 때문에 시스템에 대하여 잘 알고 있는 개발자가 운영까지 한다면 좋겠지만, 이로써 오픈 후에 쏟아지는 다양한 문제들(업데이트, 보안 문제, 버그 수정, 안정성 확보, 확장성 이슈 등)을 처리하기에도 역부족인 상황에 놓이게 된다. 시스템 개발과 운영은 기본 철학에 괴리가 있는데, 개발 측은 시스템에 문제가 발생할 때마다 빠른 수정을 원하는 반면, 운영 측은 안정적인 서비스가 목적으로 업데이트되어야 하며, 변화로 인한 혹시 발생할 수 있는 불안정한 문제(서버 다운, 지연 현상, 버그 등)와 같은 리스크를 피하고자 한다.

클라우드의 등장으로 서버의 세팅과 관리가 자유로워짐에 따라 개발과 운영의 경계는 허물어졌다. 클라우드로 인해 DevOps가 구체적으로 실현될 수 있었으며, 이는 컨테이너 기반의 효율적인 시스템 출현을 촉발시켰으며, 이는 다시 기존의 클라우드를 과거보다 진일보시키는 결과를 가져 왔다.

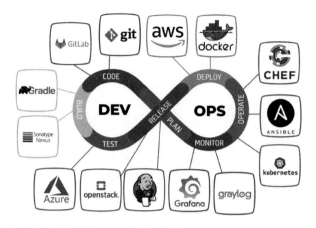

[그림 8-5] 데브옵스(DevOps)란 무엇인가? (출처: egovframe 표준 프레임)

2. 클라우드 네이티브 애플리케이션 전환 필요

기업이 레거시 시스템에서 클라우드로 전환한 이유는, 기존 데이터센터 형태로는 빠르게 변화하는 비즈니스 요구에 유연하게 대응할 수 없기 때문이다. 초기 비용이 많이 들고, 현재 상태를 유지하는 보수 비용도 많이 든다. 이를 해결하기 위한 대안으로는 '필요한 만큼 사용하고, 사용료를 지급'하는 '빌려 쓰는 방식의 클라우드로 전환'하는 것이다. 그동안 클라우드 프로젝트의 목표는 클라우드 위에 인프라를 잘 만드는 일이었다. 인프라만 생각하는 클라우드는 '반쪽짜리'였으며, 애플리케이션은 예전 방식 그대로였다. 전산실의 서버와 스토리지를 데이터센터에 옮기거나, 자체 애플리케이션이나 웹사이트를 그대로 클라우드로 옮겨도 당연히 확장성과 유연성이 떨어진다. 인프라를 클라우드 시스템 구성에만 맞게 만들어 놓고, 애플리케이션은 여전히 클라우드에 적합하지 않아, 결과는 클라우드의 장점을 충분히 활용하지 못하게 되었었다.

클라우드의 장점 중 하나는 병렬 처리인데, 애플리케이션이 한 덩어리로 구성되어 있으면 애플리케이션 전체를 늘려가는 식으로 확장해야 한다. 전체 웹사이트 중 이벤트 메뉴에만 트래픽이 몰릴 때, 웹사이트가 이 부분만 복제해 병렬 처리할 수 없는 구조라면 웹사이트 전체를 계속 늘려야 한다. 그만큼 클라우드 자원을 더 쓰고 비용 증가로 이어진다.

애플리케이션 라이선스 문제도 있었다. 애플리케이션 전체를 가상 머신(VM)으로 복제해 운영하면 VM 수만큼 라이선스를 구매해야 한다. 일부 기업용 애플리케이션 업체가 클라우드 환경에서는 가격을 할인해 주지만, VM 방식으로 확장해 사용하는 한, 애플리케이션을 기능 단위로 확장해 사용하는 것과 비교하면 추가 비용이 지출된다.

3. 클라우드 네이티브 애플리케이션 정의

클라우드 네이티브 애플리케이션은 사용 소프트웨어 개발 패턴의 조합이다. 기존 패턴을 소프트웨어 자동화(인프라 및 시스템)와 API 통합 및 서비스 지향의 아키텍처라고 한다면, 클라우드 네이티브 패턴은 마이크로 서비스 아키텍처, 컨테이너화된 서비스, 분산 관리 및 오케스트레이션으로 구성되어 있다. 클라우드 네이티브 애플리케이션을 성공적으로 개발하려면 클라우드 네이티브 아키텍처에 의해 설계하는 것과 개발된 애플리케이션이 인프라에 미치는 영향을 이해하는 것이 중요하다.

[표 8-9] 클라우드 네이티브 애플리케이션의 특징 (출처: TTA, NIPA)

특성	내용
확장성	- 클라우드는 필요에 따라 자원을 확장하거나 축소할 수 있는 확장성을 제공하며, 네이티브 애플리케이션은 확장성을 활용하여 트래픽 증가나 이벤트 발생에 신속하게 대응
유연성	- 클라우드는 다양한 환경에서 애플리케이션을 실행할 수 있는 유연성을 제공하며, 이 유연성을 활용하여 다양한 환경에서 애플리케이션을 실행
자동화	- 클라우드는 자원 관리, 애플리케이션 배포, 운영 등의 작업을 자동화할 수 있는 기능을 제공하며, 이 자동화를 활용하여 운영 효율성을 높임

클라우드 컴퓨팅 환경이란, 클라우드 공간에 가상화된 공유 자원을 사용자의 요구에 따라 할당하고 해제할 수 있는 동적인 컴퓨팅 환경을 의미하며, 클라우드에서 제공하는 서비스의 유형에 따라서 Publilc 클라우드, Private 클라우드, Hybrid 클라우드 등의 환경으로 나뉜다. 클라우드 컴퓨팅 모델의 장점을 가지고 개발된 애플리케이션을 클라우드 네이티브 애플리케이션이라 한다.

[표 8-10] 클라우드 네이티브 애플리케이션 구성

- 서비스 및 API 기반의 개발을 보다 민첩하게 처리

- 구현된 결과물을 지속적이고 자동으로 배포할 수 있는 시스템 구축

- 개발 및 운영팀과의 효율적인 커뮤니케이션

- 보다 발전된 모듈식 아키텍처의 구성

- 사용자의 요구에 따른 수평적 확장 가능

- '개발 → 테스트 → 프로덕션'과 같은 여러 형태의 운영 및 테스트 환경 지원

- 모든 인프라에서 DevOps의 협업 시스템을 통해 애플리케이션 이식성 제공

4. 클라우드 네이티브 애플리케이션 제공 시스템

PC 가상화 솔루션을 제공하는 VMWare에서는 DevOps, CI/CD, 마이크로 서비스, 컨테이너 기술을 클라우드 네이티브 애플리케이션을 구성하는 4가지 주요 기술이라고 한다. 클라우드 네이티브 애플리케이션은 조직 내 인력과 이들의 협업 프로세스를 자동화하는 것으로 시작되며, DevOps를 도입하여 공통의 목적을 가지고 주기적인 피드백을 통해 개발팀과 운영팀의 협업을 지원할 수 있어야 한다.

[그림 8-6] 클라우드 네이티브 애플리케이션 구성 요소 (출처: egovframe 표준 프레임)

컨테이너 가상화 기술을 도입하면 이상적인 애플리케이션 배포 및 각 서비스에 대한 독립적인 실행 환경을 제공할 수 있으며, 수많은 마이크로 서비스가 탄력적으로 결합된 하나의 컬렉션 형태로 애플리케이션을 대규모 릴리스 및 쉽게 업데이트할 수 있다. 클라우드 네이티브 애플리케이션의 개발은 아키텍처의 모듈의 독립성, 탄력적인 결합, 그리고 독립적인 서비스에 중점을 둔다. 애플리케이션을 구성하는 각 마이크로 서비스는 비즈니스 로직을 구현하고 자체 프로세스로 실행하며, 서비스와 타 애플리케이션 간의 애플리케이션 프로그래밍 인터페이스(Application Programming Interfaces, API)나 메시지 큐잉(Message Queuing) 방식을 통해 커뮤니케이션을 하게 된다. 이 커뮤니케이션은 마이크로 서비스 아키텍처에서 서비스 메시 레이어(Service Mesh Layer)를 통해 관리할 수 있다.

5. 클라우드 네이티브 애플리케이션 개발 방법론(15 Factors)

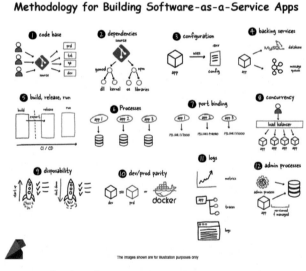

[그림 8-7] 12 Factors 요소 (출처: TTA, NIPA)

클라우드 네이티브 애플리케이션을 개발할 때 12 Factors라는 개발 방법론이 있다. 이 개발 방법론은 클라우드 플랫폼 제공 회사인 헤로쿠(Heroku)라는 기업에서 자사의 클라우드 플랫폼 모델을 사용하는 기업들의 애플리케이션 개발, 운영, 확장 등을 관찰하고, 개발 엔지니어와 개발 회사로부터의 얻은 노하우를 바탕으로 정리한 개발 안내서이다.

15 Factors는 어떠한 프로그래밍 언어로 개발된 애플리케이션도 적용할 수 있으며, 데이터베이스·큐·메모리 캐시 등과 같은 Back-end 서비스와 다양한 인프라와의 조합으로, 클라우드 네이티브 애플리케이션 구축 시 고려 사항을 15가지로 정리해서 제시한다.

[표 8-11] 15 Factors 요소 제시

	요소	내용
1	코드베이스 (OneCodebase, OneApplication)	- 버전 관리되는 하나의 코드 베이스와 다양한 배포
2	종속성 (Dependency Management)	- 명시적으로 선언되고 분리된 종속성
3	설정(Configuration Credentials)	- 배포 환경에 저장되는 설정
4	Back-end 서비스 (Backing Services)	- Back-end 서비스를 연결된 리소스의 형태로 취급
5	빌드, 릴리즈, 실행 (Design, Build, Release, Run)	- 철저하게 분리된 빌드, 배포, 운영 단계
6	무상태 프로세스 (Stateless Processes)	- 애플리케이션을 하나 혹은 여러 개의 무상태 프로세스로 실행
7	포트바인딩(PortBinding)	- 포트 바인딩을 사용해서 서비스를 공개
8	동시성(Concurrency)	- 프로세스 모델을 사용한 동시성 제공
9	폐기 가능(Disposability)	- 프로세스의 빠른 시작과 종료를 통한 안정성 극대화
10	개발, 프로덕션 환경 일치 (Environment Parity)	- 개발 스테이징, 프로덕션 환경을 최대한 비슷하게 유지
11	로그(Logs)	- 로그를 이벤트 스트림으로 취급
12	관리 프로세스 (Administrative Processes)	- 관리와 유지 보수에 관련된 작업을 단일 프로세스로 실행
13	API 우선(API First)	- API 설계를 우선으로 코드를 작성 이전에 설계하고자 하는 서비스의 의도와 기능을 명확히 하고, API 설계로 Web과 모바일에서 API 이용 서비스 간에 커뮤니케이션 가능
14	관측(Telemetry)	- 애플리케이션 성능 모니터링으로 처리하는 초당 HTTP 요청의 평균 개수로 예측 분석을 위해 이벤트 및 데이터 수집
15	인증과 권한(Authentication and Authorization)	- 애플리케이션 리소스에 대한 누구의 요청이 있는지, 해당 사용자가 적절한 역할을 가지고 있으며, 작업 수행 권한 부여의 여부를 결정

2016년에는 클라우드 플랫폼 회사 피버털(Pivotal)의 엔지니어인 케빈 호프만(KevinHoffman)이 최신 트렌드에 맞는 사용자의 요구 사항을 반영하여 헤로쿠의 12 Factors에 3가지의 요소를 추가한 것이다.

6. 모놀리스와 클라우드 네이티브 애플리케이션의 차이점

[표 8-12] 클라우드 네이티브 애플리케이션 장점

장점	내용
1) 비즈니스 민첩성 향상	- 클라우드 네이티브는 확장성과 유연성을 제공하여 비즈니스 환경 변화에 신속하게 대응함
2) 운영 효율성 향상	- 클라우드 네이티브는 자동화를 제공하여 운영 효율성을 높임
3) 비용 절감	- 클라우드는 사용한 만큼만 비용을 지급하는 방식으로 비용 절감

위의 요소를 기반으로 클라우드 네이티브 아키텍처를 설계하고 개발함으로써 애플리케이션 내의 모든 내용이 개별적인 서비스로서, 이는 클라우드 환경의 이점을 가지고 있다. 전통적인 개발 방식인 모놀리스 아키텍처(Monolith Architecture)와 클라우드 네이티브 애플리케이션을 구현한 마이크로 서비스 아키텍처의 차이점에 대하여 비교한다.

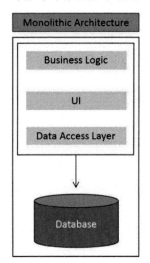
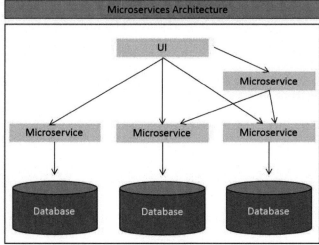

[그림 8-8] 모놀리스와 마이크로 서비스 아키텍처의 차이 (출처: NIA)

1) 모놀리스 아키텍처

모놀리스 아키텍처에 의해 개발되는 애플리케이션의 대부분은 장기간에 걸쳐 순차적으로 진행되는 폭포수(waterfall) 개발 방식으로 구축된다.

[표 8-13] 모놀리스 아키텍처 애플리케이션

모노리스	주요 부문
클라이언트 사이드 UI (Front-end)	- HTML 페이지와 사용자 단말기의 브라우저에서 실행되는 자바스크립트와 같은 프로그래밍 언어
데이터베이스(Database)	- 애플리케이션에서 사용되는 데이터가 저장되는 저장소로서, 관계형 데이터베이스를 사용하며, 사용자 요구 사항에 의해 도출된 도메인에 의해 여러 개의 테이블로 구성
서버 사이드 애플리케이션 (Server side application, Back-end)	- 클라이언트의 요청에 따라, 비즈니스 로직을 실행하며 데이터베이스와의 연동 작업을 통해, 사용자의 요청 UI에 결과값이나 뷰(View) 페이지를 전달(예, 사용자가 웹 브라우저를 이용하는 경우에 HTML 페이지를 위한 뷰 생성)

위에서 언급한 3개의 주요 부분을 하나의 애플리케이션에 구현한 것을 모놀리스 애플리케이션이라 하며, 이는 클라이언트 측의 UI와 서버 사이드 애플리케이션과 데이터베이스 관련 작업을 처리하는 로직을 하나의 구조에 포함하여 작성된 애플리케이션을 의미한다. 구현된 애플리케이션을 배포하기 위해서는 우선, 개발자의 컴퓨터에서 단위 테스트를 실행하고, 테스트 환경에서 사용자 테스트를 수행한 다음, 최종 프로덕션 환경에 배포하게 된다. 배포 과정은 배포 파이프라인(Deploy Pipeline)을 통해 자동화할 수 있으며, 여러 인스턴스들 앞에 로드 밸런서(Load Balancer)를 두어 사용자의 요청을 분산 처리하여 실행할 수 있다.

2) 마이크로 서비스 아키텍처

마이크로 서비스 아키텍처는 소프트웨어 애플리케이션을 독립적으로 배치 가능하도록 서비스를 조합하고 설계하는 개발 방법을 의미한다. 마이크로 서비스의 설계자인 제임스 루이스(James Lewis)와 마틴 파울러(Martin Fowler)는 마이크로 서비스에 대하여 아래와 같이 정의하였다.

[표 8-14] 마이크로 서비스 아키텍처 핵심

정의	핵심 사항
마이크로 서비스 아키텍처 스타일	- 단일 애플리케이션을 작은 서비스들의 모음으로 개발하려는 접근 방식
	- 적절하게 나뉜 작은 서비스 독립적인 프로세스로 운영
	- 비즈니스 중심으로 구축되고 독립적인 배포가 가능
	- HTTP 리소스 API와 같은 경량 메커니즘을 사용하여 통신
	- 중앙 집중 관리의 최소화하며, 자동화된 메커니즘을 통해 관리
	- 다양한 언어와 다른 데이터 저장 기술로 작성

제3절
클라우드 네이티브 애플리케이션 활용

1. 마이크로 서비스의 특징

[표 8-15] 클라우드 네이티브 애플리케이션 활용 기술

종류	활용
컨테이너	- 애플리케이션과 그에 필요한 모든 종속성을 하나의 가벼운 단위로 포장하는 기술로서, 컨테이너를 사용하면 애플리케이션을 빠르고 쉽게 배포하고 관리할 수 있음
마이크로 서비스	- 애플리케이션을 작은 단위의 서비스로 분리하는 아키텍처 패턴으로서, 마이크로 서비스 아키텍처를 사용하면 애플리케이션을 더 유연하고 확장성 있게 만들 수 있음
쿠버네티스	- 쿠버네티스는 컨테이너를 관리하는 오픈소스 플랫폼으로서, 쿠버네티스를 사용하면 컨테이너를 자동으로 배포하고, 확장하고, 관리할 수 있음

클라우드 네이티브 애플리케이션은 다수의 마이크로 서비스로 구성된다. 마이크로 서비스 아키텍처는 기본적으로 마이크로 서비스마다 고유한 프로그래밍 언어, 데이터 베이스 및 스토리지를 가지고 있다.

[표 8-16] 마이크로 서비스의 특징

구성	특징
분리된 프로세스	- 개별 마이크로 서비스는 별도의 프로세스에 의해 실행되어, 서비스간의 의존성을 작게 할 수 있음
API 통신	- 마이크로 서비스 구축을 위해 서로 다른 프로그래밍 언어를 이용하여 개발하며, 각 마이크로 서비스 간의 통신은 API를 통해 이뤄어짐
독립적인 배포	- 각 서비스마다 별도의 개발 및 유지 관리 계획을 세울 수 있으며, 서비스의 규모를 작게 하여 프로그램의 복잡성을 줄여 개발 유지 보수에 필요한 비용을 절감함

애플리케이션의 신규 개발은 초기 애플리케이션을 모놀리식 애플리케이션 방식으로 모듈화하고, 거기에 따른 서비스에 대한 문제 및 개선점이 요구될 때 해당 모듈을 마이크로 서비스로 분할하는 방식으로 전환하는 등 사용자의 요구 사항 및 도메인 모델에 따라 설계 방식을 달리해야 한다.

2. 클라우드 네이티브 애플리케이션 운영 대상

마이크로 서비스 아키텍처를 이용하여 애플리케이션을 구축할 경우에 중요한 점은 사용자의 요구 사항에 따라 기능을 어떻게 분할하고 어떤 마이크로 서비스에 할당하는 가이다. 사용자의 요구 사항에 따른 각 기능을 세밀하게 분할하면 시스템의 오버헤드가 커지고, 반대로 마이크로 서비스를 크게 분할하면 마이크로 서비스의 장점을 충분히 사용할 수 없게 된다. 각 서비스에 대해 감시/모니터링해야 할 대상이 늘어남에 따라 애플리케이션 운영에 대한 복잡성이 늘어나게 된다.

[표 8-17] 애플리케이션 운영 대상

단계	대상	운영
1	애플리케이션 설계	- 구축하려는 서비스들의 사용자 요구 사항에 대한 경계 설정과 마이크로 서비스로의 전환에 따른 설계
2	API 설계	- 표준화된 방법을 통한 내부 및 외부 리소스에 대한 액세스 방식에 대한 설계
3	운영 관리	- 애플리케이션 관리를 위한 로그 및 모니터링 정보에 대한 관리
4	DevOps	- 개발에서부터 운영까지의 애플리케이션 라이프 사이클에 대한 자동화 빌드와 배포
5	테스트	- 품질 보증을 위한 테스트

1) 애플리케이션 설계

애플리케이션의 가장 큰 요구 사항 중 하나는 속도에 대한 부분이다. 사용자(또는 고객)의 요구 사항에 맞는 애플리케이션 기능을 빠르게 제공하고 고객의 에러 및 이슈에 대해 수정해야 하고, 이를 다시 시스템에 반영하는 과정을 지속적으로 반복해야 한다. 클라우드 네이티브에서의 애플리케이션은 마이크로 서비스 단위로 애플리케이션을 구성하고, 해당 마이크로 서비스가 단일 애플리케이션과 같이 개별적으로 실행될 수 있도록, 기능적 구성 요소를 세분화하여 개발하고, 배포할 수 있도록 한다.

이러한 마이크로 서비스 아키텍처를 통해 애플리케이션의 다른 부분에는 영향을 주지 않고 개별적으로 나뉜 각 기능 구성 요소를 업데이트하고 배포함으로써 기존의 모놀리식 아키텍처가 가지고 있던 많은 문제를 줄일 수 있게 되었다. 마이크로 서비스 아키텍처로 개발하게 되면 특정 기능과 관련된 서비스만 변경하기때문에 변경에 따른 시간과 리소스 낭비를 줄일 수 있다.

검증도 전체 애플리케이션의 기능을 검증해야 하는 것이 아니라, 특정 마이크로 서비스와 관련된 기능만 검증하면 되기 때문에 서비스에 대한 테스트가 간소화되어서 보다 많은 테스트를 개선하고 배포할 수 있는 환경을 구축할 수 있게 된다. 마이크로 서비스 아키텍처로 전환하기 위한 방법으로는, 애플리케이션의 전체 기능을 개별 서비스로 분할하는 방법(하향식)과 여러 개의 개별 마이크로 서비스를 연결하여 완성된 서비스가 하나의 완전한 애플리케이션처럼 사용되는 방법(상향식)을 고려할 수 있다.

세분화된 마이크로 서비스는 빠른 기능 반복 및 통합에 필요한 노력을 감소하게 하는 것이 가능하지만, 애플리케이션에 대한 모니터링과 같은 관리의 복잡성을 가져오기도 한다. 반대로 단순화된 마이크로 서비스는 애플리케이션 모니터링 및 관리를 단순화할 수는 있지만, 집계나 상태 확인을 위해 여러 서비스 간에 통합이 빈번하게 발생하여 마이크로 서비스의 장점을 제대로 살리지 못하는 경우도 있다. 애플리케이션의 기능을 분할하기 위한 다른 방법으로는 기본적인 서비스만을 위한 독립적인 마이크로 서비스를 만드는 것을 고려해 볼 수 있다. 예를 들어, 사용자 인증 및 권한에 관련된 기능은 일반적으로 다른 애플리케이션과 독립적이지만, 여러 애플리케이션에 걸쳐 자주 사용되기 때문에 자체 마이크로 서비스로 구축하는 것이 바람직하다.

2) API 설계

마이크로 서비스 아키텍처에서 서비스 경계로 구분된 각각의 서비스 간의 데이터 교환 방법에 아키텍처 설계 시 고려해야 할 내용은 서비스를 요청하는 클라이언트는 또 다른 마이크로 서비스나 브라우저, 스마트 디바이스와 같은 장치일 수 있으며, 애플리케이션은 이러한 다양한 사용자들의 요청에 대한 적절한 응답을 해야 한다. 가장 대표적으로 사용되는 데이터 포맷으로는 XML과 JSON이 있으며, 이러한 포맷을 사용하는 RESTful API는 서비스 간의 통신을 위해 가장 일반적으로 사용되는 통신 방식이다. 개념적으로 API는 API 버전 관리, 서비스 제한, Circuit Breaker, 데이터 캐싱으로 간단하지만 실제로 API를 사용하여 실행 가능한 연결 메커니즘으로 만들기 위해서는 필수로 포함되어 있어야 할 요소이다.

3) 운영 설계

기존 환경의 시스템 운영에서의 가장 큰 문제 중 하나는 새로운 코드 릴리스를 실제 운영 환경(프로덕션)으로 옮길 때 발생하는 오버 헤드이다. 마이크로 서비스를 이용하게 되면 개발, 테스트, 운영 등으로 실행 환경이 분할되어 있을 뿐만 아니라, 새로운 코드의 변경 사항도 서비스 단위로 분리되어 개발되고, 업데이트되기 때문에 변경 사항을 위한 빌드를 위해 전체 애플리케이션을 재배포하지 않아도 된다. 또한, 코드 변경을 이전 상태로 복귀하는 프로세스도 쉽게 구현할 수 있다.

대부분의 마이크로 서비스 환경에는 각 마이크로 서비스마다 기능에 대한 중복성이 있을 수 있다. 이것은 기존의 기능을 완전하게 종료하지 않더라도 다른 마이크로 서비스가 대체하여 실행할 수 있음을 의미한다.

새 코드를 실행한 다음, 새로운 기능을 점차적으로 테스트하기 위해 일부 마이크로 서비스만을 종료할 수 있다. 전체 마이크로 서비스가 정상적으로 계속 작동하는 상태에서 부분적으로 각 서비스에 대한 업데이트를 수행할 수 있게 된다.

새로운 애플리케이션의 아키텍처에는 IT 조직이 마이크로 서비스 기반의 애플리케이션을 처리할 수 있는 새로운 모니터링 및 관리 시스템을 준비해야 한다. 마이크로 서비스로 구성된 전체 애플리케이션은 이전보다 더 많은 실행 파일이 실행될 수 있으며, 이에 따라 모니터링 및 관리 시스템은 더 많은 데이터 소스를 통합하고 운영 담당자가 이해할 수 있고 유용하게 사용할 수 있도록 관리 모니터링 도구가 준비되어야 한다.

4) 데브옵스(DevOps)

IT 시스템은 개발, 애플리케이션 구축, QA, 운영 등을 포함하여 애플리케이션 각 수명 주기를 책임지는 조직이나 팀 등에 의해 개발 및 운영되고 있다.

대부분의 IT 조직에서는 각 팀 간에 내부 최적화에 중점을 둔 고유한 프로세스를 가지고 있을 수 있다. 한 팀에서 다른 팀으로 프로젝트의 결과물이 전달되면, 각 팀은 새로운 실행 환경에 따른 완전히 새로운 애플리케이션의 실행 파일(결과물)을 만들어 버리는 경우도 있고, 작업의 결과물을 전달받은 조직에서 기존에 추가된 작업에 대해 수정 작업을 해야 하는 경우도 있다. 이러한 IT 구조는 빠른 배포 및 빈번한 업데이트가 필요한 IT 서비스의 생태계에서 매우 긴 배포 시간을 유발하고 결과적으로 사용자 요구 사항의 반영이나 시스템의 개선을 더디게 하는 요인이 될 수 있다.

DevOps는 이러한 IT팀 간의 장벽을 없애려는 시도이며, 수동 프로세스를 자동화로 대체하여 업무 개선 및 운영에 효율성을 가져오기 위한 방법론이다. DevOps에서의 목표는 개발자가 코드를 작성 또는 수정하는 시점과 코드를 프로덕션에 배치하는 시점 사이의 시간을 최대한 줄이는 것이다.

DevOps는 애플리케이션의 전체 수명 주기에 걸쳐 각 작업의 소요 시간을 식별하여 프로세스를 적용하는 방법과 특정한 작업이나 그룹에서 작업 소요 시간이 오래 걸리는 부분을 파악하여 프로세스를 개선하는 방법으로 시작할 수 있다.

5) 테스트

대부분의 IT 조직에서의 검증과 테스트 작업은 담당하는 QA 그룹은 직원 수가 적거나 리소스가 부족한 경우가 많기 때문에 애플리케이션 기능이 올바르게 작동하는지에 대한 테스트를 위한 작업도 부분적이고 수동적인 기능 테스트밖에 할 수 없는 경우가 많다. IT 조직은 배포 직전까지 QA를 수행하는데, 이러한 문제점으로 인해 최종 애플리케이션을 재작업하거나 만족스럽지 못한 코드를 배포하는 경우도 종종 발생한다. 이러한 방식은 비즈니스 기능을 지원하는 부가적인 애플리케이션에는 수용될 수 있지만, 완전한 비즈니스 애플리케이션을 위해서는 허용 될 수 없다.

애플리케이션의 품질은 나중에 해야 할 일로 미루면 안 되는 매우 중요한 사항이다. QA 테스트는 개발 프로세스의 핵심 부분이어야 하며 프로세스가 초기에 수행되어 애플리케이션에서 발생하는 문제를 애플리케이션의 패닉 상태나 애플리케이션 중단을 유발하기 전에 식별하여 해결해야만 한다. 이를 위해서 애플리케이션 개발의 수명주기

초기에 테스트를 수행하면서 개발하는 TDD(Test Driven Development, 테스트 주도 개발)를 도입하기도 한다.

[표 8-18] 테스트 종류

종류	방법
통합 테스트 (Integration Test)	- 애플리케이션의 종단 간 테스트를 처리하며, 애플리케이션의 모든 부분을 테스트한다. 통합 테스트는 새로운 기능이 구현될 때 새로운 코드가 실수로 기존 기능을 손상시키지 않는지 검증해 주며, 초기 코드 체크인 시 이 테스트를 자동화하여 프로덕션에서 예기치 않은 오류를 방지할 수 있다. 통합 테스트 환경을 구현하려면 자동화된 테스트 기능, 전용 테스트 리소스 및 테스트 코드에 대한 개발 투자가 필요하다.
고객 테스트 (User Accepted Test)	- 애플리케이션은 해당 애플리케이션이 가장 많이 사용되는 사용자의 환경을 중심으로 테스트되어야 한다. 예를 들어, 모바일 애플리케이션의 경우 가장 일반적이고 널리 사용되는 모든 모바일 디바이스에서 애플리케이션을 테스트하는 것이 중요하다. 많은 IT 조직은 테스트 목적으로 가능한 한 충분한 디바이스에서 테스트를 하려 하지만, 새로운 디바이스에 대한 모든 테스트를 하기에는 자원이 부족하기 때문에 포괄적이고 많은 테스트를 지원하고, 충분한 리소스를 포함하는 테스트 전용 프레임워크를 사용한다.
성능/부하 테스트 (Stress Test)	- 기본적으로 클라우드 네이티브 애플리케이션은 불규칙적인 트래픽에 대해 리소스를 탄력적으로 제공해야 한다. 일부 기능은 많은 트래픽을 처리할 수 없거나 애플리케이션이 탄력적인 리소스를 사용하는 데에 적합하지 않게 설계되었기 때문에 많은 애플리케이션에서 장애가 발생하거나 클라우드 환경에서는 성능이 저하될 수도 있다. 이러한 트래픽에 대한 문제는 자동 스케일링(Auto Scaling) 기능으로 리소스의 확장 및 축소에 대한 동적인 대응이 가능해야 하고, 탄력적인 리소스 제공에 대한 성능 및 부하(스트레스) 테스트를 거쳐 애플리케이션의 장애 또는 성능 저하를 방지해야 한다.

애플리케이션의 각 기능들의 테스트 코드에 대한 개발 책임은 새로운 기능을 작성하는 개발자가 처리해야 하며, 새 코드가 개발 완료되는 즉시 테스트 코드가 호출될 수 있는 자동화된 테스트 실행 환경을 구축해야 한다. 개발자가 코드를 버전 컨트롤 시스템에 체크인할 때 코드 저장소에는 개발자가 작업한 코드 부분과 관련된 모든 기능 테스트를 자동으로 시작하는 시스템이 준비되어 있어야 한다.

기능 테스트가 개발자 중심으로 전환됨으로 인해 QA 그룹은 중요한 세 가지 테스트에 집중할 수 있다.

3. 국외 클라우드 네이티브 도입 사례

1) 우버 사례

미국의 승차 공유 서비스 우버(Uber)는 기존 통합된 모놀리식 구조에서 클라우드 네이티브 구조로 전환하여 승객/운전자/여정 관리 등 서로 다른 기능을 효율적으로 연계하고 서비스의 확장성과 안전성을 확보하였다.

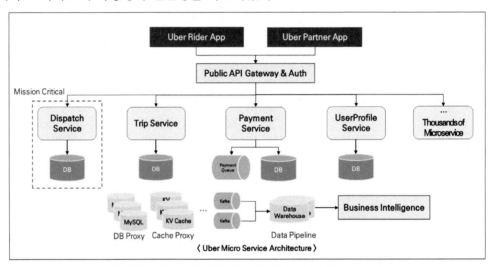

[그림 8-9] 우버의 클라우드 네이티브 전환 구조 (출처: NIA)

도입 효과는 ① 승객과 운전자를 연결하는 API 게이트웨이를 도입하여 승객/운전자/여정 관리 등 서로 다른 기능 연계가 가능하였다. ② 모든 기능이 독립적으로 확장 가능한 구조로 설계되어, 각 팀은 특정 서비스 개발에 집중해 빠른 속도로 Uber 서비스를 확장하는 것에 기여하였다. ③ 각 서비스에 대한 DB를 분리 구성하여 장애 전이에 대한 위협을 줄었으며 Uber 서비스 안정성이 향상되었다.

2) 넷플릭스(Netflix) 사례 (https://netflix.github.io/) [12]

X클라우드 네이티브의 장점을 최대한 활용하여 애플리케이션을 구축한 사례로 Netflix를 들 수 있다. Netflix는 2008년 데이터센터의 장애로 인해 DVD 판매에 차질이 생기자, 자사의 서비스를 수백 개의 마이크로 서비스로 쪼개어 AWS 클라우드 기반으로 운영하고 있다. Internal API를 기반으로 가벼운 REST 프로토콜을 활용하여

---

12) https://bravenamme.github.io/2020/07/21/msa-netflix/

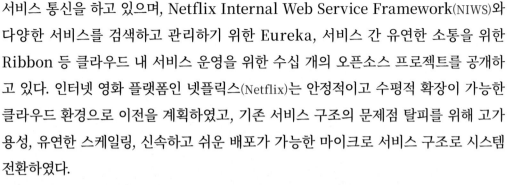

서비스 통신을 하고 있으며, Netflix Internal Web Service Framework(NIWS)와 다양한 서비스를 검색하고 관리하기 위한 Eureka, 서비스 간 유연한 소통을 위한 Ribbon 등 클라우드 내 서비스 운영을 위한 수십 개의 오픈소스 프로젝트를 공개하고 있다. 인터넷 영화 플랫폼인 넷플릭스(Netflix)는 안정적이고 수평적 확장이 가능한 클라우드 환경으로 이전을 계획하였고, 기존 서비스 구조의 문제점 탈피를 위해 고가용성, 유연한 스케일링, 신속하고 쉬운 배포가 가능한 마이크로 서비스 구조로 시스템 전환하였다.

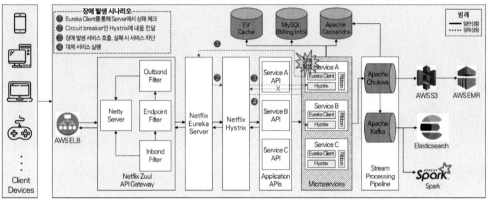

[그림 8-10] 넷플릭스의 클라우드 네이티브 전환 구조 (출처: NIA)

도입 효과로는 ① 단일 서비스의 장애가 전체 서비스로 이어지는 것을 차단 및 회피하기 위해 개별 서비스들과 Netflix Hystrix 연동되었다. ② Netflix Eureka Server, Client를 통해 서비스 상태 체크, 인스턴스 추가 및 Netflix Ribbon과 연동하여 수평적 확장에 대한 동적 관리가 가능하다. ③ Netflix Zuul은 다수의 End Point를 통해 들어오는 클라이언트 요청에 대한 모니터링, 동적 라우팅, 필터를 통한 보안 기능이 제공된다.

4. 국내 클라우드 네이티브 도입 사례

1) 쿠팡 사례

쿠팡은 큰 규모의 단일 응용 프로그램으로 구성된 모놀리식 구조에서 여러 개의 작은 서비스로 구성하는 MSA 구조로 전환하여 주문/배송 등 업무 프로세스 및 정책 변경에 대한 서비스 확장성 및 안정성을 확보하였다.

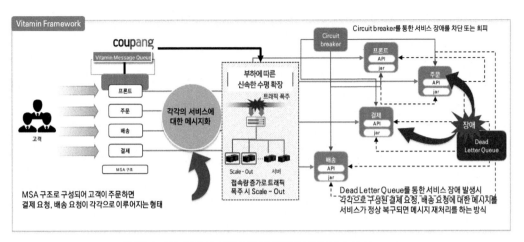

[그림 8-11] 쿠팡의 클라우드 네이티브 전환 구조 (출처: NIA)

도입 효과로서는 ① MSA 구조로 전환하여 각각의 서비스에 대하여 Circuit breaker 시스템을 적용하여 서비스 장애가 다른 서비스의 장애로 이어지는 것을 차단 및 회피하였다. ② Dead Letter Queue를 사용하여 서비스 장애가 발생하더라도 메시지가 추후 서비스가 정상화되면 자동으로 메시지들을 재처리할 수 있도록 구성하였다. ③ 특정 서비스에 대한 수요 증가로 인하여 트래픽 폭증 시 서비스를 부분적으로 Scale-Out 하여 사용이 가능하다.

2010년부터 서비스를 시작한 온라인 쇼핑몰 쿠팡도 서비스 초기에는 한 개 서비스 안에 모든 컴포넌트가 존재하는 모놀리스 아키텍처를 갖고 있었으나, 서비스의 성장세에 맞춰 유연성과 확장성을 해결하기 위해 2013년부터 2015년까지 마이크로 서비스 아키텍처로의 전환을 완료하였다. 쿠팡의 기술팀은 기존의 모놀리스 아키텍처를 마이크로 서비스 아키텍처로 전환하기 위해 Java 언어 기반의 Vitamin Framework를 사용하였는데, 이를 이용하여 도메인 단위의 서비스 개발과 테스트, 배포 및 모니터링뿐만 아니라 메시지 큐잉과 같은 플랫폼 서비스와의 연동 또한 수행하였다. 쿠팡에서는 마이크로 서비스 아키텍처로의 전환 덕분에 2017년 AWS 서버 전환 시에도 단 3개월 만에 서비스 중단없이 클라우드로 100% 전환할 수 있었다.

2) 배달의민족 사례

배달의민족은 기존의 모놀리식 구조에서 다년간에 걸쳐 서비스를 여러 개의 작은 서비스의 조합으로 나누어 구성하는 마이크로 서비스 구조로 전환하여 서비스의 확장성과 안정성을 모두 확보하였다.

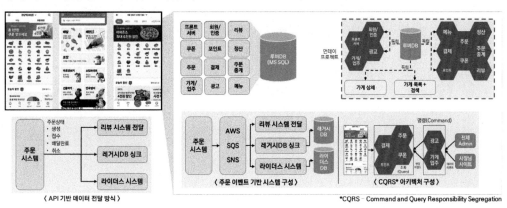

[그림 8-12] 배달의민족의 클라우드 네이티브 전환 구조 (출처: NIA)

도입 효과로는 ① 배달의민족은 '먼데이 프로젝트'를 통해 MSA 전환을 위한 3가지 과제를 해결(대용량 트래픽 대응, 장애 격리, 데이터 동기화)하였다. ② 'CQRS 아키텍처' 도입을 통해 핵심 비즈니스 명령(Command) 시스템과 조회(Query) 중심의 사용자 서비스를 분리하여 트래픽 분산하였다. ③ '이벤트 기반 시스템' 도입을 통해 데이터 싱크를 맞추는 문제 해결(지연 시간 1~3초)을 하였다.

제4절
공공 클라우드 네이티브 컨설팅 방법

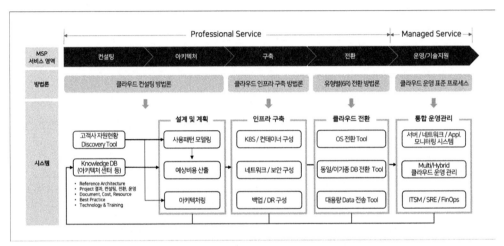

[그림 8-13] 클라우드 MSP(Managed Service Provider) 전환 (출처: NIA)

1. MSA 컨설팅 방법론2.0 구조 [13]

디지털 혁신(ISP/BPR)을 추진하려면 '국가기관의 클라우드 기반 디지털 혁신 컨설팅 및 전문 기술 지원' 사업을 통해 '마이크로 서비스 아키텍처(MSA) 컨설팅 방법론 2.0'이 필요하다. 앞으로 각 정부 부처 등 공공기관은 클라우드 네이티브 전환을 통한 디지털 혁신을 본격 추진하고 있다. 컨설팅 방법론의 체계화를 위해 MSA 컨설팅 방법론의 공정을 단계-활동-작업-세부 작업으로 계층적으로 구조화하고 작업 순서를 매핑하였다. 방법론 각 공정에는 사용자-입출력 산출물-기법서·템플릿을 정의해 누가, 언제, 무엇을 해야 하는 지 정의해 전체 방법론이 체계화되어 있다.

---

13) https://bcho.tistory.com/948

[그림 8-14] MSA 컨설팅 방법론 2.0 전체 공정도 (출처: NIA)

방법론 구조뿐만 아니라 구성 요소 표기법과 공정별 표준 ID 부여, 단어·용어의 표준화 등 전체 표준화로 일관성 있는 방법론의 작성과 활용이 가능케 하였다. 방법론 구조 개선으로 향후 방법론을 웹으로 개발 배포해 활용성을 높이고, 각 공정의 추가, 변경 시 재개정 이력 관리가 수월해진다. 방법론을 활용하는 컨설턴트 등 사용자에게 절차·공정의 직관적인 이해가 가능하도록 개선되었다.

2. 공공기관의 MSA 컨설팅 사례

자동 계산식이 적용된 산출물 템플릿을 제공하고 방법론의 공정마다 해당 공정의 위치 확인이 쉽도록 아이콘화된 내비게이터를 추가하여 컨설팅 생산성을 높일 수 있게 개편하였다. 전체 공정도에서 세부 공정으로 직접 이동이 가능하도록 드릴 다운이 가능한 링크를 추가했다. 자동화된 템플릿을 활용하면 컨설팅 작업 속도가 빨라질 것으로 기대된다.

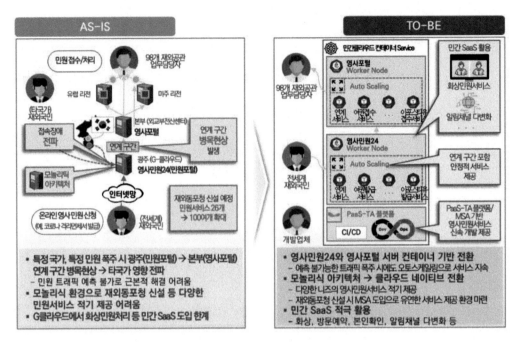

[그림 8-15] MSA 컨설팅 방법론 2.0 외교부 영사민원24 적용 사례 (출처: NIA)

MSA 컨설팅 방법론 2.0은 민간 클라우드 활성화 정책과 맞물려 공공 부문에도 클라우드 네이티브를 적극 도입·전환하여 업무 혁신과 대국민 서비스 적시성, 품질 제고에 기여할 수 있는 핵심 도구로 활용된다.

제9장

클라우드 네이티브
아키텍처

학습 목표

'클라우드 네이티브' 애플리케이션 단계까지 나가야 클라우드로 전환의 여정은 완성된다. 컨테이너와 마이크로 서비스 관련 시장은 현재 진행 중이다. 가상화 도구인 VM으로의 전환이 곧 클라우드로의 전환이라고 생각하는 기업이 많다. 그러나 애플리케이션까지 클라우드에 최적화하는 변화의 물결은 기업을 넘어 공공으로 확산되고 있다. VM으로의 전환 이후 클라우드 속 애플리케이션을 중심으로 클라우드 전략을 다시 만들어야 한다.

클라우드 네이티브로의 전환을 결정했다면 실행 전략을 구성해야 한다. 신규 서비스나 애플리케이션을 대상으로 '파일럿' 형태로 컨테이너로 개발하는 것이다. 내부적으로 준비하는 것이 어렵다면 외부 컨설팅 기관의 도움을 받도록 해야 한다.

클라우드 네이티브 애플리케이션을 구성하는 기술 스택을 5가지로 구분하여 정리한 후 각 스택별로 상세 기술 내용 소개, 관련 솔루션 소개, 솔루션 활용 가이드를 제공하고 있다. 이번 장에서는 클라우드 네이티브 기술 스택을 적용하여 파일럿 애플리케이션을 클라우드 네이티브로 개발하는 방법을 상세히 안내한다.

제9장 목차

제1절
클라우드 네이티브 아키텍처

1. 클라우드 네이티브 아키텍처 기술

클라우드 컴퓨팅 환경에서 확장 가능한 애플리케이션을 개발하고 운영하기 위한 기술을 통틀어 클라우드 네이티브 기술이라 한다. 클라우드 네이티브 기술을 이용하여 구현되는 애플리케이션 및 서비스를 위한 설계나 계획을 클라우드 네이티브 아키텍처라고 정의하였다.

클라우드 네이티브 기술의 대표적인 예는 컨테이너, 서비스 메시(Service Mesh), 마이크로 서비스(Micro Service), 불변의 인프라스트럭처(Immutable Infrastructure), 선언적 API(Declarative API) 등이 있다. 클라우드 네이티브 기술들을 이용해 서비스하는 애플리케이션으로는 리소스의 사용, 회복성, 관리 능력 및 연결된 모듈 등의 효과를 제공할 수 있으며 자동화된 인프라의 구성으로 시스템의 변경 및 개선 사항을 쉽게 배포할 수 있다. [14]

아키텍처	클라우드 네이티브 아키텍처 속성
 Application Definition / Development Orchestration & Management Runtime Provisioning Infrastructure (Bare Metal/Cloud)	- 애플리케이션 또는 프로세스는 컨테이너 가상화 기술에 의해 분리된 단위로 실행 - 애플리케이션을 구성하는 프로세스는 리소스 사용을 개선하고 유지 보수 비용을 줄이기 위해 중앙 오케스트레이션 프로세스에 의해 동적으로 관리 - 애플리케이션 또는 서비스(마이크로 서비스)는 명시적으로 기술된 종속적인 각 항목들과 느슨하게 결합

[그림 9-1] 클라우드 네이티브 참조 아키텍처 구성 (출처: TTA, NIPA)

---

14) 네이티브 아키텍처: https://www.cncf.io/blog/2017/05/15/developing-cloud-native-applications/

2. 클라우드 네이티브 아키텍처 기술 스택

클라우드 네이티브 아키텍처를 구성하는 각각의 기술 스택들은 애플리케이션을 보다 빠르게 개발하고, 관리하기 쉽도록 모니터링 기술을 지원하며, 클라우드상에 배포되는 시간을 단축하여 더 자주 배포하는 것을 목표로 한다. CNCF의 TOC(Technical Oversight Committee) 대표인 Ken Owens는 이러한 클라우드 네이티브 관련 기술 스택들 간의 호환성과 표준화를 위한 아키텍처를 제시하였다.

[표 9-1] 클라우드 네이티브 참조 아키텍처

아키텍처	참조 모델
Application Definition/ Development	- 컨테이너 네이티브 애플리케이션을 구현하는 데 필요한 메타데이터, 설정, 도구, 컨테이너 이미지 관리 도구 등
Orchestration & Management	- 컨테이너 오케스트레이션(Kubernetes, Docker Swarm 등) 도구를 활용한 컨테이너 배포, Logging & Monitoring, Service Discovery 등
Runtime	- 컨테이너 실행 표준(OCI), 컨테이너 네트워킹(Container Networking Interface Project), Storage(Volume Driver) 등
Provisioning	- 컨테이너 환경을 고려한 DevOps의 배포 도구와 프로비저닝 등
Infrastructure	- Bare Metal, Public Cloud 환경에서의 호환성을 유지

위에서 설명한 클라우드 네이티브 참조 아키텍처에서는 우선 비즈니스 도메인에 맞는 실행 환경과 애플리케이션을 설계 및 개발한 다음, 컨테이너 가상화 기술에 의해 배포하고 관리 도구를 사용해 애플리케이션의 상태와 개선 사항을 주기적으로 확인하도록 하고 있다.

애플리케이션 설계 → 개발 → 컨테이너에 배포 → 관리

3. Cloud Native Landscape [15]

CNCF에서는 클라우드 네이티브 참조 아키텍처를 바탕으로 클라우드 네이티브화를 실현하기 위한 Open Source Service(이하 OSS)나 서비스 기술 목록인 Cloud Native Landscape와 단계별 클라우드 네이티브 구축을 위한 Cloud Native TrailMap을 공개하였다. [16]

[표 9-2] 클라우드 네이티브 아키텍처(Cloud Native Landscape 프로젝트)

프로젝트	기술 스택
Application Definition and Development	- Database - Streaming & Messaging - Application Definition & Image Build - Continuous Integration & Delivery
Orchestration & Management	- Scheduling & Orchestration - Coordination & Service Discovery - Remote Procedure Call - Service Proxy - API Gateway - Service Mesh
Runtime	- Cloud Native Storage - Container Runtime - Cloud Native Network
Provisioning	- Automation & Configuration - Container Registry - Security & Compliance - Key Management
Platform	- CloudFoundry - OpenShift - RANCHER

---

15) Cloud Native Landscape에서는 애플리케이션 개발을 위한 컨테이너 기술과 데브옵스 도구를 지원하기 위한 Platform과 관리 도구 Observability 소개

16) https://landscape.cncf.io/
https://github.com/cncf/landscape/blob/master/README.md#cloud-native-landscape

Observability and Analysis	- Monitoring: Prometheus - Logging: Fluentd - Tracing: JAEGER - Chaos Engineering: Gremlin

4. Cloud Native TrailMap

Cloud Native TrailMap에서는 Cloud Native Landscape 프로젝트의 수많은 기술 스택 중에 클라우드 네이티브 애플리케이션 구축에 필요한 기술 및 개발, 운영에 권장되는 프로세스를 정의하였다.

[표 9-3] Cloud Native 프로세스 정의

기술 스택	권장 프로세스
Containerization	- 다양한 크기의 애플리케이션과 종속성에 관련 내용을 컨테이너화
CI/CD	- 롤아웃, 롤백 및 테스트에 대한 자동화 설정
Orchestration & Application Definition	- Kubernetes를 이용하여 배포할 호스팅 플랫폼 또는 설치 프로그램을 선택
Observability & Analysis	- 모니터링, 로깅 및 추적을 위한 솔루션
Service Proxy, Discovery & Mesh	- 서비스 검색과 상태 확인, 라우팅 및 로드 밸런싱
Networking, Policy & Security	- 권한 부여 및 승인 제어에서 데이터 필터링에 이르기까지 다양한 용도로 사용되는 범용 정책 엔진을 위해 OPA(Open Policy Agent)나 클라우드 네이티브의 이상 탐지를 위한 Falco 서비스 사용 가능
Distributed Database&Storage	- Kubernetes에서는 스토리지 오케스트레이터로 Rook과 같은 스토리지 솔루션 세트 사용
Stream &Messaging	- 범용 RPC 프레임워크인 NATS는 요청/응답, 게시/구독 및 부하 분산 대기열을 포함하는 다중 모달 메시징 시스템을 제공
ContainerRegistry & Runtime	- 컨테이너 생성을 위한 이미지 정보가 저장된 레포지토리의 모음
Software Distribution	- 안전한 소프트웨어 배포를 위하여 업데이트 프레임워크인 Notary 사용 가능

클라우드 네이티브 애플리케이션을 위해 반드시 Cloud Native TrailMap을 따라야 하는 것은 아니다. 참조 사항으로서 각 단계에 필요한 서비스들은 벤더들의 제품을 선택하거나 직접 구현할 수 있다. 특히 Cloud Native TrailMap의 3단계 이후부터는 기업의 상황에 따라 선택해야 한다. 애플리케이션과 조직의 규모에 따라 달라져야 하며, 작고 간단한 애플리케이션에 Observability나 Service Mesh와 같은 기능은 필요하지 않을 수 있다. 기업에 적합한 클라우드 네이티브 애플리케이션 구축을 위해서 Cloud Native TrailMap 자체는 우수한 지침이 될 수는 있으나, 이는 '하나의 기술이나 솔루션을 포함한 클라우드 네이티브'라는 의미가 아니라, '자신에게 맞는 것으로 지속하여 구현해 나가는 것'이라는 의미로 정의한다.

제2절
App Definition & Development

App Definition & Development란 Cloud Native Application 구축 과정(OSS 나 서비스 기술)에서 Backend 서비스에서 지원되는 다양한 서비스를 위미한다. 개발된 애플리케이션을 테스트 및 실제 운영 환경에 배포하기 위한 설정 작업 및 자동화 작업에 관련된 서비스를 지원하며, 애플리케이션 실행에 필요한 스토리지 및 메시징 서비스의 기능을 담당하는 부분이다.

1. Database [17]

1) 기술 개요

관계형 데이터베이스 및 NoSQL은 클라우드 네이티브 앱에서 일반적으로 구현되는 두 가지 유형의 데이터베이스 시스템으로써 서로 다른 방식으로 빌드되고, 데이터를 다른 방식으로 저장하고 액세스한다.

관계형 데이터베이스는 정형화되어 있는 데이터를 저장하기 위한 테이블이라는 저장소를 제공한다. 테이블에 저장된 데이터에 대한 하나의 논리적 실행 단위를 트랜잭션이라고 한다. ACID(Atomicity 원자성, Consistency 일관성, Isolation 독립성, Durability 지속성)이라는 성질을 통해 트랜잭션의 실행을 보장한다.

NoSQL 데이터베이스는 비정형화된 데이터를 다루는 데이터베이스로서 빅데이터와 같은 대용량 데이터 구축할 목적으로 사용된다. 관계형 데이터베이스에 비해 쓰기 성능이 뛰어나다는 장점이 있으며, 일관성을 지원하지 않는다는 것과 NoSQL 노드의 데이터 변경 내용을 다른 노드로 업데이트에 시간이 지연된다는 단점이 있다.

---

17) https://docs.microsoft.com/ko-kr/dotnet/architecture/cloud-native/relational-vs-nosql-data 참조

2) 관계형 데이터베이스 및 NoSQL 선택 시 고려 사항

클라우드 네이티브 기반의 마이크로 서비스는 특정 데이터 요구 사항에 따라 관계형 데이터베이스나 NoSQL 데이터 저장소를 구현할 수 있다.

[표 9-4] NoSQL vs 관계형 DB

NoSQL 데이터 저장소를 고려해야 하는 경우	관계형 데이터베이스를 고려해야 하는 경우
대규모의 작업 부하를 필요로 하는 많은 볼륨 작업	작업 볼륨이 일관적이며 중간에서 대규모로 확장되어야 함
작업에 ACID 보장이 필요하지 않음	ACID를 보장
데이터는 동적이며 자주 변경	데이터는 예측 가능하고 매우 구조화
관계 설정 없이 데이터 표현 가능	데이터는 관계형으로 가장 잘 표현
빠른 쓰기 및 쓰기 안전성이 중요하지 않음	안전한 쓰기 작업이 최우선 요구 사항
데이터 검색이 간단	복잡한 질의 및 보고서를 사용하여 작업
데이터는 지리적으로 분산 저장	사용자의 중앙 집중화
응용 프로그램은 클라우드 서비스에 배포	응용 프로그램이 대규모 최신 하드웨어에 배포

3) NewSQL 데이터베이스

NewSQL이란 NoSQL의 분산 확장성과 관계형 데이터베이스의 ACID 보증을 결합하는 새로운 데이터베이스 기술이다. NewSQL 데이터베이스는 전체 트랜잭션 지원 및 ACID 규정에 따라 분산된 환경에서 대용량 데이터를 처리해야 하는 비즈니스 시스템에 적합하다. NoSQL 데이터베이스는 대규모 확장성은 제공하지만 데이터 일관성은 보장하지는 않는다. 일관되지 않은 데이터의 처리 문제는 개발팀에 부담을 줄 수 있다. 개발자는 일관성없는 데이터로 인해 발생하는 문제 관리를 위해 마이크로 서비스 내의 프로그램으로 데이터를 보호해야만 한다.

[표 9-5] NewSQL 데이터베이스 프로젝트

Project	특징
Cockroach DB	- 전체적으로 크기를 조정하는 ACID 규격 관계형 데이터베이스이다. 클러스터에 새 노드를 추가하고 Cockroach DB는 인스턴스 및 지역 간에 데이터를 분산해야 하며, 안정성을 보장하기 위해 복제본을 만들고, 관리하고, 배포하게 된다. 오픈소스이며 자유롭게 사용할 수 있다.

TiDB	- HTAP(하이브리드 트랜잭션 및 분석 처리) 워크로드를 지원하는 오픈소스 데이터베이스이다. MySQL과 호환되며 수평 확장성, 강력한 일관성 및 고가용성을 제공한다. TiDB는 MySQL 서버처럼 작동하며, 응용 프로그램에 대한 광범위한 코드 변경을 요구하지 않고 기존 MySQL 클라이언트 라이브러리를 계속 사용할 수 있다는 장점을 가지고 있다.
Yugabyte DB	- 고성능 분산 SQL 데이터베이스로서 짧은 대기 시간, 오류에 대한 복원력 및 글로벌 데이터 배포를 지원한다. NoSQL인 Cassandra나 RDBMS의 PostgreSQL과 호환되며, 인터넷 규모 OLTP 작업량을 처리한다.

Kubernetes에서는 서비스라는 객체를 사용하여 클라이언트가 단일 DNS 항목에서 동일한 NewSQL 데이터베이스 프로세스 그룹의 주소를 지정할 수 있는 기능을 제공하는데, 연결된 서비스의 주소에서 데이터베이스 인스턴스를 분리해도 기존 응용 프로그램 인스턴스를 방해하지 않고 확장할 수 있다.

NewSQL 데이터베이스에서는 서비스에 요청을 보내면 항상 동일한 결과가 반환된다. 즉 기본 또는 보조 관계가 없으며, Cockroach DB의 합의 복제와 같은 기술은 모든 데이터베이스 노드에서 모든 요청을 처리할 수 있도록 한다. 요청을 받는 노드에 로컬에서 필요한 데이터가 있으면 즉시 응답을 하게 되며, 그렇지 않으면 노드가 게이트웨이가 되어 적절한 다른 노드에 요청을 전달하여 올바른 값을 가져오게 할 수 있다. 이러한 처리 프로세스로 인해 클라이언트의 관점에서 보면 모든 데이터베이스 노드는 동일하게 여겨진다. 즉 백그라운드에서 작동하는 수십 개 또는 수백 개의 노드가 있더라도 단일 컴퓨터 시스템의 일관성을 보장하는 단일 논리 데이터베이스로 표시된다.

4) 관련 솔루션

솔루션 명	구분	특징
Vitess 프로젝트 [18]	정의	- 대량 스토리지 스케일링에 대응하기 위한 내부 솔루션을 위해 작성된 Vitess는 데이터베이스 오케스트레이션 시스템을 지원하기 위해 MySQL의 샤딩(Sharding) 기술을 통한 수평 스케일링(horizontal scaling)을 지원
	특성	- 중요한 MySQL 기능과 NoSQL 데이터베이스 확장성(Scalability)을 가짐 - MySQL을 클라우드로 실행 가능 - 자동 페일오버, 리커버리, 애플리케이션, 롤링 업그레이드 등의 네이티브 기능 제공 - 수직, 수평 방향의 샤딩 서포트, 심리스 다이내믹 리샤딩 - 커스텀한 스킴을 플러그인할 수 있는 복수의 샤딩 스킴 - Query routing, Rewrite, Sanitize, Blacklist, Streaming, Deduplication - 마스터 관리 툴(Reparent 조작) - 퍼포먼스 분석 툴 Vitess 프로젝트는 컨테이너화된 환경에도 최적화 - Kubernetes를 사용하게 되면, Vitess는 클라우드 플랫폼의 기초적인 환경에 구애받지 않고, 벤더 종속이 없는 Cloud Portability를 실현
Hadoop	정의	- 저렴한 비용으로 데이터를 저장할 수 있고, 대량의 데이터/다양한 종류의 데이터에 대한 대규모 분산 처리에 뛰어난 Hadoop 기술
	특성	- 2개의 컴포넌트로 나누어지며, 첫째는 스토리지 레이어로서 대규모 분산 스토리지인 Hadoop Distributed File System(HDFS)에서 처리, 두 번째는 분산 처리 레이어로서 저장된 데이터 표준 처리 작업을 위해 Map/Reduce이 담당하며, 최근에는 대신 Spark 엔진으로 처리를 변경
Redis [19]	정의	- 메모리상에서 Key-Value 데이터를 취급하는 인메모리 데이터베이스로, 일반적인 HDD나 SDD를 사용하는 것이 아닌, 메모리를 사용하는 데이터베이스이기 때문에 고속의 데이터 처리
	특성	- 클러스터 기능을 갖추고 있고, 데이터에 자동적으로 샤딩되며, 클러스터 내의 복수 Redis 노드에 분산 배치됨으로써 대규모 고가용성의 분산 Key-Value Store로 기능 - RedisRaft 클러스터는 분산 코디네이터인 ZooKeeper나 etcd에서 제공하는 것과 유사한 일관성과 신뢰성을 제공 - RedisRaft 클러스터의 허가된 쓰기는 커밋이 보증되어 있고, 데이터를 잃어버릴 염려가 없으며, 읽기는 항상 최신의 커밋된 값을 돌려줌

18) https://www.linuxfoundation.jp/news/2018/02/cncf-host-vitess/
19) https://www.publickey1.jp/blog/20/redis_labsredisredisraft.html

2. Streaming & Messaging

Streaming & Messaging는 하나의 리소스 데이터를 다른 리소스로 전달하기 위해 사용되는 기술을 의미한다. HTTP를 통해 제공되는 서비스에서 데이터를 전달하기 위해서는 SOAP(Simple Object Access Protocol)이나, JSON-REST를 이용하게 된다. 최근에는 구현이 간단한 JSON-REST를 많이 사용하고 있으며, 향상된 성능이 필요할 경우에는 gRPC 또는 NATS의 사용을 고려하기도 한다.

1) 메시징 시스템

메시징 시스템은 서버 또는 노드들 간(엔드포인트-엔드포인트)에 실시간으로 비동기 처리할 수 있도록 지원해 주는 시스템으로써 저수준의 인프라로 메시지를 저장하고 소비자가 메시지를 스트림 소스로 가져가서 사용할 때까지 메시지를 Queue(큐)라는 저장 공간에 보관하게 된다. 중앙화된 메시지 스트림을 기반으로 발행/구동(publish/subscribe) 패턴을 통해 서비스를 비동기적으로 통합될 수 있게 지원한다.

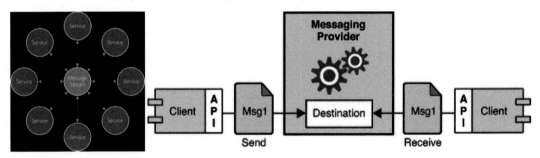

[그림 9-2] 메시지 큐잉을 통한 서비스 간 통신 (출처: TTA, NIPA)

메시지 스트림 서비스를 사용하여 서비스들 간의 통합을 처리하면 메시지의 흐름이 단순해진다. 메시지를 발행하는 서비스는 구독 서비스를 지정하지 않고 메시지를 전송할 수 있으며, 각 서비스를 수신한 메시지 중에서 자신에게 필요한 명령이나 이벤트를 선별하여 처리할 수 있다.

메시지 스트림은 여러 서비스를 사용하는 프로세스가 비동기적으로 처리되기 때문에 응답 지연을 줄일 수 있으며, 프로세스의 각 단계는 다음 단계에 대한 명령이나 이벤트를 전달한 다음, 다음 단계가 완료되지 않더라도 즉시 응답할 수 있다. 그러나 시스템의 모든 의사소통이 메시지 스트림에 의존하기 때문에 모든 서비스가 가용 상태라도 메시지 스트림이 불능 상태일 경우에는 모든 서비스 간의 통신이 끊어지게 되는 단점이 있다. 문제점을 해결하기 위해 HA(High Availability) 구조로 구성하거나 Apache Zookeeper와 같은 코디네이터 솔루션을 앞에 두어 관리하여야 한다.

2) NATS 서비스 [20]

클라우드 네이티브 애플리케이션을 위한 마이크로 서비스 구축에서는 마이크로 서비스 상호 간에 직접 통신하는 방식 이외에 비동기 이벤트 메시징 통신이나 메시지 버스와의 메시지 전달을 통해 데이터 동기화를 하는 경우가 많다. 비동기 이벤트 메시징에는 Apache Kafka 메시징 프로토콜, NATS 클라우드 메시징 프로토콜, AMQP 프로토콜 등이 주로 사용된다.

NATS는 오픈소스 메시징 시스템(메시지 지향 미들웨어)은 클라우드 네이티브 시스템, IoT 메시징, 마이크로 서비스를 위한 메시징 서비스를 제공하는 CNCF의 인큐베이션 프로젝트이다. 2019년 오픈소스 메시징 소프트웨어 NATS 2.0이 출시되었는데, 고급 보안 관리, 글로벌 재해 복구 등의 많은 부분에서 성능이 향상되었다. 개발을 지휘하는 기업인 Synadia에 따르면, 최신 릴리스는 '분산 시스템에 적합한 첨단 통신 시스템에 대한 시장 요구에 부응'을 목표로 발표하였다.

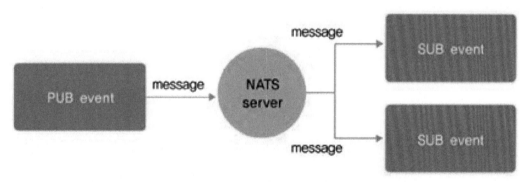

[그림 9-3] NATS에 의한 Pub-Sub 메시지 처리 과정 (출처: TTA, NIPA)

NATS는 분산 시스템의 통신 관리에 사용되므로 NATS의 메시징 접근 방식은 클라이언트가 URL을 통해 시스템에 연결하고 주제(Subject)에 메시지를 등록(Subscriber)과 게시(Publisher)하는 모델이다. NATS는 최소 1회 전송을 보장하는 파이어 앤 포켓(Fire and pocket)형 메시징 시스템이기 때문에 메시지를 수신할 수 있는 구독자가 없다면 메

---

20) https://www.infoq.com/jp/news/2019/09/nats-event-messaging-release/

시지는 손실된다. NATS 스트리밍을 사용하면 구성 가능한 메시지 지속성이 제공되어 메시지 수신 확인을 통해 최소 1회 메시지 전달이 가능하게 된다.

　보안에 관련된 기능을 제공하는 것으로 운영자는 시스템의 Root Trust를 정의하고 계정은 서비스와 스트림의 제한이나 공개를 담당하게 된다. 사용자가 계정에 액세스하기 위한 특정 자격 증명과 권한을 갖추고 있다. NATS 자체는 Go 언어로 기술되어 있지만 C, Java, Elixir, Node.js, Ruby 등 여러 언어의 클라이언트가 제공되고 있으며, 비슷한 제품으로 RabbitMQ, Kafka, ActiveMQ 등이 있다. [21]

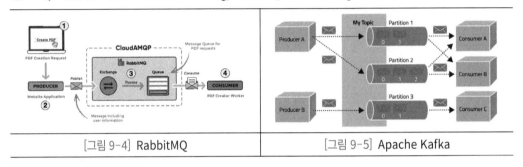

| [그림 9-4] RabbitMQ | [그림 9-5] Apache Kafka |

[표 9-6] NATS 관련 솔루션

오픈소스 명	내용
1) Apache Spark [22]	- 버클리 캘리포니아대학에서 2009년 개발된 빅데이터와 기계학습을 위한 분산 처리 프레임워크로서, 빅데이터 분석을 위한 오픈소스 분산처리 시스템인 Apache Spark 출시 이후 다양한 기업에서 사용됨
2) Apache Kafka [23]	- Apache Software Foundation이 Scala 언어로 개발한 오픈소스 메시지 브로커 프로젝트로서, 대량의 데이터를 처리와 서로 다른 엔드포인트 메시지 전달용으로 개발된 분산 메시징 발생/구독 시스템
3) RabbitMQ [24]	- RabbitMQ란 오픈소스 메시지 브로커 소프트웨어(메시지 지향 미들웨어) 중 하나로 AMQP(Advanced Message Queuing Protocol, 개방형 표준 응용 계층 프로토콜), STOMP, MQTT와 같은 프로토콜을 지원하기 위한 플러그인 구조의 플랫폼을 제공하며 메시지 지향, 큐잉, 라우팅 신뢰성과 보안 등의 기능 제공

21) 출처: Apache Software Foundation
22) https://databricks.com/jp/spark/about
23) https://docs.cloudera.com/documentation/kafka/1-2-x/topics/kafka.html
24) https://ko.wikipedia.org/wiki/RabbitMQ 참조

3. Application Definition & Image Build

애플리케이션 이미지란, 부팅이 가능한 운영 체제가 저장된 가상 디스크를 포함하고 있는 가상 머신의 단일 파일 등을 의미한다. 이러한 이미지를 생성하기 위해 먼저 클라우드 네이티브 애플리케이션 정의(Cloud Native Application Definition)라는 과정을 거쳐야 하는데, 애플리케이션 정의란 신뢰할 수 있는 애플리케이션 정의를 기반으로 클라우드 네이티브 애플리케이션을 정의하고 확장하는 과정을 말한다. 이렇게 정의된 애플리케이션의 이미지 생성 과정에서 사용되는 입력 매개변수 및 다양한 설정 정보들을 단일 객체로 변환하는 과정을 이미지 빌드라고 한다. 이미지 빌드를 하게 되면, 하나 이상의 클러스터로 구성된 애플리케이션에서 같은 애플리케이션을 여러 클러스터에 배포해야 하는 경우에도 쉽게 자동화되어 배포가 가능하다는 장점이 있다.

1) 기술 개요
클라우드 네이티브 애플리케이션 정의 및 이미지 빌드는 애플리케이션 배포 자동화의 중요한 부분이다. 이미지는 컨테이너 및 가상 머신에 배포를 위한 신뢰할 수 있는 소스를 제공하는 바이너리 파일을 말한다. 이미지 및 애플리케이션 정의(Application Definition)는 클라우드 네이티브 애플리케이션을 위한 마이크로 서비스를 배포하고 확장할 수 있는 소스를 제공할 수 있으며, 애플리케이션 정의는 애플리케이션에 필요한 모든 리소스를 정의하는 과정을 말한다. 결과적으로 개발자는 애플리케이션 정의와 이미지 빌드를 통해 프로그래밍 방식으로 반복 가능한 배포를 처리할 수 있게 된다.

2) 애플리케이션 구성 요소와 서비스 리소스
애플리케이션 구성 요소는 클라우드 네이티브 애플리케이션의 특정 기능을 활성화하는 코드를 말한다. 예를 들어, LAMP(Linux + Apache Server + MySQL + PHP)나 LNMP(Linux + Nginx + MySQL + PHP) 스택을 작성하는 경우 데이터베이스, 웹 서버, CMS(Content Management System) 및 로드 밸런서를 위한 개별 구성 요소 등을 말한다. 반면 서비스 리소스는 모듈 종속성을 추상화하고 애플리케이션 내의 노드 간 데이터 전송을 가능하게 하는 것을 말한다. 예를 들어 클라우드 고유 LAMP, LEMP 애플리케이션을 작성하면 서비스 리소스를 통해 데이터베이스와 애플리케이션이 통신할 수 있게 된다. 애플리케이션 정의는 이 두 부분 사이의 데이터 흐름과 종속성을 프로그래밍 방식으로 정의하는 수단으로써 복잡성을 제거하고 구성을 쉽게 확장할 수 있다.

3) CNCF의 이미지 빌드 도구 [25]

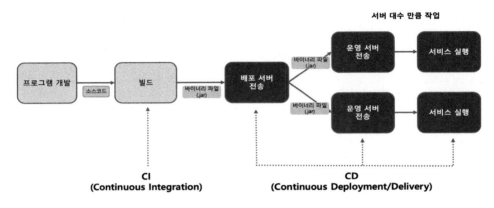

[그림 9-7] Kubernetes 기반의 애플리케이션 배포 시스템 구축 방법 (출처: TTA)

CNCF의 Cloud Native Landscape에는 머신 이미지와 컨테이너 이미지를 빌드하기 위한 몇몇 도구들을 소개하고 있다.

가상 머신을 사용한 적이 있다면 머신 이미지의 개념을 쉽게 이해할 수 있다. 애플리케이션 정의와 마찬가지로 시스템 이미지를 통해 사전 구성된 리소스를 다양한 방법으로 배포할 수 있는데, 가상 머신의 이미지는 운영 체제, 패키지 및 서비스를 단일 이미지로 묶은 것으로, OVA, Amazon 머신 이미지 및 VMDK가 대표적인 가상 머신 이미지이다. 컨테이너 이미지는 가상 머신 이미지와 비슷하지만 실행하기 위한 기본적인 운영 체제를 필요로 하지 않는다. 컨테이너 이미지는 가상 머신에 대한 OVA가 있는 컨테이너를 말한다. 예를 들어, docker start나 docker run 명령을 사용하면 Docker 이미지를 통해 기본 OS 커널에서 실행되는 컨테이너를 생성하게 된다.

---

25) https://landscape.cncf.io/

[표 9-7] 클라우드 네이티브 기술 스택(출처: TTA, NIPA)

기술	스택
확장 가능한 배포	- 클라우드 네이티브 애플리케이션을 사용하기 위해서는 애플리케이션의 각 서비스를 적당한 경계로 구분한 마이크로 서비스 형태로 빠르게 가동시킬 수 있어야 하며, 반복적으로 수행할 수 있어야 한다. 마이크로 서비스를 프로그래밍 방식으로 배포하려면 잘 정의된 신뢰할 수 있는 참조 관계가 필요하다. 클라우드 네이티브 애플리케이션 정의 및 이미지 빌드 도구는 이러한 문제를 해결하는 데 도움이 되며, 다중 컨테이너 애플리케이션을 정의하고 대규모로 배포할 수 있다.
CI/CD 개선	- 이미지를 빠르게 인스턴스화하는 기능은 테스트 및 개발 워크플로우를 크게 향상시킨다. 애플리케이션 정의 및 이미지 빌드의 도구들은 테스터 및 다른 개발자에게 동일한 애플리케이션을 배포하는 데 도움이 되고, 결과적으로 전체 CI/CD 파이프라인이 향상된다. 격리된 개발 환경을 만드는 데 걸리는 시간을 크게 줄일 수 있으며, Docker Compose와 같은 도구를 사용하면 필요한 경우 이미지를 빠르게 회전하고 테스트하고 종료할 수 있게 된다.
느슨한 결합	- 느슨한 결합은 마이크로 서비스를 탄력적이고 확장 가능하게 만들어 준다. 클라우드 네이티브 애플리케이션 정의는 개별 서비스를 느슨하게 결합할 수 있도록 한다. 애플리케이션의 데이터베이스 구성 요소로 MySQL을 사용한다고 가정해 보자. CMS와 데이터베이스가 'SQL' 서비스 리소스를 사용하여 통신하고 있는 상황에서, 데이터베이스가 MySQL에서 Postgres로 전환하는 것처럼 서비스가 중간에 변경되는 상황이라도 서비스 리소스가 제공하는 추상화 덕분에 CMS 구성 요소를 수정하지 않고, 변경 사항을 적용할 수 있다.
복잡성 감소	- 클라우드 네이티브 애플리케이션 정의 및 이미지 빌드 툴은 이미지 및 애플리케이션 정의를 위한 '단일 소스'를 만든다. 결과적으로 대규모 마이크로 서비스 관리와 관련된 많은 복잡성을 제거할 수 있으며 버전 관리, 업데이트 및 롤백 관리가 훨씬 쉬워진다.
여러 환경에 배포[26]	- 클라우드 네이티브용으로 제작된 이미지는 베어 메탈뿐만 아니라 여러 Public 및 Private 클라우드 플랫폼에서도 인스턴스화할 수 있다. 이미지 빌드에 대한 플랫폼 독립적 접근 방식은 유연성을 높이고 공급 업체에 종속되는 현상(Lock-in)을 줄일 수 있다. 이렇게 생성된 이미지는 고객을 위한 데모나 파일럿 애플리케이션을 신속하게 구축할 수 있게 하고, 애플리케이션의 구축 초기에 고려하지 못했던, 추가적인 테스트 환경이나, 운영 환경에서도 사용할 수 있다.

[표 9-8] 관련 솔루션

솔루션	내용
Helm	- Helm을 이용하면 하나의 커맨드 로 클러스터 내에 리소스들을 설치하고 변경 사항을 반영할 수 있으며, 이 변경사항들은 리비전으로 관리할 수도 있으나, '*.tar', '*.gz' 확장자로 리소스 정의 파일들을 패키징하여 원격 저장소를 통해 공유할 수 있도록 지원.

---

26) 베어 메탈 방식이란 단일 테넌트 또는 사용자만 호스팅하는 서버로, 여러 테넌트를 호스팅하는 가상화 및 클라우드 호스팅과 구분하는 데 사용되는 용어

Docker Compose	- 클라우드 기본 애플리케이션 정의 및 이미지 빌드에서 사용되는 툴 중 하나이다. Compose를 사용하여 YAML 파일을 생성하면, 다중 컨테이너 애플리케이션을 쉽게 구성.
Chef Habitat	- 클라우드 네이티브를 염두에 두고 구축된 플랫폼 독립적인 애플리케이션 수명 주기 관리 도구
Packer	- 단일 기본 구성을 사용하여 동일한 머신 이미지를 생성하는 프로세스를 자동화하며, 머신 이미지를 여러 플랫폼에 배포할 수 있는 클라우드 네이티브 이미지 빌드 도구

4. CI/CD

클라우드 네이티브 애플리케이션의 최적화는 지속적인 통합(CI: Continuous Integration)과 지속적인 제공(CD: Continuous Delivery) 및 완전히 자동화된 배포 운영 같은 DevOps 워크플로를 통해 지원된다.

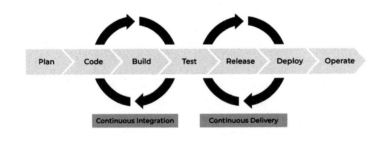

[그림 9-8] CI/CD란? (출처: NIA)

1) 기술 개요

CI/CD는 애플리케이션 개발 단계를 자동화하여 애플리케이션을 보다 짧은 주기로 고객에게 제공하기 위해 사용하는 방법으로써 지속적인 통합, 지속적인 제공, 지속적인 배포라는 개념을 가지고 있다. 통합 및 테스트 단계에서부터 제공 및 배포에 이르는 애플리케이션의 라이프 사이클 전체에 걸쳐 지속적인 자동화 및 모니터링을 제공하는 것을 'CI/CD 파이프라인'이라고 하며, 최근에는 개발 및 운영팀의 애자일 방식을 통해 협력을 지원하기도 한다. 'CI'는 개발자를 위한 자동화 프로세스인 지속적인 통합(Continuous Integration)을 의미한다. 애플리케이션에 대한 새로운 코드 변경 사항이

정기적으로 빌드 및 테스트되어 공유 레포지토리에 통합되므로 여러 명의 개발자가 동시에 애플리케이션 개발과 관련된 코드 작업을 진행하면서 생기는 코드 충돌 문제를 해결할 수 있다.

'CD'는 지속적인 서비스 제공(Continuous Delivery), 지속적인 배포(Continuous Deployment)를 의미하며 상호 교환적으로 사용된다. 두 가지 의미 모두 파이프라인의 추가 단계에 대한 자동화를 뜻하지만, 얼마나 많은 자동화가 이루어지고 있는지를 설명하기 위해 구분되어 사용되기도 한다. 지속적인 제공(Continuous Delivery)이란 개발자들이 애플리케이션에 적용한 변경 사항이 버그 테스트를 거쳐 레포지토리(예: GitHub 또는 컨테이너 레지스트리)에 자동으로 업로드되는 것을 뜻하며, 운영팀은 이 레포지토리에서 애플리케이션을 실시간 프로덕션 환경으로 배포할 수 있다. 이는 개발팀과 비즈니스팀 간의 가시성과 커뮤니케이션 부족으로 발생할 수 있는 문제를 해결해 주며, 최소한의 노력으로 새로운 코드를 배포하는 것을 목표로 한다. 지속적인 배포(Continuous Deployment)란 개발자의 변경 사항을 레포지토리에서 고객이 사용 가능한 프로덕션 환경까지 자동으로 릴리스하는 것을 의미한다. 이는 운영팀의 수동 프로세스에 의해 야기되는 애플리케이션 제공 속도를 저해하는 프로세스 과부하 문제를 해결하며, 지속적인 배포를 통해 파이프라인의 다음 단계를 자동화함으로써 지속적인 제공이 가진 장점을 활용할 수 있게 된다.

CI/CD는 지속적 통합과 제공의 구축 사례만을 지칭할 수도 있으나, 지속적 통합, 제공, 배포라는 3가지 구축 모두를 의미하기도 한다. CI/CD는 파이프라인으로 표현되는 실제 프로세스를 의미하고, 애플리케이션 개발에 지속적인 자동화 및 모니터링을 추가하는 것을 의미한다. 이 용어는 사례별로 CI/CD 파이프라인에 구현된 자동화 수준 정도에 따라 의미가 달라질 수 있는데, 대부분의 기관에서는 CI를 먼저 추가한 다음 클라우드 네이티브 애플리케이션의 일부로서 배포 및 개발 자동화를 구현하는 것이 좋다.

[표 9-9] CI/CD 서비스

구분	서비스 내용
지속적 통합 (Continuous Integration)	- 다른 팀이나 구성원 또는 다른 기능의 코드가 함께 통합되는 소프트웨어 개발 주기의 한 단계로서, 일반적으로 코드 병합(통합), 애플리케이션 구축 및 임시 환경 내에서 기본 테스트 수행이 포함
지속적 제공 (Continuous Delivery)	- CI의 빌드 자동화, 유닛 및 통합 테스트 수행 후, 이어지는 프로세스는 유효한 코드를 레포지토리에 자동으로 배포하는 단계로서, 효과적인 프로세스를 실현하기 위해서는 개발 파이프라인에 CI를 먼저 구축하고, 프로덕션 환경에 배포할 준비가 되어 있는 코드 베이스를 확보가 필요 - 코드 변경 사항 병합부터 프로덕션에 적합한 빌드 제공에 이르는 모든 단계에서의 테스트 자동화와 코드 릴리스 자동화가 가능해지며, 이 프로세스를 완료하면 운영팀이 보다 빠르고 손쉽게 애플리케이션을 프로덕션으로 배포
지속적 배포 (Continuous Deployment)	- CI/CD 파이프라인의 마지막 단계로서, 프로덕션 준비가 완료된 빌드를 코드 레포 지토리에 자동으로 릴리스하는 확장된 형태인 애플리케이션을 프로덕션으로 배포하는 작업을 자동화 함 - 프로덕션 이전의 파이프라인 단계에는 수동 작업 과정이 없으므로 테스트 자동화가 정상적으로 설계되어야 함

실제 개발과 운영 단계에서 Continuous Deployment란 개발자가 애플리케이션에 변경 사항을 작성한 후 몇 분 이내에 애플리케이션을 자동으로 실행할 수 있는 것을 의미한다(자동화된 테스트를 통과한 것으로 간주). 이를 통해 사용자 피드백을 지속적으로 수신하고 통합하는 일이 쉽게 진행된다. 모든 CI/CD 적용 사례는 애플리케이션 배포의 위험성을 줄여 주므로 애플리케이션 변경 사항을 한 번에 모두 배포하지 않고, 작은 조각으로 세분화하여 손쉽게 배포할 수 있도록 한다.

2) CI/CD 솔루션 종류 [27]

솔루션 명	구분	내용
Jenkins	정의	- 중앙 빌드 및 지속적인 통합 프로세스가 수행되는 오픈소스 자동화 서버로서 Windows, MacOS, Unix와 유사한 운영 체제용 패키지 형태로 배포되는 독립형 Java 기반 프로그램임. 수백 개의 플러그인을 사용할 수 있으며 소프트웨어 개발 프로젝트를 위한 빌드, 배포 및 자동화를 지원
	기능	- 다양한 OS에서 손쉬운 설치 및 업그레이드 - 간단하고 사용자 친화적인 인터페이스 - 거대한 커뮤니티 제공 플러그인 리소스로 확장 가능 - 사용자 인터페이스에서 손쉬운 환경 구성 - 마스터-슬레이브 아키텍처로 분산 빌드 지원 - 간편한 일정 작성 - 사전 빌드 단계에서 셸 및 Windows 명령 실행 지원 - 빌드 상태에 대한 알림 지원 - 활발한 커뮤니티가 있는 오픈소스 도구
CircleCI	정의	- 신속한 소프트웨어 개발 및 게시를 지원하는 CI/CD 도구로서, CircleCI를 사용하면 코드 작성, 테스트, 배포에 이르기까지 사용자 파이프라인 전체의 자동화가 가능
	기능	- Bitbucket, GitHub 및 GitHub Enterprise와 통합 - 컨테이너 또는 가상 머신을 사용하여 빌드를 실행 - 쉬운 디버깅 - 자동화된 병렬화 - 빠른 테스트 - 개인화된 이메일 및 IM 알림 - 지속적인 지점별 배포 - 고도의 사용자 정의 가능 - 패키지 업로드를 위한 자동화된 병합 및 사용자 정의 명령 - 빠른 설정 및 무제한 빌드
		- 라이선스: Linux 버전은 무료로 병렬 처리없이 하나의 작업을 실행하는 옵션 제공. 오픈소스 프로젝트에는 3개의 추가 무료 컨테이너가 제공되며, 가입하는 동안 필요한 요금제를 결정하는 가격 표시

---

27) https://www.katalon.com/resources-center/blog/ci-cd-tools/참조

TeamCity	정의	- IntelliJ IDEA라는 통합 개발 환경으로 유명한 JetBrains의 빌드 관리 및 Continuous Integration을 제공하는 솔루션
	기능	- 상위 프로젝트의 설정 및 구성을 하위 프로젝트에 재사용 방법 제공 - 다른 환경에서 동시에 병렬 빌드를 실행 - 히스토리 빌드 실행, 테스트 보고서 보기, 고정, 태그 지정 및 즐겨찾기에 빌드 추가 가능 - 서버 사용자 정의, 상호 작용 및 확장 용이 - CI 서버를 기능적이고 안정적으로 유지 - 유연한 사용자 관리와 역할 할당, 그룹으로 정렬, 다양한 인증 방법 제공
		- 라이선스: TeamCity는 무료 및 독점 라이선스가 모두 포함된 상용도구
Bamboo	정의	- 소프트웨어 응용 프로그램 릴리스 관리를 자동화하여 지속적인 전달 파이프라인을 만드는 Continuous Integration 솔루션으로서, 빌드 및 기능 테스트, 버전 할당, 릴리스 태그 지정, 프로덕션에서 새 버전 배포 및 활성화 기능을 지원
	기능	- 최대 100개의 원격 빌드 에이전트 지원 - 일괄 테스트를 동시에 실행하고 신속하게 피드백 - 이미지를 생성하고 레지스트리로 푸시 - 개발자와 테스터가 필요에 따라 환경에 배포할 수 있는 권한 지정 - Git, Mercurial, SVN Repos의 새로운 브랜치를 감지하고 메인 라인의 CI 체계를 자동으로 적용 - 저장소에서 감지된 변경 사항을 기반으로 빌드 되는 트리거 기능 - Bitbucket, 설정된 일정, 다른 빌드 완료 또는 그 조합의 알림을 푸시
		- 라이선스: 원격 에이전트를 기반하는 가격 정책. 에이전트가 많을수록 여러 빌드에 프로세스를 동시에 실행 가능
GitLab [28]	정의	- 소프트웨어 개발 수명 주기의 다양한 측면을 관리하기 위한 도구로써 문제 추적, 분석 및 Wiki와 같은 기능을 갖춘 웹 기반 Git 레포지토리 관리자 기능이 포함
	기능	- 분기 도구를 통해 코드 및 프로젝트 데이터를 보고, 작성 관리 - 단일 분산 버전 제어 시스템에서 코드 및 프로젝트 데이터를 설계, 개발, 관리하여 비즈니스 가치를 신속하게 반복 제공 - 프로젝트 및 코드 공동 작업을 위한 단일 정보 출처 및 확장성 제공 - 소스코드의 빌드, 통합, 확인을 자동화하여 제공팀이 CI를 완전 수용 지원 - 컨테이너 검색으로 정적/동적 응용 프로그램 보안 테스트(SAST/DAST) 및 종속성 검색을 제공하여 라이선스 준수로 안전한 응용 프로그램 제공 - 릴리스 및 애플리케이션 제공을 자동화하고 시간 단축
		- 라이선스: GitLab은 상용과 무료 패키지를 제공하며, GitLab, 인스턴스 온프레미스, 퍼블릭 클라우드에서 SaaS 호스팅 제공

---

28) https://github.com/joneconsulting/spring-cloud-sample1/tree/master/src

제10장

클라우드 네이티브
참조 아키텍처

(애플리케이션 구축 OSS 및 서비스 기술)

학습 목표

클라우드 네이티브 참조 아키텍처에서 소개하는 CNCF[29]의 Orchestration & Management 에서는 컨테이너 가상화의 관리를 위한 오케스트레이션 도구의 활용에 대해 소개하고 있다. Orchestration 도구를 이용하여 컨테이너 배포, 로깅, 모니터링뿐만 아니라 Service Discovery 등의 작업을 처리할 수 있다.

클라우드 네이티브 아키텍처에서는 애플리케이션을 구축하고 설계하는 과정에서 전체 애플리케이션의 서비스를 데이터 및 종류와 사용성에 따라 서비스의 경계를 구분하며, 서비스를 개별적인 단위로 배포하기 위해서 컨테이너 가상화 기술이 많이 사용된다.

일반적으로 운영 체제 가상화를 위해서는 수동으로 업데이트해야 하지만, 컨테이너 가상화는 전체 설정 정보를 텍스트 파일에 의해 관리할 수 있기 때문에 간단하게 버전 관리가 가능하다. 컨테이너로 실행할 수 있도록 빌드된 애플리케이션은 빌드 파이프라인의 일부로써 자동화 툴(CI/CD)을 통해 개발, 테스트 및 배치할 수 있다.

컨테이너를 빌드한 다음, 변경하기 위해서는 컨테이너 설정 파일을 수정하여 다시 빌드해야 한다. 이러한 불변성은 컴포넌트 기반의 설계에 유용하며, 애플리케이션의 여러 가지 기능과 횡단적인 문제를 각각의 단위로 분할할 수 있다.

---

29) CNCF: Cloud Native Computing Foundation: 리눅스재단 소속의 비영리 단체로서 Kubernetes 를 Google에 기증, 클라우드 네이티브 컴퓨팅 환경에서 필요한 다양한 오픈소스 프로젝트를 추진하고 관리하고 있다. CNCF 멤버로는 인텔, 구글, 레드헷, SAP, vmware, 알리바바 클라우드, 에저, 등 500개 이상의 글로벌 기업들이 활동

제10장 목차

제1절
컨테이너 가상화 기술 지원 서비스
(Orchestration & Management)

1. Scheduling & Orchestration

1) 기술 개요

클라우드 네이티브 서비스는 각각의 서비스에서 개발, 테스트, 운용 환경 간에서 공유되고 서비스에 적절한 리소스를 가진 개별 컨테이너에 빌드 및 운영되며, 필요에 따라 업데이트될 수 있다. 이러한 다수 컨테이너를 수동으로 관리할 수 없으므로 컨테이너화된 서비스에 대하여 컨테이너 오케스트레이션 도구를 이용한 자동화된 관리가 필요하다.

[표 10-1] 컨테이너 오케스트레이션 도구의 종류

컨테이너 오케스트레이션 도구로 문제 해결	
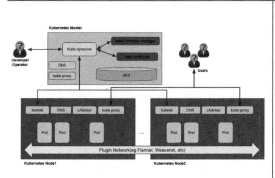	- 클러스터링 되어 있는 많은 컴퓨터의 컨테이너 인스턴스를 프로비저닝 - 배포 후, 컨테이너 상호 간에 통신 방법에 대해 이해 - 컨테이너의 스케일 인, 스케일 아웃 - 각 컨테이너의 정상 작동을 감시 - 컨테이너를 하드웨어, 소프트웨어 장애로부터 보호 - 다운타임 없이 라이브 애플리케이션의 컨테이너를 업그레이드

컨테이너 오케스트레이션 도구에 대해 구글 트렌드의 검색 결과에서 확인할 수 있듯이, 현재 컨테이너 오케스트레이션 도구의 산업 표준으로는 Kubernetes가 사용되고 있다. Kubernetes는 머신 클러스터 전체의 컨테이너화된 워크로드들의 배포, 스케일링 등 운용에 관련된 부분을 자동화할 수 있다.

2) 가상머신과 컨테이너

기존의 호스트 가상화(서버 가상화)에서는 호스트 OS상에 가상 서버를 만들어서 그 안에 OS(게스트 OS: 가상 머신 내에 인스톨하는 OS)를 인스톨하고, 그 위에서 애플리케이션을 실행한다. 가상 머신도 하나의 애플리케이션이기 때문에 가상 머신의 실행을 위해서는 CPU, 메모리, 스토리지 등의 리소스가 필요하다. 즉 가상 머신으로 애플리케이션을 움직이는 데는 많은 오버헤드가 발생하게 된다. 이에 반해 컨테이너 가상화를 사용하면 불필요한 리소스의 낭비를 줄이면서 애플리케이션을 실행할 수 있다. 컨테이너는 호스트와는 격리된 영역을 만들어서 그 안에서 애플리케이션을 실행하게 되며, 애플리케이션의 실행에 필요한 리소스는 호스트 OS와 공유하기 때문에 불필요한 CPU, 메모리, 스토리지 등의 소비를 줄일 수 있다. 호스트 시스템의 리소스에 여유가 있으면 가상 머신에서 움직일 때와 비교하여 더 많은 애플리케이션을 실행한다.

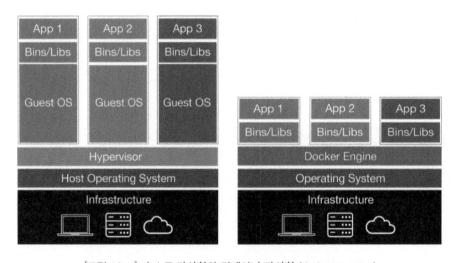

[그림 10-1] 호스트 가상화와 컨테이너 가상화 (출처: TTA, NIPA)

컨테이너는 마이크로 서비스 기반 애플리케이션에 최적의 애플리케이션 배포 유닛 및 독립적인 실행 환경을 제공한다. 동일한 하드웨어의 마이크로 서비스에서 애플리케이션의 여러 부분을 독립적으로 실행시키고 개별 요소 및 라이프 사이클을 더욱 효과적으로 제어할 수 있다.

3) 컨테이너 오케스트레이션의 정의

컨테이너 가상화는 간단하고 편리한 애플리케이션 실행 환경으로서 DevOps 환경 툴로서 사용되며, 실제 서버 환경에서 컨테이너 가상화의 이용도 계속 증가하고 있다. 컨테이너 가상화를 도입한 고객들의 대다수는 하나의 호스트당 최대 1,000개의 컨테이너를 움직이는 것이 일반적이다. 하나의 호스트에 대하여 컨테이너가 소수일 경우에는 기존의 운용 환경으로도 문제가 없겠지만, 컨테이너가 늘어나면 사람이 직접 관리한다는 것은 많은 어려움이 따르게 된다.

애플리케이션 실행의 계속성을 담보하기 위해, 복수 서버로 된 클러스터를 조합해야 할 필요가 있으며, 더 많은 서버상에서 가동하는 컨테이너를 일괄 관리하는 방법을 검토하거나, 부하 분산, 스케일링, 안정성 등을 고려해야 한다. 이러한 문제를 해결하도록 도와주는 도구가 컨테이너 오케스트레이션 도구이다.

컨테이너 오케스트레이션은 컨테이너의 배포, 관리, 확장, 네트워킹을 자동화하며, 컨테이너를 사용하는 어떤 환경에서든 사용할 수 있다. 컨테이너 가상화에 마이크로 서비스를 구현하면 스토리지, 네트워킹, 보안과 같은 서비스를 간편하게 오케스트레이션 할 수 있다. 오케스트레이션 도구를 통해 컨테이너의 라이프 사이클을 관리하면 CI/CD 워크플로를 통해 이를 통합하는 DevOps 팀을 지원할 수 있다. 컨테이너화된 마이크로 서비스는 API 서비스를 통해 각각의 서비스와 통신하게 되며, 클라우드 네이티브 애플리케이션의 기반을 이루게 된다.

[표 10-2] 컨테이너 오케스트레이션을 사용으로 태스크 자동화 관리

- 프로비저닝 및 배포
- 설정 및 스케줄링
- 리소스 할당
- 컨테이너 가용성
- 인프라의 워크로드에 대해 컨테이너 스케일링 또는 제거
- 로드 밸런싱 및 트래픽 라우팅
- 컨테이너 상태 모니터링
- 실행될 컨테이너를 기반으로 애플리케이션 설정
- 컨테이너 간 상호 작용의 보안 유지

4) 관련 솔루션 [30]

컨테이너와 마이크로 서비스 아키텍처를 규모에 따라 관리할 프레임워크와 컨테이너 오케스트레이션 도구를 결정하게 된다. 컨테이너 오케스트레이션 도구에는 Docker Swarm, Cloud Foundry, Mesosphere DC/OS, Apache Mesos 등이 있으나, 최근에는 Docker 컨테이너와의 호환성과 Amazon, Google, Microsoft, IBM 등 여러 벤더의 지원으로 인해 Kubernetes가 사실상 산업 표준이 되었다.

[표 10-3] 컨테이너 오케스트레이션 도구 종류

솔루션	구분	내용
Kubernetes	정의	- Kubernetes 오케스트레이션을 사용하면 여러 컨테이너에 걸쳐 애플리케이션 서비스를 구축하고 클러스터 전체에서 컨테이너의 일정을 계획하고 이러한 컨테이너를 확장하여 컨테이너의 상태를 지속적으로 관리할 수 있음
	기능	- Cluster: 노드 그룹으로, 최소 하나의 마스터 노드와 여러 개의 작업자 노드로 구성 - Master: Kubernetes 노드를 제어하는 머신으로, 여기에서 모든 태스크 할당이 시작 - Kubelet: 이 서비스는 노드에서 실행되며 컨테이너 매니페스트를 읽고, 정의된 컨테이너가 시작되어 실행 중인지 확인 - Pod: 단일 노드에 배포된 하나 이상의 컨테이너 그룹으로, Pod에 있는 모든 컨테이너는 IP 주소, IPC, 호스트 이름, 기타 리소스를 공유
	설계	- Kubernetes의 기본 스케줄러로 kube-scheduler가 사용되는데, kube-scheduler는 컨트롤 플레인(Control Plane)의 일부분으로써 가동 - kube-scheduler는 원한다면 자기 자신이 직접 스케줄링 컴퍼넌트를 기동하여 사용할 수 있게 설계되어 있음
Docker Swarm	정의	- 표준 Docker API에 의해 다룰 수 있으며, Docker 호스트들을 모아서 하나의 가상 Docker 호스트로 취급할 수 있음 - Docker Daemon과 통신이 가능하다면 Swarm을 사용하는 것만으로 복수의 호스트에 대한 스케일이 가능
	기능	- Docker Machine 사용으로 클라우드 제공자나 자신의 데이터 센터에 빠르게 인스톨할 수 있고, 클러스터의 안전을 위해 증명서를 자동 생성
	작업 순서	- 네트워크상에서 Swarm 매니저로 실행하고 싶은 모든 노드를 설정함으로써 Swarm 클러스터를 형성 ① Swarm 매니저와 각각의 노드가 통신할 수 있게 TCP 포트를 연다. ② 각각의 노드에 Docker를 인스톨한다. ③ 클러스터의 안전을 위해, TLS 증명서를 작성·관리한다.

---

30) https://docs.docker.com/get-started/swarm-deploy/
http://dokku.viewdocs.io/dokku/getting-started/installation/
https://github.com/krane-io/krane

2. Coordination & Service Discovery

1) 기술 개요

클라이언트가 마이크로 서비스에 연결해야 한다고 할 때

- 마이크로 서비스가 작동되는 컨테이너의 IP 주소와 호스트 이름 등이 지속적으로 변화한다면, 서비스나 API 게이트웨이를 어떻게 검색해야 할까?

- 트래픽이 정상 노드로만 라우팅되도록 하려면 어떻게 해야 할까?

Coordination & Service Discovery는 '자동적이며 적은 대기 시간으로 분산된 Service Discovery 및 상태 확인을 가능하게 하는 플랫폼'을 의미한다. 이 서비스는 DNS, gRPC 및 HTTP와 같은 프로토콜을 사용하여 서비스 레지스트리를 작성하고 마이크로 서비스 간의 조정을 가능하게 한다. 확장성과 탄력성을 유지할 수 있는 애플리케이션을 위해서는 클라우드 네이티브 아키텍처로 애플리케이션을 배포하고, 각 서비스들의 구성 요소들은 연결되어야 한다. 이 문제는 마이크로 서비스를 통해 해결할 수 있지만, Service Discovery와 관련하여 고려해야 할 사항들이다.

클라이언트/서버 환경에서는 서비스의 상태 확인을 수동으로 configuration 및 check 할 수 있지만, 클라우드 네이티브 애플리케이션에서는 자동으로 확장 가능하고 분산된 대안이 필요하게 된다. Coordination & Service Discovery를 이용하여 이러한 문제를 해결할 수 있다. 초기 웹 애플리케이션은 단일 서버에 배포되었다. 애플리케이션의 Front-end와 Back-end는 일대일 관계였다. 모놀리스 아키텍처에서는 단일 호스트 이름을 사용하여 서비스를 검색할 수 있었으며, IP를 호스트 이름으로 변환하는 DNS를 이용하여 서비스를 검색할 수 있었다.

시간이 지남에 따라 애플리케이션이 여러 서버로 분산되어 운영되기 시작하면서, 서비스 검색을 쉽게 하기 위해 로드밸런스 및 가상 IP 주소를 사용하게 되었다. 웹 애플리케이션은 웹 계층, 비즈니스 서비스 계층 및 데이터베이스 계층의 3계층으로 운영되었으며, 각 계층을 독립적으로 확장하거나 축소할 수 있게 되었다. DNS 및 로드밸런싱 외에도 작동 중인 서버로만 트래픽을 보낼 수 있도록 상태 확인도 해야만 했다.

클라우드 네이티브 아키텍처에서의 컨테이너는 개별 서비스로서 운영된다. 컨테이너 생성 및 소멸은 밀리초 내에 발생할 수 있게 되었으며, 컨테이너들은 자동화 관리되고, 확장성이 뛰어나면서 지연 시간이 짧은 Service Discovery 및 Health Check를 가능하게 해 주는 플랫폼이 반드시 필요하게 되었다.

[표 10-4] Cloud Native Service Discovery의 장점

장점	내용
성능(Performance)	- 속도는 클라우드 네이티브 앱의 중요한 특성이며, 분산 서비스 검색 (Distributed Service Discovery)을 위해 특수 제작된 플랫폼을 사용하면 높은 성능으로 향상됨
간단한 Coordination & Service Discovery	- 오래된 패러다임에서는 종종 서비스 검색 및 로드밸런싱을 수동으로 구성해야 하며, 네이티브 플랫폼을 사용하면 프로세스를 자동화할 수 있음
확장성(Scalability)	- 서비스 검색 프로세스를 자동화한 결과 클라우드 네이티브 앱의 확장성이 향상됨

2) 관련 솔루션

솔루션	내용
Eureka [31]	- Netflix에서 개발한 로드밸런싱(Load-balancing) 및 페일오버(Fail-over)를 제공하는 Service Registry으로서, Eureka를 사용하면 등록된 모든 서비스의 정보를 registry에 관리하고, 이에 대한 접근 정보를 요청하는 클라이언트나 마이크로 서비스들에게 등록된 서비스들의 목록을 제공
CoreDNS [32]	- Go 언어로 작성된 유연하고 확장 가능한 DNS 서버로써 Kubernetes Cluster의 DNS 역할을 수행
Nacos	- RPC 기반 및 DNS 기반 서비스 검색을 모두 제공하며, health check 기능의 지원으로 상태가 좋지 않은 호스트로는 트래픽을 보내지 않을 수 있고, 상태 비저장 서비스를 쉽게 구현할 수 있는 동적 구성 서비스를 지원

3. Service Proxy

1) 기술 개요
마이크로 서비스 아키텍처가 발전하면서 서비스 간의 통신을 라우팅하는 요건이 많

---

31) https://github.com/Netflix/eureka
32) https://coredns.io/

아지고, 이를 소프트웨어가 아닌 인프라에서 처리할 수 있는 기술로 프록시 기술이 필요하게 되었다. 기존의 대표적인 프록시 솔루션으로는 Nginx, HAproxy, Apache 서버 등이 있는데, 이러한 프록시들은 보통 TCP/IP 레이어에서 L4로 작동하였다. 그러나 마이크로 서비스에서는 HTTP URL에 따른 라우팅에서부터 HTTP Header를 이용한 라우팅 등 다양한 요건이 필요해지면서 L4보다는 애플리케이션 레이어인 L7 기능이 필요해지게 되었다. 클라우드 네이티브 애플리케이션 구현을 위해 마이크로 서비스가 이용되면서 서비스 간 라우팅이나 인증 등 여러 기능들이 소프트웨어 레이어에서 구현되었는데 라우팅, Health check 등 서비스 간의 통제 기능은 애플리케이션에서 구현하지 않더라도 프록시 서버와 같은 인프라 서버를 이용해서 구현이 가능하다.

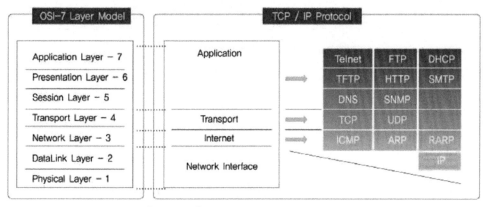

[그림 10-2] OSI 7Layer (출처: TTA, NIPA)

2) 관련 솔루션 [33]

솔루션	구분	내용
Nginx	정의	- 동시에 최대 1만 건의 concurrent connections까지 처리할 수 있도록 개발된 비동기 처리를 지원하는 웹서버로서의 기능 이외에 프록시 서버, 메일 프록시 서버, TCP/UDP 프록시 서버로 사용
	기능	- Nginx는 Event-Driven 방식을 사용하기 때문에 비동기 요청을 애플리케이션 프로그램에 전달할 수 있고 낮은 요청 처리 비용 소요 - Event-Driven API feature를 다양하게 지원하기 때문에 네트워크 소켓이 셧다운되는 등의 장애 발생 시 유연하게 대처 가능 - Nginx는 아주 가볍기에 비활성화된 HTTP keep-alive 연결 1만 개에 2.5메가바이트의 낮은 메모리 사용량으로 경량 서버를 운영

---

33) https://www.nginx.com/blog/using-nginx-plus-web-server/
https://www.twilio.com/blog/2017/10/http2-issues.html

	정의	- 대형 마이크로 서비스로 구성된 Application과 Service를 위해 설계된 고성능 분산 프록시이며 기존 프록시의 L4 기능뿐 아니라 L7 기능도 지원하면서 HTTP 뿐 아니라 HTTP 2.0, TCP, gRPC까지 다양한 프로토콜을 지원
Envoy	기능	- 모듈화가 잘되어 있으며 테스트하기 쉽게 작성 가능 - 플랫폼에 구애받지 않는 방식으로 기능을 제공하여 네트워크를 추상화 - HTTP, TCP, gRPC 프로토콜을 지원 - TLS client certification 지원 - HTTP L7 라우팅 지원을 통한 URL 기반 라우팅, 버퍼링, 서버 간 부하 분산량 조절 등(HTTP 2.0 지원) - Auto retry, circuit breaker, 부하량 제한 등 다양한 로드밸런싱 기능 제공 - 다양한 통계 추적 기능 제공 및 Zipkin과의 통합을 통한 마이크로 서비스 간의 분산 트랜잭션 성능 측정 제공으로 서비스의 다양한 가시성(visibility) 제공 - Dynamic configuration 지원을 통해 중앙 레포지토리에 설정 정보를 동적으로 읽어 와서 서버 재시작 없이 라우팅 설정 변경 가능 - MongoDB 및 AWS Dynamo에 대한 L7 라우팅 기능 제공

4. Service Mesh

1) 기술 개요

Service Mesh란 애플리케이션의 다양한 계층에서 사용하는 데이터를 공유하고 제어하는 방법을 제공해 주는 인프라 계층이다. Service Mesh에서는 서로 다른 애플리케이션 부분이 얼마나 원활하게 상호 작용하는지를 기록할 수 있으므로, 더욱 손쉽게 커뮤니케이션을 최적화하고 애플리케이션 확장에 따른 다운 타임 등을 사전에 방지할 수도 있다.[34]

다른 아키텍처에서의 애플리케이션 개발과 달리 개별 마이크로 서비스는 자체 툴과 코딩 언어를 선택할 수 있는 유연성을 갖는 소규모 팀에 의해 독립적으로 구축되며, 장애 역시 개별적으로 발생하므로 애플리케이션 전체의 운영 중단으로 확대되지 않는다. 이러한 마이크로 서비스 구성 요소 간 상호 통신을 위해서는 Service Discovery, Service Routing, Failure recovery, 로드밸런싱(트래픽 관리), 보안 등의 문제를 처리할 수 있는 메커니즘을 필요로 하는데, 각 서비스 간의 커뮤니케이션이 마이크로 서비스를 가능하게 해주는 핵심이라고 볼 수 있다. 커뮤니케이션을 통제하는 로직은 이것

---

34) https://www.gartner.com/en/information-technology/glossary/service-mesh

을 통제하는 Service Mesh 레이어 없이 각 서비스에 직접 구현될 수 있으나, 커뮤니케이션이 복잡해질수록 Service Mesh를 이용하여 관리하는 것을 권장한다.

Service Mesh를 사용하지 않고 마이크로 서비스를 구축할 경우 각 마이크로 서비스는 서비스 간 커뮤니케이션을 통제하는 로직을 직접 구현해야 하므로 개발자들이 비즈니스 서비스를 구현하는 데에 집중하지 못할 수 있다. 또한, 서비스 간 커뮤니케이션을 통제하는 로직이 각 서비스 내부에 숨겨져 있기 때문에 커뮤니케이션 장애를 진단하기가 더 어려워질 수 있다.

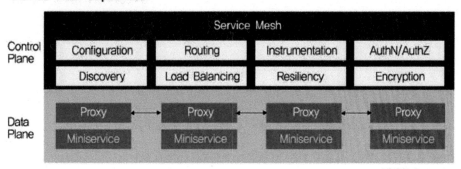

[그림 10-3] Service Mesh의 역할 (출처: TTA, NIPA)

Service Mesh는 통신 및 네트워크 기능을 비즈니스 로직과 분리한 네트워크 통신을 위한 인프라로써 모든 서비스의 인프라 레이어로 위의 언급된 많은 기능을 포함한 서비스 간의 통신을 처리한다.

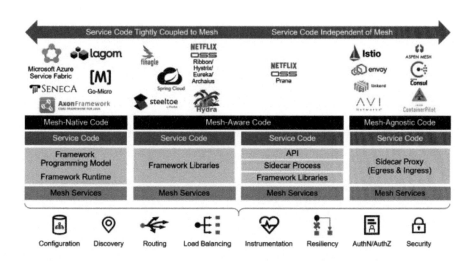

[그림 10-4] 코드 종속성 기반의 Service Mesh의 제품 (출처: TTA, NIPA)

[표 10-5] Service Mesh의 주요 특징과 장점

ServiceMesh	내용
주요 특징	- Service Discovery - Load Balancing(지연시간 기반/대기열 기반) - Dynamic Request Routing - Circuit Breaking - 암호화(TLS) - 보안 - Health Check, Retry and Timeout - Metric 수집
장점	- 개발자들이 서비스를 연결하는 대신 비즈니스 가치를 추가하는 일에 집중할 수 있다. - 요청 로직이 서비스와 함께 가시적인 인프라 계층을 형성하므로 마이크로 서비스를 도입하면서 발생한 런타임 이슈를 손쉽게 인식하고 진단할 수 있다. - Service Mesh는 장애가 발생한 서비스로부터 요청을 재라우팅 할 수 있기 때문에 다운 타임 발생 시 애플리케이션 복구 능력이 향상된다. - 시스템 성능 지표를 통해 런타임 환경에서 커뮤니케이션 최적화 방법을 제안할 수 있다.

2) 관련 솔루션

솔루션	내용
Linkerd [35]	- CNCF의 인큐베이션 프로젝트로써 코드를 변경할 필요 없이 런타임 디버깅, 관찰 가능성, 안정성 및 보안을 제공하여 서비스를 보다 쉽고 안전하게 실행할 수 있게 해 주는 Kubernetes용 Service Mesh이다. - Linkerd는 마이크로 서비스로 인해 복잡해지는 라우팅을, 투명하고 추상화된 레이어를 제공하여 해결한다. Linkerd는 사용자로부터 요청을 받은 다음 요청 대상 애플리케이션의 위치를 Service Discovery를 통해서 처리하고 로드밸런싱 해준다. 이렇게 시스템에서 복잡화되기 쉬운 통신 부분에 레이어를 두어 전체 구조를 간단하게 유지할 수 있게 된다.
Istio [36]	- 논리적으로 Data Plane과 Control Plane 두 개의 영역으로 구분되어 있다. Data Plane은 실제 데이터 트래픽이 돌아다니는 영역을 말하며, Control Plane은 프록시가 트래픽을 라우팅할 수 있도록 관리해 주며 Mixer의 정책을 설정하고 텔레메트리를 수집하는 용도로 사용되는 영역을 말한다.

---

35) https://linkerd.io/advanced/routing/
36) https://istio.io/docs/concepts/what-is-istio/

5. API(Application Programming Interface) Gateway

1) 기술 개요

클라우드 네이티브 애플리케이션을 구성하는 각 서비스는 적게는 수십 개에서 많게는 수백 개의 작은 서비스들로 나누어지게 되는데, 각각의 서비스들을 클라이언트에서 직접 호출할 경우에는 다음과 같은 문제점이 발생할 수 있다.

- 각각의 서비스마다 서비스 사용에 필요한 인증/인가/로깅에 관련된 공통적인 로직을 구현

- 공통된 로직의 변경 시 모든 서비스에 재배포가 필요

- 클라이언트에서 직접 여러 서비스들의 엔드포인트를 호출

- 클라이언트에서 사용된 API 사용 이력을 관리하기 어려움

일정한 규모 이상의 애플리케이션을 구축할 경우에는 각각의 API 서비스들의 엔드포인트를 단일화 해주는 API Gateway 서버를 배치하는 것이 필요하다. API Gateway에서는 각 서비스에 API 사용에 필요한 인증과 인가 기능을 가질 수 있으며, 클라이언트의 요청 정보를 기록하는 로깅 기능을 구현하거나 클라이언트의 요청을 각 서비스로 라우팅하는 역할을 담당한다.

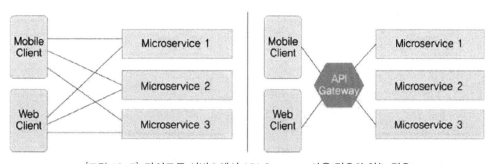

[그림 10-5] 마이크로 서비스에서 API Gateway 사용 경우와 않는 경우

(출처: TTA, NIPA)

API Gateway는 Access Control, API Contract, Rate Limit, Service Discovery, Circuit Breaker, Routing, Load Balancing, Authentication, Transformation, Caching, Logging 등의 API를 커스터마이징하고 연결하고 처리하는 역할을 담당한다. 여러 클라이언트의 요청을 단일 클라이언트의 요청처럼 처

리할 수 있기 때문에 클라이언트와 Back-end 서버 간의 API 통신량을 줄여줄 수 있다. 그리고 동일 서비스가 여러 인스턴스에 배포되어 있는 경우에 클라이언트의 요청을 분산하여 처리할 수 있는 로드 밸런서 역할을 수행하기도 한다.

API Gateway에서는 각 서비스를 호출하기 위해 서비스가 배치된 인스턴스의 고유한 IP 주소와 Port 번호를 알고 있어야 하는데, 클라우드 환경에서는 이러한 인스턴스들이 동적으로 배치되기 때문에 각 서비스의 위치를 기억하고 호출하는 것은 불가능하다. 따라서 각 서비스의 위치 정보는 "Service Discovery" 역할을 하는 서비스에게 질의하여 확인한 다음, 라우팅하게 된다.

아래 표는 API Gateway 서비스에 대해 설치 방법이나 배포 복잡성, 오픈소스 여부, 온프레미스와 클라우드 호스팅 여부, 개발 커뮤니티의 지원 여부와 서비스 이용 가격에 대해 설명하였다. API Gateway 서비스는 애플리케이션 구축과 같이 직접 설치해서 제공하거나 클라우드 서비스를 이용해서 구축할 수도 있다. 만약 오픈소스 형태로 제공되는 서비스를 이용할 경우에는 애플리케이션을 구현하는 업체에서 서비스를 직접 구현해서 제공할 수도 있다.

2) 관련 솔루션

솔루션	구분	내용
Apigee Edge, Apigee Edge Microgateway	장점	① Apigee 관리 클라우드 서비스 배포를 통해 조직은 선택한 여러 지리적 클라우드 지역에서 API 런타임 구성 요소를 사용할 수 있다. ② Apigee Edge 플랫폼의 API 게이트웨이는 IAM 영역에서 최고 점수를 제공하는 제품 중 하나이다. 보안 토큰 서비스(STS)는 특히 융통성이 있으며 SOAP-REST 및 REST-SOAP 변환에 대한 자동화 지원에 강점이 있다. Apigee Edge는 보안 영역에서 가장 높은 점수를 받는 솔루션 중 하나이며, Apigee Sense와 함께 모든 기능을 제공한다. ③ Apigee는 컨테이너 배포를 포함하여 소프트웨어 및 클라우드 서비스 옵션을 모두 제공한다.
	단점	① Bot Mitigation 및 행동 분석을 위해서는 추가 Apigee Sense 라이센스가 필요하다. ② Private Cloud 구축을 위한 Apigee Edge에는 Apigee Sense를 추가할 수 없다. ③ Apigee Edge Microgateway는 기본적으로 데이터 보안 기능을 제공하지 않는다. 민감한 데이터, 데이터 마스킹, 토큰화 및 암호화를 사용하여 메시지를 차단하려면 모두 사용자 지정 코드 또는 플러그인이 필요하다.

Amazon API Gateway	장점	① AWS에서 제공하는 서비스를 배포하는 AWS 고객에게 유용하다. ② 프로그래밍 가능하고 자동화가 가능하여 DevOps 원칙을 적용하는 조직에 적합하다. 물론 Gateway 구성을 자동화하고 다른 AWS 서비스와 효과적으로 통합하려면 이러한 조직에 필요한 엔지니어링 리소스가 있어야 한다. ③ Red Hat 3scale API Management와 통합되어 Amazon 및 Red Hat Gateway에서 정책 집행 및 모니터링을 수행한다.
	단점	① 클라우드 서비스로만 사용할 수 있다. 따라서 사용자와 On-premise에서는 사용할 수 없다. ② 조직에서 Amazon API Gateway가 동작하는 AWS 환경에 익숙하지 않은 경우 여러 구성 인터페이스를 사용하는 것이 어려울 수 있다. ③ AWS는 기본적으로 OAuth를 지원하지 않는다. OAuth는 Cognito를 사용하여 구성할 수 있지만 이 프로세스는 IaaS API 액세스를 위해 기본적으로 OAuth를 지원하는 서비스(IaaS) 플랫폼으로 다른 인프라와 관련하여 복잡성을 필요로 한다. ④ 기본 보안은 특정 트래픽 관리 기능으로 제한된다. 다른 보안 기능을 사용하려면 AWS 서비스 또는 외부 기능을 사용해야 한다. ⑤ AWS는 현재 고유 또는 통합을 통해 특정 Bot Mitigation 기능을 제공하지 않는다.
KONG 엔터프라이즈 에디션	장점	① 마이크로서비스 사용 사례를 해결하기 위해 개발되었으며 DevOps 배포 시나리오를 지원한다. ② API Gateway 또는 마이크로 서비스 형태로 배포할 수 있는 Gateway용 단일 코드 기반을 가지고 있다. ③ 최신 OAuth/OIDC 확장의 대부분을 지원하며 OAuth/OIDC 흐름을 가장 광범위하게 지원한다. ④ 컨텍스트 기반 인증을 지원하며 "적응형 액세스"라고도 한다.
	단점	① SAML, XML과 JSON 간 변환 또는 SOAP와 REST 간의 변환을 지원하지 않는다. 따라서 전통적인 IAM 인프라가 있는 조직에는 적합하지 않다. ② 개별 또는 통합을 통해 DDoS 보호를 제공하지 않는다.
Netflix OSS Zuul Gateway	정의	- Zuul API Gateway는 사용자 요청을 적절한 서비스로 프록시 혹은 라우팅하는 마이크로 서비스 아키텍처의 컴포넌트다.
	기능	- Zuul은 가장 앞단에서 클라이언트의 요청을 받아 적절한 서비스에 전달하고 결과를 다시 클라이언트에 보내는 에지 서버(Edge Server) 또는 API Gateway의 역할을 하게 된다. - Front-end로부터 모든 요청을 받아 내부 마이크로 서비스들에게 요청을 전달하는 단일 엔드포인트로써 CORS, 인증, 보안과 같은 공통 설정을 Zuul 서비스에서 처리할 수 있으며, 클라이언트 요청을 적절한 서비스로 라우팅하거나 필터를 적용하여 헤더에 특정 정보를 추가 가능

제2절
클라우드 네이티브 스토리지 네트워크

1. Cloud Native Storage(CNS) [37]

1) 기술 개요

컨테이너 환경은 기존의 OS 가상화보다 간단하게 운영 체제 및 미들웨어를 가상화할 수 있기 때문에 다양한 형태의 개발 및 운영 환경을 쉽게 구축하여 사용할 수 있다. 이렇게 생성되는 다양한 컨테이너 환경의 데이터는 컨테이너가 실행되는 호스트 및 클라우드의 저장소에 저장된다. 가상화 환경에서 사용되는 데이터들의 저장 작업은 수동으로 관리하는 것이 쉽지 않으며, 전체 컨테이너 워크로드에 대한 스토리지 프로비저닝을 자동화하는 방법을 사용해야 한다.

클라우드 네이티브 스토리지란, 클라우드 네이티브 애플리케이션(Cloud Native Application, CNA)에서 사용되는 스토리지이다. CNA는 일반적으로 쿠버네티스(Kubernetes), 메소스(Mesos), 도커 스웜(Docker Swarm)과 같은 컨테이너형 Orchestrator에서 컨테이너화되고 배포/관리하게 되는데, 컨테이너에서 사용하는 스토리지는 대부분의 경우 별도의 시스템을 이용하여 영구적으로 저장되어야 하는 경우가 많다. 점점 더 많은 개발자들이 애플리케이션을 개발, 구축, 구현, 실행 및 관리하기 위해 컨테이너와 Kubernetes와 같은 새로운 기술을 채택하고 있으므로 이러한 애플리케이션을 실행하는 데 필요한 모든 인프라를 컨테이너 가상화 환경에서 제공하는 것이 중요하다. 예를 들어, Kubernetes의 Stateful이라는 리소스는 클라이언트가 애플리케이션과 상호 작용할 때 애플리케이션이 상태를 기억해야 하는 애플리케이션을 말하며, 이러한 Stateful 상태를 저장하려면 외부의 저장 공간이 필요하게 된다. CNCF 백서의 첫 번째 섹션에서

---

37) https://blogs.vmware.com/virtualblocks/2019/08/14/introducing-cloud-native-storage-for-vsphere/

는 스토리지 인터페이스 및 시스템이 일반적으로 가지고 있거나 가질 것으로 예상되는 특징 및 특성에 관해서 설명하고 있다. [38]

컨테이너 오케스트레이터의 구성 요소 [39]	스토리지 시스템의 주요 속성
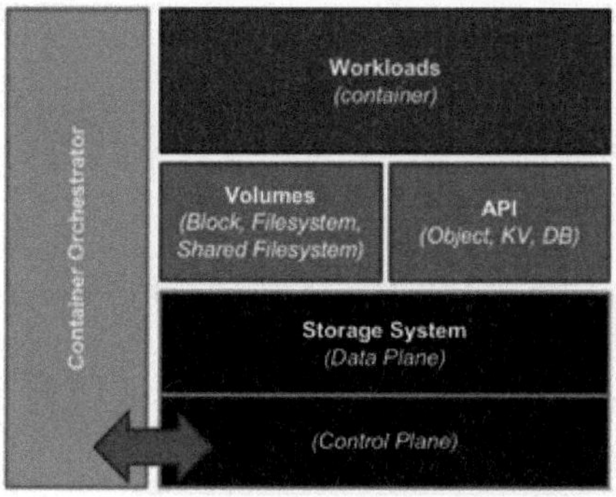	- Availability(가용성) - Scalability(확장성) - Performance(성능) - Consistency(일관성) - Durability(내구성) - Instantiation&Deployment(인스턴스화 및 배포)

[그림 10-6] 컨테이너 오케스트레이터 구성

일반적으로 데이터 액세스 인터페이스는 데이터가 소비 또는 저장되는 방법을 정의하는데, 인터페이스의 선택은 가용성, 성능 및 확장성과 같은 중요한 속성에도 영향을 주게 된다. CNCF의 백서에서는 데이터 액세스 인터페이스를 볼륨과 애플리케이션 API로 분리하였다.

2) 오케스트레이션 및 관리 인터페이스

클라우드 네이티브 아키텍처에는 애플리케이션의 구성 요소들이 컨테이너화되어 있으며, 일반적으로 관리 시스템 또는 오케스트레이터가 필요하다. 오케스트레이션 시스템은 스토리지 시스템과 상호 작용하여 워크로드를 스토리지 시스템의 데이터와 연결하기 위해 데이터 액세스 인터페이스를 사용하게 된다. 데이터 액세스 인터페이스는 연결하는 내용에 따라 다른 계층이 관련될 수도 있다

---

38) http://bit.ly/cncf-storage-whitepaper
39) https://docs.google.com/document/d/1Cek8jJ2SPt4xx7Tnx7ih_m4DxzSimj_w26qYHnfrrRQ/edit#heading= h.h1c8gkva284m

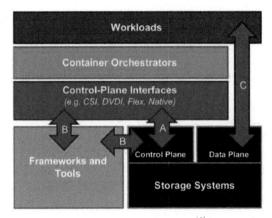

[그림 10-7] 스토리지 시스템과의 상호 작용 [40] (출처:TTA,NIPA)

예를 들어 Kubernetes는 스토리지 시스템과 상호 작용하기 위해 여러 인터페이스를 지원할 수 있다. 해당 스토리지 시스템은 다음의 기능을 지원할 수 있다.

컨트롤 플레인 API 지원 및 오케스트레이터(Orchestrator)와 직접 연락이 된다. 그리고 API Framework 레이어 또는 기타 도구를 통해 오케스트레이터와 상호 작용 컨트롤 플레인 API는 컨테이너 오케스트레이터에 대한 스토리지 인터페이스를 말하며 워크로드를 위해 스토리지를 동적으로 프로비저닝하는 데 중점을 둔다. API 프레임워크 및 기타 도구는 컨트롤 플레인 API의 확장이며 프로비저닝 외에도 자동화 및 기타 데이터 서비스(데이터 보호, 마이그레이션, 복제 등)를 지원한다.

3) 관련 솔루션 [41]

솔루션	내용
ROOK [42]	- 스토리지 소프트웨어를 자체 관리, 자체 확장 및 자체 복구 가능한 스토리지 서비스로 전환시켜 주며 이를 위해 배포, 부트스트랩, 구성, 프로비저닝, 확장, 업그레이드, 마이그레이션, 재해 복구, 모니터링 및 리소스 관리를 자동화하게 해준다. Rook은 Extension point(확장점)의 활용과 스케줄링, Lifecycle 관리, 리소스 관리, 보안, 모니터링 및 사용자 경험을 지원하는 매끄러운 인터페이스를 제공함으로써 클라우드 네이티브 환경에 잘 통합할 수 있도록 지원한다. [43]

---

40) https://docs.google.com/document/d/1Cek8jJ2SPt4xx7Tnx7ih_m4DxzSimj_w26qYHnfrrRQ/edit#heading= h.rzvsu9izhbr9

41) https://github.com/rook/rook/blob/master/README.md#project-status

42) https://rook.io/docs/rook/v1.3/

43) https://rook.io/docs/rook/v1.3/ceph-storage.html

Ceph [44]		- 프로덕션 배포 환경에서 자주 사용되고 있는 블록 스토리지(Block storage), 객체 스토리지(Object storage) 및 공유 파일 시스템(Shared file system)을 제공하는 확장성이 뛰어난 분산 스토리지 오픈소스 플랫폼이다. [45]
Rook + Ceph 연동		- Kubernetes 클러스터에서 Ceph를 실행하면 Kubernetes 응용 프로그램은 Rook에서 관리하는 블록 장치 및 파일 시스템을 마운트하거나 S3/Swift API를 사용하여 객체 스토리지에 저장할 수 있다. Rook 운영자는 스토리지 요소들의 구성을 자동화하고 클러스터를 모니터하여 스토리지가 사용 가능하고 문제 없이 유지될 수 있도록 지원한다.
Gluster [46]	정의	- 여러 서버의 디스크 스토리지 리소스를 단일 글로벌 네임 스페이스로 집계하는 확장 가능한 분산 파일 시스템이다.
	장점	- 페타 바이트로 확장 가능 - 수천 개의 client 처리 가능 - POSIX 호환 - 상용 하드웨어 사용 - Extended attributes를 지원하는 모든 온 디스크 파일 시스템을 사용 - NFS 및 SMB와 같은 산업 표준 프로토콜을 사용하여 액세스 가능 - 복제, 할당량, 지역 복제, 스냅 샷 기능을 제공 - 다양한 워크로드에 최적화 가능 - 오픈소스

2. Cloud Native Network

1) 기술 개요

클라우드 네이티브 애플리케이션 개발과 마찬가지로 클라우드 네이티브 네트워크는 클라우드 속성을 활용하도록 설계된 전용 플랫폼에서 네트워크에 대한 경로 계산, 정책 시행 및 보안 검사 등을 실행하기 위한 기능을 제공한다.

[표 10-6] 클라우드 네이티브 네트워크 서비스의 5가지 속성

속성	내용
멀티테넌시 (Multitenancy)	- 클라우드 네이티브 네트워크를 통해 고객은 기본 인프라를 공유하면서 추상화를 통해 프라이빗 네트워크 환경을 제공받는다.

---

44) https://rook.io/docs/rook/v1.3/ceph-storage.html

45) https://ceph.readthedocs.io/en/latest/architecture/
https://en.wikipedia.org/wiki/Ceph_(software)

46) https://docs.gluster.org/en/latest/Administrator%20Guide/GlusterFS%20Introduction
https://docs.gluster.org/en/latest/Quick-Start-Guide/Architecture/

확장성 (Scalability)	- 플랫폼은 새로운 트래픽 로드 또는 새로운 요구 사항을 수용하며, 소프트웨어 스택은 추가 컴퓨팅, 스토리지, 메모리 또는 네트워킹 리소스를 즉시 활용할 수 있다.
속도 (Velocity)	- 자체 소프트웨어 플랫폼을 개발함으로써 신속하게 혁신하여 새로운 기능을 즉시 사용할 수 있다. 모든 지역의 모든 고객은 최신 기능 세트를 활용할 수 있으며, 지원 및 플랫폼 개발팀이 함께 묶여 있기 때문에 문제 해결에 소요되는 시간이 줄어들게 된다.
효율성 (Efficiency)	- 대규모로 구축된 IP 인프라를 활용하면 통신회사가 물리적 전송 네트워크를 구축하고 유지 관리하는 데 드는 비용을 피할 수 있다.
보편성 (Ubiquity)	- 효율성 극대화를 위해 여러 지역에 걸쳐 동등한 기능을 제공하는 것은 매우 중요하며 물리적, 가상 어플라이언스, 모바일 클라이언트 및 타사의 IPSec 호환 엣지에서도 클라우드 네이티브 네트워크에 접근 가능해야 한다. 이렇게 하면 하나의 네트워크가 어느 곳에서나 모든 리소스를 연결할 수 있게 된다.

2) 관련 솔루션 [47]

솔루션	내용
CNI (Container Networking Interface)	- CNI는 컨테이너들의 네트워크 연결과 삭제될 때 할당된 자원을 제거하는 역할을 하며, 오버레이 네트워크 혹은 L3 등을 통합하는 데 적합하다. CNI는 Kubernetes뿐만 아니라 AWS ECS, OpenShift 등 여러 컨테이너 오케스트레이션에서 활용되고 있다. [48]
Project Calico [49]	- 컨테이너 및 가상 머신 등에 대해 간단하고 확장 가능한 네트워크 및 보안 정책 기능을 제공하는 오픈소스 프로젝트이다. Calico는 오케스트레이터와 함께 사용하는 것을 전제로 하며, OpenStack과 Kubernetes, Mesos, Docker, RKT 등과 같은 프로젝트와 함께 사용된다. 특히 보안 정책 기능은 Kubernetes 네트워크 정책 및 Service Mesh의 Istio 등의 구현으로도 주목받고 있다.

3. Container Runtime

1) 기술 개요

일반적인 런타임이란, 컴퓨터 개발자들에 의해 애플리케이션이 실행될 때의 라이프 사이클이나 애플리케이션 실행을 지원하기 위한 프로그래밍의 특정한 구현을 말하지만, 컨테이너 런타임이란, 실제 컨테이너 가상화에서 구동되는 애플리케이션 자체를 실행하는 것이 아닌, 컨테이너의 실행에 관련된 부분을 담당하는 것을 말한다. 실제

---

47) https://landscape.cncf.io/
48) https://www.cncf.io/wp-content/uploads/2017/11/Introduction-to-CNI-2.pdf
49) https://docs.projectcalico.org/introduction/

런타임에서는 레벨마다 다양한 기능을 수행하지만, 컨테이너를 구동하기 위해서 단순하게 컨테이너 런타임을 호출하는 것이 전부이다.

컨테이너 런타임으로는 runc, lxx, lmctfy, Docker(containerd), rkt, cri-o 등 다양한 제품들이 있다. 특히 컨테이너 가상화의 표준으로 사용되는 Docker containerd, cri-o와 같은 제품은 runc를 사용하여 컨테이너를 실행하지만, 이미지 관리 API를 제일 상단에 구현하고 있다. 이미지 전송, 이미지 관리, 이미지 압축/해제 API를 포함하는 기능들은 runc의 하위 수준 구현에 비해 높은 수준의 기능이라고 생각할 수 있다.

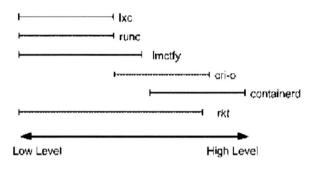

[그림 10-8] Container Runtime의 종류 (출처: TTA, NIPA)

실제 목적을 위해 실행 중인 컨테이너에만 초점을 맞춘 컨테이너 런타임을 일반적으로 'Low Level' 컨테이너 런타임이라고 하며, 이미지 관리 및 gRPC/Web API와 같이 더 높은 수준의 기능을 지원하는 런타임을 'High Level' 컨테이너 런타임 또는 일반적인 컨테이너 런타임이라고 한다. 대표 컨테이너 오케스트레이션 도구인 Kubernetes에서는 기본적인 애플리케이션 실행 단위를 Pod라고 하며, Pod에는 1개 이상의 컨테이너가 구성되고 각 컨테이너는 독립된 원격 실행 환경을 가지고 있으며, Pod에서는 컨테이너를 실행하기 위해 컨테이너 런타임을 사용한다.[50]

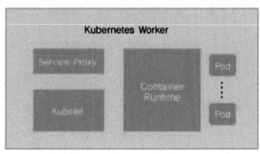

[그림 10-9] Kubernetes에서의 Container Runtime (출처: TTA, NIPA)

---

50) https://www.ianlewis.org/en/container-runtimes-part-1-introduction-container-r

Kubernetes에서는 Kubelet가 Pod 혹은 컨테이너의 관리를 행하는 주체이지만 직접적으로 원격 환경을 조작하지는 못하기 때문에 컨테이너 런타임은 Kubelet 로부터의 Pod 혹은 컨테이너에 대한 요청을 커널 기능을 이용하여 직접 수행한다. Kubelet와 Pod의 중간 매개체의 역할을 하는 컴포넌트가 컨테이너 런타임이다.

컨테이너 런타임 특징

- 호스트상에서 컨테이너를 관리하기 위한 기능 핵심 기능 제공

- Container 실행 및 감시

- 네트워크 인터페이스 제공 및 관리

- 이미지 관리

- 로컬 스토리지 관리

Kubelet과 직접 통신하는 레이어를 High-Level 런타임 혹은 CRI 런타임이라고 하며, CRI(Container Runtime Interface)를 이용하여 통신한다. 이 레이어에서 직접적인 Container 조작은 불가능하며 OCI 런타임을 통해서만 조작이 가능하다. 대표적으로 Containerd, CRI-O, rkt 등이 있다.

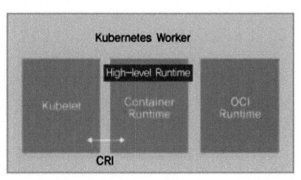

[그림 10-10] Kubernetes에서 CRI를 통한 Worker 간 통신 (출처: TTA, NIPA)

Pod 혹은 컨테이너의 작성은 OCI 런타임을 통해 이루어지는데, 이를 Low-Level 런타임 혹은 OCI 런타임이라고 부르며, OCI(Open Container Initiative)의 Container 런타임 표준 규격으로 통신한다. 대표적으로 runc, gVisor, Nabla, kata container 등이 있다. OCI 런타임은 컨테이너 작성 시 필요한 내용이 File system bundle로 정

의되어 있으며, 컨테이너에 대해 수행할 수 있는 작업(create, start, kill, delete 등)과 Container 수명 주기가 정의되어 있다. OCI 런타임은 이러한 조작에 대응하는 인터페이스를 가지고 있으며, High-Level 런타임에서 필요한 작업을 OCI 런타임에 지시하여 컨테이너를 관리하게 된다.

2) 관련 솔루션 [51]

솔루션명	내용
Containerd [52]	- Docker 컨테이너 내부에서 이용하기 위해 개발되었으며, 노드에서 이미지를 관리하는 데 필요한 최소한의 기능을 제공하는 OCI 호환 코어 컨테이너 런타임 중 하나이다.
CRI-O [53]	- OCI(Open Container Initiative) 호환 런타임을 사용할 수 있도록 Kubernetes CRI(Container Runtime Interface)를 구현한 Kubernetes 의 컨테이너 런타임이다. Kubernetes는 Pod 실행을 위한 컨테이너 런타임 으로 Low-Level 런타임의 runc 및 Kata 컨테이너를 지원하지만 모든 OCI 호환 런타임에서도 사용할 수 있다.

51) http://www.opennaru.com/kubernetes/cri-o/
52) http://www.opennaru.com/kubernetes/containerd/
53) https://cri-o.io/

제3절
클라우드 네이티브 인프라 프로세서
(Provisioning)클라우드 네이티브 처리(Observability and Analysis)

프로비저닝(Provisioning)은 IT 인프라를 설정하는 프로세스로서 사용자의 요구에 맞게 시스템 자원 할당, 배치, 배포하는 등의 리소스에 대한 액세스 관리와, 서비스 실행부터 배포에 이르는 전 단계에 걸쳐 처리하는 일련의 프로세스를 의미한다.

프로비저닝은 설정(Configuration)과 동일한 작업 프로세스는 아니지만 둘 다 배포 프로세스의 단계이다. '프로비저닝'이라는 용어가 사용되는 경우 서버 프로비저닝, 네트워크 프로비저닝, 사용자 프로비저닝, 서비스 프로비저닝 등과 같은 다양한 유형의 프로비저닝을 의미할 수 있으며, 프로비저닝 후에 각 인스턴스나 서비스에 추가적인 설정을 지정한다.

프로비저닝 프로세스를 사용하는 목적은 첫 번째로 액세스 권한을 모니터링하여 기업 리소스의 보안을 유지하고 사용자 개인정보를 보호하는 것이다. 두 번째로 규정 준수를 보장하고 시스템 침투 및 남용의 취약성을 최소화할 수 있다. 마지막으로 부팅 이미지 제어 및 관련된 다양한 구성을 획기적으로 줄이는 방법을 사용하여 사용자 지정 구성의 양을 줄이는 데 있다. 프로비저닝은 가상화, 클라우드 컴퓨팅, 개방형 구성 개념 및 프로젝트 구성에 사용된다.

1. Automation & Configuration

1) 기술 개요
과거에는 물리적 서버 설정 및 하드웨어를 원하는 설정으로 구성하는 등 IT 인프라 프로비저닝은 수동으로 처리하는 것이 일반적이었다. 그러나 각 배포에 대해 개발자가 프로비저닝을 수동으로 관리할 때 변경 및 제어 버전을 추적하고 오류를 해결하기가 어려워졌다. 프로비저닝에는 서버 자원 프로비저닝, OS 프로비저닝, 소프트웨어 프로비저닝, 스토리지 프로비저닝, 계정 프로비저닝 등이 있으며, 수동으로 처리하는 수동 프로비저닝과 자동화 툴을 이용해 처리하는 자동 프로비저닝으로 구분할 수 있다.

[표 10-7] 수동 프로비저닝과 자동 프로비저닝 비교

구분	내용
서버 자원 프로비저닝	- 서버의 CPU, Memory 등의 자원을 할당 또는 적절하게 배치하여 운영이 가능하도록 준비하는 프로세스
OS 프로비저닝	- OS를 서버에 설치하고, 구성 작업을 통해 OS가 동작 가능하도록 준비하는 프로세스
소프트웨어 프로비저닝	- 소프트웨어(WAS, DBMS, 애플리케이션 등)를 시스템에 설치 배포하고 구성에 필요한 설정 작업을 통해 실행 가능하도록 준비하는 프로세스
계정 프로비저닝	- 액세스 권한과 인증 권한을 모니터링하여, 사용자가 접근하는 자원 (Resource)의 범주가 변경되었을 때 HR 담당자와 IT 관리자는 승인 절차를 밟은 후 E-mail, 그룹웨어, ERP 등 다양한 애플리케이션에 필요한 계정을 생성하거나 접근 권한을 변경해 주는 Identity 관리 프로세스
스토리지 프로비저닝	- 낭비되거나 사용되지 않는 스토리지를 식별하고 공통 풀에서 옮긴 후 스토리지에 대한 요구가 접수되면 관리자는 공통 풀에서 스토리지를 꺼내 사용 효율성을 높일 수 있는 인프라를 구축 가능하도록 하는 프로세스

인프라를 자동으로 처리하기 위해 IaC(Infrastructure as Code) 솔루션을 사용할 수 있다. IaC는 수동 프로세스 대신 코드를 통해 인프라를 관리하고 프로비저닝하는 것을 말하며, IaC를 사용하여 인프라 프로비저닝을 자동화하면 개발자가 애플리케이션을 개발하거나 배포할 때마다 서버, 운영 체제, 스토리지 및 기타 인프라 구성요소를 수동으로 프로비저닝하고 관리할 필요가 없게 된다.

[그림 10-11] Infrastructure as Code에 의한 시스템 프로비저닝

(출처: TTA, NIPA)

IaC는 매번 동일한 환경을 프로비저닝하게 되며, 이렇게 인프라를 코드로 배포하면 인프라를 모듈식 구성 요소로 나눈 다음, 자동화를 통해 다양한 방식으로 결합할 수 있게 된다. IaC를 사용하면 인프라 사양이 포함된 구성 파일이 생성되는데, 이를 통해 인프라스트럭처를 준비하기 위해 스크립트를 실행해야 하는 프로비저닝 작업이 제거된다. IaC는 프로비저닝을 위해 설정해야 할 템플릿을 제공하고, 자동화 도구를 사용해 관리할 수 있으므로 수동으로 관리하는 것보다 반복적이고 복잡한 작업을 에러 없이 쉽게 처리할 수 있다. IaC를 사용하면 컨테이너 가상화를 포함해서 개별 하드웨어를 변경할 필요가 없으므로 빠른 처리 속도와 비용 절감이 된다.

[표 10-8] IaC 구현을 위한 주요 기술 [54]

기술 구분	주요 기술
Orchestration	Jenkins + Fabric, Mcolective, SaltStack
Configuration	Chef, Ansible, Puppet
Bootstrap	Vagrantm Docker, Cloud CLI

2) 관련 솔루션

솔루션 도구	내용
Ansible [55]	- Python 언어로 구현된 오픈소스로서 서버 설정, 미들웨어 설치, 소프트웨어 배포, 복수의 호스트 자동화 관리 기능을 제공하는 도구로써 유닉스 계열 운영 체제와 윈도우즈 운영 체제에서도 실행 가능
Chef	- 서버의 구성 및 유지 보수 작업을 간소화하며, 인터냅, AWS(Amazon Web Service) EC2, GCP(Google Cloud Platform), NCP(Naver Cloud Platform), 오픈 스택, 소프트레이어, MS Azure, 랙스페이스와 같은 클라우드 기반 플랫폼들과 통합하여 자동으로 새로운 머신을 프로비저닝 하고 구성할 수 있는 대표적인 IaC 도구
Terraform [56]	- 오픈소스로서 HashiCorp에서 Go 언어로 개발한 클라우드 인프라스트럭처 자동화를 위한 도구로써 인프라의 초기 프로비저닝, 갱신, 폐기 등 모든 구성을 코드로 작성하여 인프라스트럭처를 관리

54) https://puppet.com/docs/mcollective/current/index.html
https://www.saltstack.com/

55) http://docs.ansible.com/ansible/playbooks.html
https://www.atmarkit.co.jp/ait/articles/1305/24/news003.html

56) https://www.terraform.io/

2. Container Registry

컨테이너 레지스트리란 표준 컨테이너 런타임으로 사용되는 Docker의 이미지를 저장하기 위한 프라이빗 이미지 저장소를 제공하는 것으로써 레포지토리 내의 컨테이너 이미지를 저장, 호스팅, 버전 관리, 배포하는 도구를 말한다.

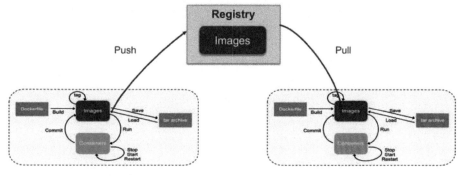

[그림 10-12] Container Registry의 역할 (출처: TTA, NIPA)

기존에 컨테이너 이미지를 저장하기 위해서 Docker Hub나 기타 다른 오픈소스를 이용해서 자체 레지스트리를 구축할 수도 있으며, 국내외 클라우드 서비스 플랫폼 (AWS, GCP, NCP 등)의 컨테이너 레지스트리를 이용하여 이미지 저장을 위한 인프라 운영, 관리에 대해 고민없이 손쉽게 컨테이너 이미지 레지스트리를 구성할 수 있다.

1) 기술 개요 [57)]

컨테이너 이미지란, 시스템과 서비스에 필요한 코드를 모아 둔 최소한의 단위를 말하며, 컨테이너 가상화 기술인 Docker CLI나 Kubernetes를 사용하여 컨테이너 이미지를 쉽게 저장하고 공유할 수 있도록 고가용성 컨테이너 레지스트리 서비스를 이용한다.

컨테이너 이미지는 애플리케이션을 캡슐화하는 많은 파일로 구성되며, 호스트가 이미지를 레지스트리에 저장하면 다른 호스트가 레지스트리 서버에서 이미지를 다운로드할 수 있게 된다. 이를 통해 동일한 응용 프로그램을 호스트에서 다른 호스트로 전송 배치할 수 있게 된다.

컨테이너 레지스트리에 이미지를 저장함으로써 프레임워크 수준에서 모든 종속성을 포함한 정적 및 변경할 수 없는 애플리케이션 정보를 저장할 수 있으며, 여러 환경

---

57) https://github.com/goharbor/community/tree/master/presentations/introduction

에서 이미지를 버전화하고 일관된 배포 단위를 제공할 수 있다.

　컨테이너 레지스트리는 개발자, 테스터 및 CI/CD 시스템에 의해 사용되는데, 레지스트리를 사용하여 애플리케이션 개발 프로세스 중에 생성된 이미지를 저장하며, 개발 환경 혹은 운영 환경에서 동일한 이미지를 사용할 수 있다.

　컨테이너 레지스트리는 크게 Public 레지스트리와 Private 레지스트리로 구분할 수 있는데, Public 레지스트리 서비스는 클라우드 서비스를 이용하여 쉽게 이용이 가능하지만, 컨테이너 사용이 고도화되고 민감한 내용들을 포함하게 될 경우에는 보안 및 효율성을 위해 Private 레지스트리 서비스를 이용하는 것이 좋다. 컨테이너 레지스트리의 보안을 위해 LDAP 및 Active Directory와 같이 조직에 이미 설정된 사용자 ID를 사용하여 RBAC(역할 기반 액세스 제어)를 이미지에 할당하거나 이미지에 대한 디지털 서명 및 이미지 취약점을 검사하여 패치 적용을 지속적으로 수행할 수 있다.

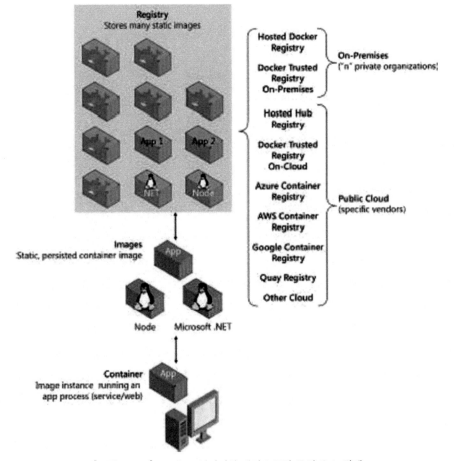

[그림 10-13] Docker 이미지와 레지스트리 구성 요소 관계

(출처: TTA, NIPA)

2) 관련 솔루션

솔루션	내용
Docker Registry [58]	- Docker 이미지를 저장하고 배포할 수 있는, 확장성이 뛰어나고 Apache 라이선스를 준수하는 오픈소스 서버 애플리케이션이다.
Harbor [59]	- 컨테이너 레지스트리 및 Helm 차트에 대한 Private 레지스트리를 제공한다. 역할 기반 접근 제어, 이미지의 취약성 스캐닝, 이미지 서명(Notary를 사용)에 중점을 두며 온-프레미스 및 오프-프레미스에서 일관된 사용 환경 제공을 목적으로 개발되었다.

---

58) https://blinkeye.github.io/post/public/2019-05-28-private-docker-registry/
59) https://goharbor.io/
https://www.cncf.io/wp-content/uploads/2020/08/Harbor-CNCF-Webinar.pdf
https://github.com/goharbor/community/tree/master/presentations/deep_dive

제4절
클라우드 네이티브 처리
(Observability and Analysis)

1. Monitoring

1) 기술 개요

모니터링이란 시스템상의 상태 변화를 지속적으로 감시하는 과정으로써 모니터링 과정 중에 생산된 데이터는 수집, 저장된 다음 관리자에게 현 상황을 알려주어 의사 결정에 도움을 주며, 시스템에서는 데이터 수집, 처리, 분석, 표현 등을 처리한다.

[표 10-9] 모니터링 처리 방법

모니터링	목적
장애 탐지	- 시스템에 장애가 일어났을 경우, 빠르게 탐지하는 것은 모니터링의 중요한 역할로서, 속도와 정확성이 중요하므로, 문제를 탐지해 시스템 관리자에게 효과적인 알림을 제공하기 위한 모니터링 시스템이 필요
다운타임 최소화	- 서비스를 운영하는 데 있어 다운타임은 최소화되어야 하며, 상황과 원인 파악, 통계 자료부터 상세 항목까지 검색할 수 있는 모니터링 시스템 필요
의사 결정에 도움	- 관리자들은 사용자의 서비스 이용 형태의 변화에 대한 정확하고 빠르게 판단해야 하며, 모니터링 시스템은 현재 상태에 대한 정보를 빠르게 시각화해 제공하고, 축적된 데이터를 의미 있는 범위 내에서 관리자가 받아들이고 올바른 기준을 설정하도록 가이드라인을 제시
자동화	- 자동화란 장애가 발생했을 때 알림이 작동되고 예상 가능한 범위의 장애가 발생하면 관리자가 미리 설정해 둔 프로세스에 맞게 시스템이 스스로 수행하는 것을 의미하며, 모니터링 시스템은 시스템이 자동 복구를 수행할 수 있는 프로세스를 통하여 중단 없는 서비스를 제공

시스템의 인프라 및 미들웨어는 계획된 용량 및 고가용성 패턴(예: 액티브-액티브 또는 액티브-패시브)을 기반으로 프로비저닝된다. 상황에 따라서는 예기치 않게 장애가 더 복잡해질 수 있고 문제를 확인하고 복구하는 데 상당한 노력이 필요하게 된다. 그러므로

사전에 감지된 장애 케이스들에 대비하기 위해서 자원 활용도를 검사하는 에이전트를 통해 모니터링을 수행할 수 있다. 클라우드 네이티브 애플리케이션을 적절하게 모니터링하기 위해서는 Observability, Telemetry, Monitoring 등이 제공되어야 한다.

2) Observability

클라우드 네이티브 애플리케이션을 모니터링하려면 각 프로세스의 요소를 관찰할 수 있어야 한다. 각 엔터티는 자동화된 문제 감지 및 경고, 필요한 경우 수동 디버깅 및 시스템 상태 분석이나 추세 분석 등을 지원하는 적절한 데이터를 생성해야만 한다.

[표 10-10] 시스템 분석을 위한 데이터를 생성 방법

문제	방법
Health checks (custom HTTP endpoints)	- Kubernetes 또는 Cloud Foundry와 같은 오케스트레이터와 연동하여 전체적인 시스템의 상태를 관리할 수 있게 한다.
Metrics	- 시계열로 수집되는 데이터의 숫자 표현으로 숫자 시계열 데이터는 추세 분석이나 현 상태를 파악하는 데 도움이 된다. 수치 데이터는 일별, 주별 등 덜 세분화된 집계로 압축될 수 있다.
Log	- 모니터링 시스템에서는 개별 이벤트 정보를 저장한다. 로그는 디버깅에 필수적인 스택 추적 및 장애의 근본 원인을 식별하기 위해 도움이 되는 기타 상황 정보를 포함한다.
Distributed, request, or end-to-end tracing	- 사용자 요청의 End-to-End 흐름을 저장한다. 추적(Tracing)은 기본적으로 서비스 간의 관계(요청이 거쳐 간 서비스)와 시스템을 통한 작업 구조(동기 또는 비동기 처리, 하위 또는 후속 관계)를 모두 저장한다.

3) Telemetry

클라우드 네이티브 애플리케이션은 원격 분석을 위해 텔레메트리 환경을 이용할 수 있다. 자료의 분석을 위해 데이터를 중앙 저장소로 자동 수집하고 전송하며, 로그를 이벤트 스트림으로 처리하고 마이크로 서비스가 생성하는 모든 데이터에 대해서 관찰할 수 있도록 해야 한다. Kubernetes에는 Heapster와 같은 원격 측정을 위한 몇 가지 기본 기능을 제공하지만, Kubernetes 컨트롤 패널과 통합된 다른 시스템에서 원격 측정을 제공하는 것을 사용하는 경우가 많다. 모노리스 프로그램을 마이크로 서비스로 분리하면 더 많은 요청이 네트워크로 전달되어 대기 시간 및 기타 네트워크 문제

의 영향이 커지는 경우가 있다. 요청은 여러 가지 이유로 아직 작업이 준비되지 않은 프로세스에 도달할 수 있으며, 서비스에 리소스가 부족하면 서비스가 자동으로 다시 시작되며 내결함성 전략(fault tolerance strategies)을 통해 시스템 전체가 계속 작동할 수 있도록 한다. 이러한 환경에서는 개별 장애에 대한 관리자의 수동 개입이 유용하지 않을 수도 있다.

4) Monitoring

Observability와 Telemetry 개념은 대규모 분산 시스템에서 클라우드 네이티브 애플리케이션을 모니터링하는 방법에 있어 중요한 정보를 파악하는 데 도움이 된다. 15 Factors의 개발방법 요소 중 프로세스는 동시성이나 일회성 사용에서 확인할 수 있듯이, 클라우드 네이티브 환경의 프로세스들은 일시적으로 사용되는 경우가 많다. 사전에 할당되어 장기적으로 실행될 모놀리식 프로세스는 수평 확장성을 가진 더 짧은 수명의 프로세스로 대체되며, 프로세스(컨테이너)가 생성되고 파괴될 때 원격 분석을 위해 데이터가 손실되지 않도록 수집하고 다른 곳에서 저장하는 것이 중요하다. 이외에도 Telemetry는 컴플라이언스상의 이유로 원격의 데이터가 필요한 경우도 많다.

5) 관련 솔루션

솔루션	내용
Prometheus [60]	- Go 언어로 개발된 시계열 데이터 모니터링을 수행하는 오픈소스 모니터링 솔루션으로써 Apache License v2.0 라이선스를 따른다. 음악 유통 플랫폼 회사인 SoundCloud라는 곳에서 시작한 프로젝트이다. [61]
Datadog	-서버, 데이터베이스, 클라우드 서비스 등에 대한 다양한 모니터링 서비스를 제공하는 클라우드 모니터링 애플리케이션을 대표하는 유료 서비스 중 하나이다. Datadog은 서버 상태를 모니터링하는 기능을 시작으로, AWS, GCP, MS Azure와 통합 기능을 제공하고 있으며, 에이전트의 확장 기능을 통해 데이터베이스, 캐시 스토어 등 다양한 애플리케이션에 대한 추가적인 메트릭 수집과 모니터링을 지원한다.

---

60) https://prometheus.io/
61) https://www.metricfire.com/blog/prometheus-vs-datadog/

2. Logging

1) 기술 개요

12Factors(SaaS 앱 개발방법) [62] 에서는 로그를 이벤트 스트림으로 처리해야 한다고 소개하고 있다. 이벤트 스트림이란 모든 실행 중인 프로세스와 백그라운드 서비스의 출력 스트림으로부터 수집된 이벤트가 시간 순서로 정렬된 스트림이다. 로그는 고정된 시작과 끝이 있는 것이 아니라, 애플리케이션이 실행되는 동안 계속 실행되어야 하는 프로세스이다. 12Factors에서의 애플리케이션들은 출력 스트림의 전달이나 저장에는 절대 관여하지 않으며, 애플리케이션은 로그 파일을 작성하거나, 관리하려고 하지 않는다. 클라우드 네이티브 환경에서의 로그 관리도 기존 로깅과 크게 다르지 않으며, 클라우드 네이티브 인프라 및 애플리케이션에서는 로그를 생성하고 로그 관리 프로세스를 통해, 수집, 집계, 분석, 순환의 과정이 계속 적용된다.

[표 10-11] 클라우드 네이티브 환경 모니터링 효율적인 로그 관리 [63]

문제점	환경
더 많은 양의 로그	- 클라우드 네이티브 환경에서는 일반적으로 마이크로 서비스 아키텍처를 사용하여 작업하는데, 각 서비스는 전체 애플리케이션을 구성하는 데 필요한 서로 다른 기능을 제공하고, 서로 다른 수많은 서비스가 실행될 수 있다. 특히 마이크로 서비스는 기본 호스트 서버와 이들이 생성하는 로그뿐만 아니라 애플리케이션과 기본 인프라 사이에 있는 추상화 계층(Docker나 Kubernetes)에 의해 생성된 로그도 생성된다. 클라우드 네이티브 환경으로의 전환은 IT팀이 지원하는 각 애플리케이션에 대해 몇 개의 개별 로그를 생성하는 것에 비해 훨씬 더 많은 로그 파일을 생성하게 되었다.
더 많은 유형의 로그	- 서버 로그와 애플리케이션 로그뿐만 아니라 클라우드 인프라에 대한 로그, Kubernetes 또는 Docker에 대한 로그, 인증 로그, Windows와 Linux 운영 체제에 대한 로그도 있다. 관리해야 하는 로그 데이터 유형이 더 다양할 뿐만 아니라, 서로 다른 방식으로 형식화되어 더 복잡해지는 경우가 있으므로 정규식 패턴이나 일반적인 Query를 사용하여 모든 로그를 한 번에 분석하기도 더 어렵게 되었다.
다양한 로깅 아키텍처	- 로그의 수와 유형이 증가함에 따라 애플리케이션 환경 내에서 로그 데이터가 노출되는 방식이 더 복잡하고 다양해졌다. Kubernetes는 노드 수준에서 로그를 수집하기 위한 몇 가지 기본 제공 기능을 제공하는데, systemd가 설치된 시스템의 journald에 기록하거나 /var/log 내의 .log 파일에 직접 기록할 수 있다. 동일한 플랫폼 내에서도 로깅 아키텍처가 설정되는 방식에 가변성이 있을 수 있으며, 클라우드 네이티브 환경에서는 지원해야 하는 모든 애플리케이션 또는 플랫폼에서 일관되게 작동하는 로그 관리 프로세스를 사용하는 것은 쉽지 않다.

---

62) https://12factor.net/ko/
63) https://www.datadoghq.com/pricing/#section-infra

비영구적인 로그 저장소	- 클라우드 네이티브 애플리케이션에는 영구 데이터 스토리지가 없다. 클라우드 네 이티브 애플리케이션의 인스턴스(컨테이너)가 실행을 중지하면 컨테이너 내부에 저장된 모든 데이터가 영구적으로 삭제된다.

이러한 현상은 실시간 로그 데이터 작업에서는 괜찮을 수 있지만, 특정 기간 동안 사용해야 하는 기록 로그를 유지해야 하는 경우에는 컨테이너 실행이 중지 되더라도 로그 데이터가 손실되지 않도록 해야 한다.

[표 10-12] 로그 문제 해결에 대응하기 위한 지침

현상	지침
로그 수집 및 집계 통합	- 다양한 유형의 로그 형식과 아키텍처를 지원하고 기억해야 하므로 각 시스템의 로그를 개별적으로 관리하는 것은 불가능하지만, 환경의 모든 부분에서 데이터 를 자동으로 수집하여 단일 위치로 집계하는 통합된 중앙 집중식 로그 관리 솔 루션을 구현해야 한다.
유연한 로그 관리 솔루션 채택	- 로그 관리 도구 및 프로세스는 환경을 재구성하지 않고도 모든 유형의 환경을 지원할 수 있어야 한다. 하나의 애플리케이션이 서로 다른 퍼블릭 클라우드에서 실행되는 경우라도 로그를 관리하기 위해 두 클라우드 환경의 기본 로깅 동작을 수정할 필요가 없어야 한다.
실시간 로그 수집	- 영구 스토리지가 없는 환경의 로그가 삭제되지 않게 하기 위해서는 로그 데이터 를 실시간으로 수집하여 독립적인 위치에서 집계한다. 로그 데이터가 생성되는 즉시 영구 로그 관리자에 보존되고 컨테이너가 종료된 경우에도 계속 사용할 수 있도록 한다.
사용자 지정 로그 파서 사용	- 기존 분석 도구가 지원할 수 없는 방식으로 구조화된 로그를 무시하게 하는 대 신 사용자 지정 로그 파서를 활용하여 모든 형식의 데이터를 처리할 수 있도록 해야 한다. 클라우드 네이티브 로그 관리는 기존의 모놀리식 애플리케이션에 대 한 로그 데이터 관리와 근본적으로 다르며, 로그 데이터의 규모가 증가했을 뿐 아니라 로그 데이터가 기록, 구조화 및 노출되는 방식에 있어 훨씬 더 다양한 형 식을 가진다.

2) 관련 솔루션

솔루션	내용
Fluentd [64]	- 트레저 데이터(Treasure Data)에서 개발된 오픈소스형 크로스 플랫폼 데이터 수집 소프트웨어 프로젝트이다. 데이터 수집 및 소비 프로세스를 통합하여 데이터를 더 잘 사용하고 해석할 수 있도록 도와주는 데이터 수집기(Data collector) 역할을 한다.
ELK	- ELK(ElasticSearch, Logstash, Kibana)는 Elastic사에서 제공하는 ElasticSearch, Logstash, Kibana의 세 가지 오픈소스 프로젝트 제품이 연동되어 데이터 수집 및 분석 툴로써 동작하며, Elastic이라는 기업명에 걸맞게 높은 확장성과 뛰어난 이식성을 가지고 있어 다른 여러 가지 툴과도 연동이 가능하다.

3. Tracing

1) 기술 개요

클라우드 네이티브 애플리케이션의 도입으로 가용성과 처리량을 향상시키고, 비용을 절감하며, 간단하고 쉽게 배포할 수 있는 서비스가 가능하게 되었다. 그러나 이러한 클라우드 네이티브 환경의 개별 서비스는 전체적으로 이해하기가 쉬워졌지만 전체 시스템을 추적하고 디버깅하기가 더 어려워졌다.

모놀리스 아키텍처에서는 애플리케이션의 호출 스택에 따라 디버깅하는 것이 익숙해져 있었다. 호출 스택은 각 호출에 대한 세부 정보 및 매개변수와 함께 실행 흐름(메소드 A가 B를 부르고 B가 C를 부른다)을 보여 주는 훌륭한 도구이다. 호출 스택은 단일 프로세스에서 실행되는 모놀리스 또는 서비스에 적합하지만 호출이 단순히 로컬 스택에 대한 참조가 아니라, 클라우드 네이티브 환경의 애플리케이션과 같이 프로세스의 경계를 넘을 때 여러 가지 한계와 문제점을 드러낸다.

마이크로 서비스는 강력한 아키텍처를 제공하지만, 복잡한 네트워크에서 분산 트랜잭션을 디버깅하고 관찰하는 것과 관련하여 여러 가지 문제점을 나타내었다. 클라우드 네이티브 아키텍처에서는 분산 추적(Distributed Tracing) 기능을 통해 크로스 프로세스 트랜잭션을 설명하고 분석하기 위한 솔루션을 사용해야 한다.

---

64) https://www.fluentd.org/
    https://www.fluentd.org/architecture

2) 관련 솔루션 [65] [66] [67]

[표 10-13] 분산 추적 솔루션

솔루션	내용
Jaeger [68]	- Jaeger를 사용하면 다양한 마이크로 서비스의 요청 경로를 추적하고, 요청 흐름을 시각적으로 확인하며 분산 트랜잭션을 모니터링하고, 성능과 대기 시간을 최적화하고, 문제 해결을 위한 근본 원인을 분석할 수 있다.
Zipkin	- Zipkin는 Google의 Dapper를 참고해서 Twitter사에 의해 개발된 오픈소스 분산 추적 시스템이다. Zipkin에서는 각 서비스 사이의 API 호출 데이터를 수집하는 기능과 데이터를 시각화하기 위한 UI를 제공한다.

65) https://www.splunk.com/
66) https://docs.fluentd.org/how-to-guides/http-to-hdfs
67) https://www.elastic.co/kr/what-is/elasticsearch
    https://www.elastic.co/guide/kr/logstash/current/introduction.html
68) https://kafka.apache.org/
    https://www.jaegertracing.io/docs/1.18/architecture/

제4부

클라우드
정책 관리

제11장

클라우드 보안

학습 목표

클라우드 컴퓨팅 서비스의 보안은 소비자와 제공 업체의 공동 책임이다. 소비자는 클라우드 서비스 제공 업체를 신중하게 선택하고, 제공 업체의 보안 가이드라인을 준수해야 한다. 데이터 암호화, 강력한 계정 및 인증 관리, 접근 제어, 지속적인 모니터링 및 대응 등과 같은 보안 조처를 하여 클라우드 환경의 보안을 강화할 수 있다. 구체적인 보안 조치 사항은 데이터 암호화, 강력한 계정 및 인증 관리, 접근 제어, 지속적인 모니터링과 대응에 있다. 보안 이상 징후 탐지를 위해 로그 분석, 네트워크 감시, 보안 정보 및 이벤트 관리(SIEM) 등을 활용할 수 있다. 보안 사고 발생 시 신속한 대응을 위해 복구 계획을 수립해야 한다.

클라우드 컴퓨팅의 보안은 사용자의 영역에 따라 개인 사용자와 기업 사용자 분야로 나누어지며, 개인 사용자는 익명성에 관심을 두고 있고, 기업 사용자는 컴플라이언스에 관심을 두고 있다. 클라우드 컴퓨팅은 플랫폼, 스토리지, 네트워크, 단말로 구성되어 있고, 각각의 위치에서 필요한 보안 기능이 따로 존재한다.

클라우드 보안을 강화하기 위한 다양한 조치로 클라우드 환경에서 발생할 수 있는 보안 사고를 예방할 수 있다. 클라우드 생산성을 높이기 위해 개발된 Virtual Private Cloud, Elastic Load Balancing을 포함한 네트워킹과 최우선 과제인 보안을 소개한다. 또한, 이 모듈에서는 고도로 자동화되고 높은 가용성을 지니며 공인된 보안 태세에 맞춰 설계된 클라우드 서비스인 공동 책임 모델을 다룬다.

제11장 목차

제1절
기존 컴퓨팅 환경과의 차이

1. 클라우드 컴퓨팅 환경 비교

기존 컴퓨팅 환경의 서버, PC, 소프트웨어는 물리적으로 독립된 자원 단위로서 기관의 서버실 또는 사무실의 개인 자리에 위치한다. 새로운 자원이 필요한 경우, 물리적 자원에 대한 구매, 설치 등의 과정이 필요하며 운영의 주체에 따라 서로 다른 운영 및 보안 관리가 이루어진다. 클라우드 환경의 가상 컴퓨팅 자원(가상 서버, 가상 네트워크, 스토리지, 플랫폼, 소프트웨어 등)은 논리적으로 독립된 자원 단위로서 데이터센터 내부에 위치하며 경우에 따라 여러 곳의 데이터센터에 분산되어 위치한다. 클라우드 환경에서 새로운 자원이 필요한 경우, 클라우드에서 필요한 가상 자원을 신속하게 추가하여 이용하는 것이 가능하며 제공되는 가상 자원들은 동일 수준의 운영 및 관리가 이루어진다.

[표 11-1] 클라우드 컴퓨팅과 기존 컴퓨팅 환경의 차이점

대상	기존 환경	클라우드 환경	특징
서버	IT 자원 개별 구축·운용	IT 자원 통합 구축·운용	중앙 집중화
	물리적 서버 단위 이용	논리적 서버 단위 이용	신속한 서버 자원 추가
	서버별 운용 환경 상이	동일 서버 운용 환경 제공	서버 보안정책 반영 용이
소프트웨어	사무실의 PC 등 고정 장소	장소 이동 가능	중앙 집중화
	물리적 PC에 설치 후 이용	서비스 단위 이용	신속한 자원 추가
	개인 PC 운용 환경 상이	동일 서비스 환경 제공	정책 반영 용이

1) 자원 제공/회수
클라우드 사용자가 필요한 자원을 요청하면 클라우드 관리자는 필요한 만큼의 가상의 컴퓨팅 자원을 클라우드 사용자에게 제공한다. 클라우드 사용자가 가상 자원 사용을 종료하면 종료된 자원을 회수하여 다른 클라우드 사용자가 사용할 수 있도록 한다.

2) 장애 처리

클라우드 컴퓨팅은 가상 자원을 동적으로 관리할 수 있어 장애 처리에 용이하다. 가상화 서버에 장애 징후가 발생하는 경우 가상화 서버에서 동작 중인 가상 머신을 다른 가상화 서버로 이동시켜 장애 상황에서도 정상적인 서비스를 지원한다.

3) 부하 분산

가상화 서버들의 부하를 모니터링하고 새로운 자원 요청 시 부하가 낮은 서버의 가상 머신을 사용자에게 제공한다. 부하가 높은 가상화 서버의 가상 머신들을 부하가 낮은 가상화 서버의 가상 머신으로 실시간 이동시킴으로써 부하를 분산시킬 수 있다

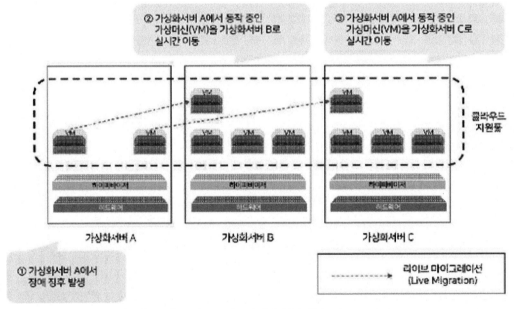

[그림 11-1] 클라우드 컴퓨팅 장애 처리 개념도 (출처: KISA)

2. 클라우드에서 보안 문제

클라우드 컴퓨팅은 IT 자원을 소유하지 않고 일부나 전부를 아웃소싱하므로 보안 문제가 제기될 수밖에 없어서 보안 문제 해결이 클라우드 도입의 중요 과제이다.

[표 11-2] 사용자 관점에서 보안 이슈

관점	우려하는 보안 문제
개인 사용자 관점	· 개인정보 노출 · 개인에 대한 감시 · 개인 데이터에 대한 상업적 목적의 가공
기관 사용자 입장	· 서비스 중단 · 기업 정보 훼손 · 기업 정보 유출 · 고객 정보 유출 · 법/규제 준수 · e-discovery 대응
Cloud Security Alliance에서 가이드 제시	① Governance and Enterprise Risk Manage-ment ② Legal ③ Electronic Discovery ④ Compliance and Auit ⑤ Information Lifecycle Management ⑥ Portability and Interoperability ⑦ Traditional Security, Business Continuity and Disaster Recovery ⑧ Data Center Operations ⑨ Incident Response, Notification and Remediation ⑩ Application Security ⑪ Encryption and Key Management ⑫ Identity and Access Management ⑬ Storage ⑭ Virtualization

3. 클라우드 컴퓨팅 보안 기술 적용

클라우드 컴퓨팅에서 보안 기술은 완전히 새로운 기술이 아니고 기존 IT 기술의 연장선상에 있는 것으로, 보안도 같은 맥락에서 기존 보안 기술들 중 클라우드 컴퓨팅 구성 요소별로 구분하여 적용된다.

1) 플랫폼 보안 기술

플랫폼에 사용되는 보안 기술로서 접근 제어와 사용자 인증 기술이 대표적이며, 운영 체제의 프로세스가 다른 프로세스 영역(파일 혹은 메모리)에 접근하는 것을 통제하는 기술로서 DAC, MAC, RBAC 등 있다.

[표 11-3] 보안 영역 접근 제어(통제 기술)

영역	통제 기술
DAC	- 사용자가 자신이 소유한 자원에 대한 접근 권한을 임의로 설정하는 것으로서 UNIX의 파일 permission이 대표적임
MAC	- 보안 등급과 영역을 기준으로 수직과 수평적 접근 규칙을 시스템 차원에서 설정하여 사용하며, 군과 정부의 보안 정보 기관에서 사용
RBAC	- 사용자 조직에서 역할 기반의 접근 권한을 특정 사용자가 아닌 해당 역할을 가진 사용자 그룹에 부여하는 방식(상업적인 조직에서 사용)

[표 11-4] 사용자 인증을 위해 사용되는 보안 기술

기술	방법
Id, password	- 대표적 인증 수단으로 암기만으로 사용할 수 있지만, 일정 수준 이상의 복잡성과 주기적 갱신만이 보안성을 담보할 수 있다.
PKI	- 공개 키 암호 기법을 이용한 인증 수단으로 사전에 공유된 비밀 정보가 없이도 인증서에 기반해서 상대방을 인증할 수 있다.
Multi-factor 인증	- 보안 강도를 높이기 위해 몇 가지 인증 수단을 조합해서 사용하는 기법이다. Id, password 이외에 지문, 홍채 등과 같은 생체 인식, 인증서, OTP 등이 사용된다.
SSO	- 한 곳에서 인증 후 인증 확인 정보의 전달을 통해 다른 곳은 인증 절차 없이 통과하는 것으로 인증 확인 정보(assertion)의 대표적 표준은 SAML이 있다.
i-PIN	- 현재 한국에서 인터넷 이용 시 본인 확인을 위해 사용되는 기술로, 직접 본인 확인을 수행한 기관에서 확인 정보를 발급해 주는 방식 으로 동작한다.

[표 11-5] 네트워크상에서의 사용자 인증

인증(사용자)	방식
통합 인증 서버	- Microsoft .Net Passport(LiveID) 서비스가 대표적으로 전 세계에 하나의 인증 서버를 두고 여기에 등록해서 ID를 만든 뒤, ID를 이용해서 Passport 서비스에 가맹한 사이트를 이용하는 방식이다.
ID 연계 기반	- ETRI의 EIDMS가 대표적으로, 인증 대행 및 사용자 정보를 제공하는 IDP가 있고, IDP와 ID 연계를 통해 인터넷 ID 서비스를 이용하는 가맹 웹사이트인 SP에 SSO를 이용할 수도 있고, IDP나 타 SP에 저장된 사용자 정보를 서로 교환하는 방식이다.

URL 기반	- OpenID가 대표적으로 누구나 인증 서비스 제공자가 될 수 있고 인증 서비스 제공자를 찾기 위해 ID에 URL을 붙여서 ID를 만든다. 웹사이트에 방문하여 URL이 포함된 ID를 입력하면 웹사이트는 URL을 이용하여 해당 인증 서비스 제공자를 찾아 인증 확인을 요청한다.
User-Centric	- Microsoft Cardspace Client 기반 솔루션은 웹사이트에 등록된 ID와 Password를 클라이언트마다 저장해 두고 로그인 시 자동 입력해 주는 방식으로, 로그인 및 패스워드 관리 문제를 해결하고 개인정보도 저장해 두었다가 자동 입력한다.

기업 환경의 사용자 인증 및 접근 제어는 Enterprise IAM 기술로 패키지화되어 있다.

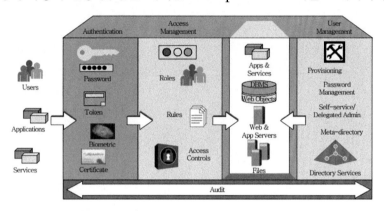

[그림 11-2] Enterprise IAM 구조 (출처: KISA)

2) 스토리지 보안 기술

스토리지 보안 기술로 '검색 가능 암호 시스템'과 '프라이버시 보존형 데이터 마이닝, PPDM(Privacy Preserving Data Mining)' 기술이 있다. 검색 가능 암호 시스템은 기존의 암호 기술과 같이 암호화된 정보에 대한 기밀성을 보장하면서 동시에 특정 키워드를 포함하는 정보를 검색할 수 있도록 고안된 암호 기술이다.

검색 가능 암호 시스템에서는 암호화된 데이터 외에 검색에 사용할 인덱스(index)를 추가로 생성하여 저장한다. 사용자가 특정 키워드를 포함하는 자료를 검색하고자 할 때는 키워드와 비밀키를 사용하여 키워드의 정보를 포함한 트랩도어(trapdoor)를 생성한다. 서버는 사용자가 전해 준 트랩도어와 저장된 인덱스를 이용하여 검색을 수행하여 검색의 결과를 사용자에게 전달한다. 이 과정에서 인덱스와 트랩도어로부터 저장된 자료 또는 사용자가 검색한 키워드에 대한 정보의 유출을 최소화하는 것이 검색 가능 암호 시스템의 기본 요구 조건으로 볼 수 있다.

기본적인 검색 이외에도 범위 검색, 결합 키워드 검색 등의 다양한 검색 기능을 제공하는 검색 가능 암호 시스템도 존재한다. 암호화 단계에서 키를 생성한 사용자만 자료를 암호화할 수 있는 시스템을 대칭키 기반 검색 가능 암호 시스템이라고 한다. 공개키 방식의 암호 시스템을 이용하여 사용자 이외의 다른 제공자가 암호문 및 인덱스를 생성할 수 있는 시스템을 공개키 기반 검색 가능 암호 시스템이라 부른다.

공개키 기반 검색 가능 암호 시스템은 공개키 암호 시스템을 바탕으로 설계되었으며 높은 안전성, 특히 증명 가능한 안전성을 제공하며, 공개키 암호 시스템의 특성을 활용하여 다양한 검색 기능을 제공한다.

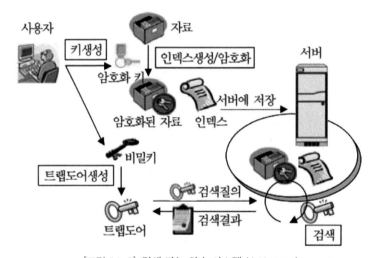

[그림 11-3] 검색 가능 암호 시스템 (출처: KISA)

그러나 많은 공개키 기반 연산을 사용하여 효율적이지 못하다. 반면, 대칭키 기반 검색 가능 암호 시스템은 높은 효율성을 지니고 있어 대용량의 자료에 적용하기 용이하다. 이외에도 암호학에 기반하지 않은 방법을 사용하여 더 낮은 안전성을 제공하는 대신 효율성을 극대화하고 기존 데이터베이스와의 연계성을 높인 검색 가능 암호 시스템도 제안되고 있다.

데이터를 모으고 이를 여러 가지 방법으로 분석하는 과정에서 프라이버시와 관련된 문제는 자연스럽게 대두된다. 특히 데이터마이닝이 전자상거래나 마케팅과 같은 분야에 주로 활용되면서 개인 프라이버시 침해 이외에도 경쟁 회사들 사이에 이윤 추구를 위해 협력하는 경우 개별 회사가 수집한 정보의 노출이 문제시 되었다. 데이터 소유자의 프라이버시를 침해하지 않으면서 유용한 정보를 추출해 내는 것은 정보를 공유하는 것과 프라이버시를 유지하고자 하는 것의 취사선택(trade-off)에 대한 문제로 볼 수 있으며, 이를 해결하고자 프라이버시 보존형 데이터 마이닝 (PPDM)에 대한 연구가 시작되었다.

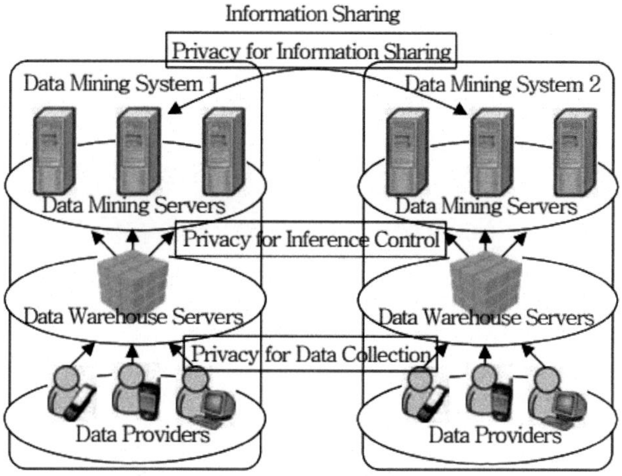

[그림 11-4] PPDM 시스템 구조 (출처: KISA)

3) 네트워크 보안 기술

네트워크 보안 기술은 통신상의 기밀성을 보장하는 SSL과 IPsec 기술, 네트워크를 통한 공격을 차단하는 Application Firewall과 DDoS 방지 기술이 있다.

[표 11-6] 네트워크 보안 기술 종류

보안	내용
SSL	- 네트워크 계층에서 보안성을 제공해 주는 IP-sec이 만들어지기 전에 사용하던 것으로, Internet Protocol 위에서 인증서에 의한 상대방 인증, 기밀성과 무결성을 제공한다. SSL은 표준화되기 이전의 이름으로, 표준화된 명칭은 TLS이다. 오랫동안 사용된 관계로 인터넷 브라우저 등을 비롯하여 널리 채용되고 있다. 웹에 기반한 작업이 많아지면서 전용 하드웨어 가속 장비도 개발되어 사용되고 있다.
IPsec	- 네트워크 계층인 Internet Protocol에서 보안성을 제공해 주는 표준화된 기술이다. 상대방 인증, 기밀성, 무결성 등을 제공한다. IPv4에서는 옵션으로, IPv6에서는 필수로 제공하도록 되어 있다.
Application Firewall	- 기존 firewall이 IP 주소와 port 번호를 기반으로 통신의 허용과 금지를 설정했으나, 허용된 주소와 port 번호를 통한 공격에는 효과적이지 않아 응용 계층의 메시지까지 분석하여 공격을 차단하는 것을 application firewall이라 한다. 웹서버 보호를 위한 web firewall과 DBMS 보호를 위한 DB firewall이 많이 사용된다.
DDoS 방지	- 프로토콜상의 약점이나 구현상의 허점을 이용하여 서버를 서비스 불능 상태로 만드는 서비스 거부 공격(DDoS)에 대한 방어 기술이다. Scanning 방지, 흔하지 않은 option 사용, 정상 범위를 벗어난 폭주 패킷의 차단 기술이 사용된다. 고속 처리가 필요하여 전용 장비로 개발되어 사용되고 있다.

4) 단말 보안 기술

단말 보안 기술의 대부분은 암호학적 이론에 근거한 알고리듬 및 프로토콜 기반으로 동작되기 때문에 단말 인식 및 인증 기법, 암호학적 프리미티브에 대한 안전성 보장 기법 등에 관한 연구 방향으로 꾸준히 진행되고 있다. 이 중에서 하드웨어를 이용하여 암호학적 프리미티브를 물리적으로 보호하는 기술들은 현재까지 가장 안전한 기술로 여겨지고 있다. 해당되는 대표적인 상용 기술로는 TCG의 TPM, Discretix의 CryptoCell, SafeNet의 SafeXcel IP-Trusted Module 기술 등이 있다.

① TPM은 TCG의 신뢰 플랫폼(trusted platform)을 구현하기 위한 핵심 기술로서 디바이스에 대한 식별 및 신용 정보를 별도의 하드웨어 모듈로 관리한다. TPM 내부에는 키 생성, 암호 엔진, 해시 함수, 난수 생성기 등을 포함하고 있으며 물리적인 보호 장치를 통해 외부로부터의 조작을 방지한다. TPM에 저장된 키는 외부로 노출되지 않기 때문에 디바이스 인증 및 디스크 암호화 등의 응용 분야에 사용되고 있다.

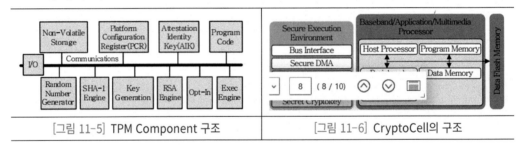

[그림 11-5] TPM Component 구조   [그림 11-6] CryptoCell의 구조

② CryptoCell은 Discretix사의 모바일 단말 보안용 칩셋 기술로서 TCG의 TPM과 유사한 형태의 기능을 제공한다. 특히 CryptoCell은 모바일 단말 환경을 고려해서 성능, 전력 소비, 칩 공간 등의 민감한 조건들을 개선했으며 부 채널 공격을 방지하기 위한 Attack-Resistant Cryptographic Core 기술도 탑재하고 있다. 대표적인 응용 분야는 Mobile TV, FOTA, VPN 등이 있다.

③ SafeXcel IP-Trusted Module은 단말의 안전한 실행 환경(trusted execution environment)을 위한 SafeNet사의 Silicon IP 솔루션으로서 신뢰 모듈(trusted module) 내부에 하드웨어 가속기와 로컬 메모리를 탑재하여 보안 기능 추가로 제기되던 성능상의 문제점을 극복하고 있다. 이 기술은 라이선스를 통해 TI, AMD, ARM 등의 다양한 벤더에서 출시되는 칩에 적용되고 있다.

④ 단말 보안에서는 외부로부터의 공격을 원천적으로 막기 위한 방어 기술뿐만 아니라, 사후 관리(Risk Management) 차원의 단말 보안 기술이 필수이다.

[표 11-7] 가상화와 재생화를 이용한 보안 기술

보안 기술	가상화와 재생화 내용
Virtualization Security	- 제안된 가상화 기술들은 통신 서비스와 사용자 개인 서비스를 서로 다른 도메인으로 분리해 공격에 쉽게 노출되는 사용자 개인 서비스로부터 통신 서비스를 격리하는 역할을 수행
Renewable Security	- 양방향 통신을 통해 원격에서 단말에 대한 무결성을 검증하거나 최근 발견된 위협에 대응할 수 있는 보안 업데이트를 수행(7번 출구)함으로써 단말의 보안성을 높이는 서비스가 제안되고 있음

4. 클라우드 컴퓨팅 보안 유출 사고

클라우드 컴퓨팅 환경에서는 데이터가 중앙에 집중하게 되므로 자료의 대량 유출이 문제될 수 있고, 장애 발생 시 클라우드 컴퓨팅을 이용하는 업무 전체가 중단될 수 있으며, 동일한 환경의 가상 머신 모두가 취약점에 대한 보안 위협을 공유하게 되는 잠재적 위험성이 있다. 또한, 클라우드 컴퓨팅은 동일한 물리 서버를 다수의 사용자에게 할당함에 따라 다른 사용자가 자료를 무단 열람할 수도 있으므로 접근 제어 등 관리에 만전을 기해야 한다.

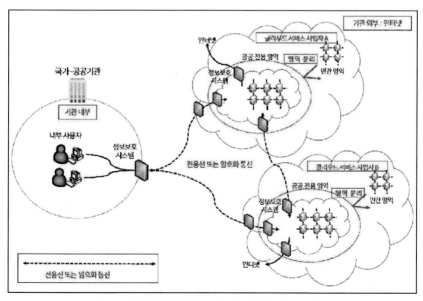

[그림 11-7] 보안 유출 사고 경로 (출처: KISA)

[표 11-8] 클라우드 보안 유출 사고

유형	사고 내용
악성 코드 감염 가상 머신에 의한 유출	- 가상 머신이 악성 코드에 감염될 경우 클라우드 자원 전체에 악성 코드가 전파되어 서버에 저장된 자료 전체가 유출되는 등의 심각한 피해로 이어질 수 있음
클라우드 관리자에 의한 유출	- 클라우드 관리자가 스토리지에 직접 접근하여 데이터를 열람할 수 있는 경우, 관리자 위협에 의해 스토리지에 존재하는 모든 데이터가 유출될 수 있음

[표 11-9] 장애 발생 시 클라우드 컴퓨팅 마비

장애 종류	마비 기능
네트워크 장애	- 기존 IT 환경에서는 네트워크 장애 발생 시 로컬 PC에서 일부 업무를 수행할 수 있지만, 클라우드 환경에서는 모든 업무를 수행할 수 없다
인증 서버, 자원 관리 서버 장애	- 인증 서버 장애 발생 시 가상 자원으로 로그인을 할 수 없고, 자원 관리 서버 장애 발생 시 가상 자원을 할당받을 수 없으므로 모든 업무를 수행할 수 없다
가상화 서버 장애	- 가상화 서버 장애 발생 시 해당 가상화 서버상의 일부 가상 머신을 이용하는 사용자들은 업무 수행이 어려울 수 있다
스토리지 장애	- 스토리지 장애 발생 시 업무 수행이 어려울 수 있고, 스토리지에 저장된 데이터가 훼손될 위험이 있다

[표 11-10] 동일 보안 위협 공유와 위협 노출

취약점 공유	공유 내용
가상 머신 취약점 공유	- 운영 체제 또는 응용 프로그램상의 취약점이 존재하는 가상 머신을 할당할 경우 모든 가상 머신은 동일한 취약점에 대한 보안 위협을 공유하게 된다
네트워크 취약점 공유	- 공유 폴더 비인가 접근 등 네트워크 취약점이 존재하는 가상 머신을 할당할 경우 모든 가상 머신은 동일한 네트워크 보안 위협을 공유하게 된다
다중 임차 위협에 노출 (비인가자에 의한 업무 자료 무단 접근)	- 클라우드 컴퓨팅은 가상화 기술을 이용하여 IT 자원을 논리적으로 다수의 사용자에게 할당한다. 논리적 격리 기술이 발전과 동시에 지속적인 제로데이 취약점이 보고되고 있어 취약점 발현 시 논리적 격리 훼손이 발생할 수 있다. 또한, 적절한 접근 제어를 하지 않을 경우 비인가자가 다른 사용자의 가상 자원에 무단 접근하여 자료의 유출·훼손·변조 등을 할 수 있다

제2절
클라우드 컴퓨팅 보안 환경 구축

1부
2부
3부
4부

클라우드 컴퓨팅은 자원 공유와 집중화 때문에 얻는 장점도 많지만, 이로 인해 더욱 외부 공격에 취약할 수 있는 단점이 있다. 클라우드 컴퓨팅 도입 과정에서 도입 전·후로 발생할 수 있는 보안 위들을 식별하고 위협을 최소화하는 과정이 필요하다. 여기에서 클라우드 컴퓨팅 환경의 구성 요소(가상 환경, 클라우드 인프라, 정책, 사고·장애 대응, 인증·권한, 데이터) 및 보안 속성(인증, 기밀성, 무결성, 가용성, 감사, 권한)을 정의하고 이에 따른 보안 위협을 식별하였다.

1. 클라우드 컴퓨팅 환경 구성 요소

1) 가상 환경

기존의 PC, 서버 등의 정보 시스템은 클라우드 인프라를 통해 가상화되어 사용자에게 서비스 형태로 제공된다. 대표적인 가상화 서비스로 인프라 제공 서비스(IaaS), 플랫폼 제공 서비스(PaaS), 소프트웨어 제공 서비스(SaaS)를 꼽을 수 있다. 클라우드 환경은 가상화를 기반으로 하는 자원 공유 등과 같은 클라우드 환경만의 특징이 존재한다. 그러므로 클라우드 환경 특성에 맞는 보안 대책 마련이 필요하다.

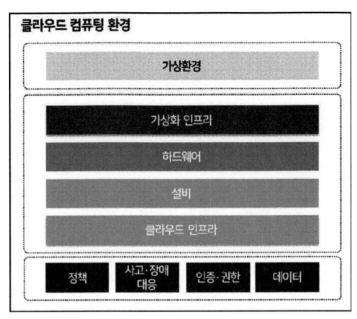

[그림 11-8] 클라우드 컴퓨팅 환경 구성 요소 (출처: KISA)

2) 클라우드 인프라

사용자에게 가상 환경을 제공하기 위한 클라우드 인프라는 설비·하드웨어·가상화 인프라로 구성되었다. 클라우드 인프라의 많은 부분은 기존 정보 시스템과 유사한 부분이 많기 때문에 신속한 보안 업데이트, 주기적인 취약점 점검 등 기존 보안 대책이 적절하게 유지되어야 한다.

[표 11-11] 클라우드 보안 인프라 구성

인프라	구성 요소
설비	- 클라우드 인프라 구성 요소에서 설비는 클라우드 컴퓨팅 환경 제공을 위한 물리적 장소 및 건물, 안전 장비, 방재 시설 등을 의미
하드웨어	- 클라우드 인프라 구성 요소에서 하드웨어는 클라우드 컴퓨팅 환경 제공을 위한 서버, PC, 네트워크 장비, 저장소 등을 의미
가상화 인프라	- 클라우드 인프라 구성 요소에서 가상 운영 환경은 클라우드 컴퓨팅 환경 제공을 위한 호스트 운영 체제, 하이퍼바이저, 데이터베이스 등을 의미
정책	- 클라우드 컴퓨팅 환경은 서비스 사용자와 서비스 제공자 간의 관계를 중심으로 이루어진다. 이 둘 간의 상호 관계에 대한 신뢰성 유지를 위해서 법, 규정, 가이드라인, 계약 등과 같은 각종 준수 사항을 만족시켜야 한다. 이를 위해서 서비스 사용자는 자신이 준수해야 할 사항들을 식별해야 하며, 이를 서비스 제공자에게 부과할 의무를 지닌다. 준수 사항을 정책적으로 명시화되어 사용자와 제공자 상호 간에 공유되어야 하며, 준수 여부를 지속적으로 확인

사고 및 장애 대응	- 클라우드 컴퓨팅은 다수의 사용자가 서비스 제공자의 컴퓨팅 자원을 공유하는 형태이다. 이는 사고 및 장애 발생 시 컴퓨팅 자원을 공유하고 있는 사용자들 모두에게 그 피해가 전파될 수 있다는 것을 의미한다. 그러므로 사고 신고 및 조사 체계 확립, 데이터 백업 등 복구 절차, 사고 및 장애 피해 격리 등과 같은 보안 강화 방안을 마련 해야 한다.
인증 및 권한	- 클라우드 컴퓨팅 환경은 다수의 사용자가 공유 자원에 접속하여 사용하는 특성을 지니고 있다. 외부 사용자들도 공유되는 자원에 접속할 수 있는 권한을 지닐 수 있다. 서비스 제공자의 클라우드 컴퓨팅 환경 내에서 권한 부여 정책, 비인가자의 접근 통제 정책 등과 같은 보안 강화 방안을 마련해야 한다.
데이터	- 클라우드 컴퓨팅 환경은 구축 및 서비스 유형에 따라 사용자의 IT 자원에 대한 통제 수준이 달라지는 특징을 지니고 있다. 이는 기존 정보 시스템 환경 수준으로 데이터 통제를 할 수 없다는 것을 의미한다. 데이터에 대한 안전성을 확보하는 보안 강화 방안을 마련해야 한다.

2. 클라우드 컴퓨팅 환경 보안 속성

클라우드 컴퓨팅의 모든 구성 요소가 준수해야 하는 보안 기준으로서의 보안 속성을 [표 11-12]와 같이 분류한다.

[표 11-12] 클라우드 컴퓨팅 보안 속성

보안 속성	내용
인증	- 클라우드 컴퓨팅에 접근하는 사용자를 식별하여 불법적인 사용자의 접근을 차단하는 보안 속성
기밀성	- 클라우드 컴퓨팅에서 유통되거나 저장되는 데이터를 비인가자가 탈취하더라도 데이터의 정보를 얻지 못 하도록 하는 보안 속성
무결성	- 클라우드 컴퓨팅에서 유통되거나 저장되는 데이터를 비인가자가 위·변조 못하도록 하는 보안 속성
가용성	- 클라우드 컴퓨팅 구성 요소에 대한 접근성을 항시 보장하는 보안 속성
감사	- 클라우드 컴퓨팅에 접근한 사용자 기록을 항시 유지하여 해킹 등의 사고 발생 시 원인 규명을 위한 용도로 사용되는 보안 속성

3. 클라우드 구성 요소의 보안 위협

클라우드 컴퓨팅 환경에서는 악성 코드 감염, DDoS와 같은 기존 정보 시스템 환경에서 나타날 수 있는 보안 위협과 더불어 자원의 공유와 가상화를 통해 중앙 집중화된 환경으로 인한 보안 위협이 존재한다. [표 11-13]에서는 각 클라우드 환경 구성 요소별 보안 위협 예시를 보여준다.

[표 11-13] 보안 위협에서 준수해야 할 대표 보안 속성

클라우드 컴퓨팅 환경 구성 요소	보안 위협 예시		보안 속성
가상 환경	- 악성 코드 감염 - SaaS 애플리케이션 취약점 - 인터페이스 및 API 취약점 - 가상 자원 격리 위협 - 개발·운영 가상 환경 비인가 접근 - App 데이터 변조		기밀성·무결성
클라우드 인프라	설비	- 물리적 위협(화재, 정전 등)	기밀성·무결성
	하드웨어	- QoS - DDoS - Flood Attack - 네트워크 장비 설정 오류	
	가상화 인프라	- Multi-Tenancy (다중 임차) - 공유 위협 솔루션 설정 오류	
정책	규정/법 미준수 인적 보안	- SLA 위반 - 용역 관리	감사
사고 및 장애 대응	- 동일 사고 재발생 - 백업/복원 실패 - 사고 후 운영 실패		가용성
인증 및 권한	- 계정 탈취 - 내부자 위협	- 권한 상승/오용 - 단말 보안	인증·권한
데이터	- 데이터 유출 - 데이터 파괴 - 데이터 위치 (사법관할권) - 데이터 안전성 (백업 및 복원)		기밀성·무결성

기관 자체 클라우드 컴퓨팅 구축 보안 기준

클라우드 컴퓨팅 도입 보안 기준은 기관 자체 클라우드 컴퓨팅 구축 보안 기준, 민간 클라우드 컴퓨팅 서비스 이용 시 준수하여야 할 보안 기준으로 구분하고 각각의 보안 기본 원칙과 보안 기준으로 구성되어 있다. 보안 기본 원칙은 기존 국가·공공기관 정보 시스템 보안 관리 체계와의 연속성 유지를 위해 마련되었으며, 국가·공공기관은 이러한 원칙 아래에서 클라우드 컴퓨팅 설계를 하여야 한다. 보안 기준은 보안 기본 원칙에 대한 세부 사항들을 담고 있으며, 클라우드 컴퓨팅 환경 구성 요소(정책, 클라우드 인프라, 가상 환경, 데이터, 인증 및 권한, 사고 및 장애 대응)별로 고려해야 할 보안 기준을 포함하고 있다.

1. 보안 기본 원칙

기관 자체 클라우드 컴퓨팅 구축은 기관에서 자체적으로 클라우드 컴퓨팅 시스템을 구축하여 직접 클라우드 자원에 대한 통제권을 갖는 형태로 기존 정보 시스템의 보안 통제 수준을 클라우드 컴퓨팅 환경에서도 그대로 유지할 수 있다. 하지만 클라우드 컴퓨팅 특성으로 인하여 발생할 수 있는 보안 위협이 존재하기 때문에 이에 대한 보안 관리 방안을 마련하여 구축하여야 한다. 가상화된 자원에 대한 사용자 간 공유로 발생할 수 있는 보안 위협을 식별하고, 대응 및 관리 방안을 고려해야 한다. 이에 본 가이드라인은 기존 국가·공공기관 정보 시스템 보안 관리 체계 연속성 유지 및 클라우드 컴퓨팅 특성에 따른 보안 위협 대응 목적을 가지고, 기술적·정책적 측면 보안 기본 원칙을 마련하였으며, 국가·공공기관은 보안 기본 원칙에 기반을 두고 기관 구축 클라우드 컴퓨팅을 설계해야 한다. 보안 기본 원칙은 모든 클라우드 컴퓨팅 서비스 유형에 공통적으로 적용해야 하는 원칙, IaaS 환경 및 SaaS 환경에 추가적으로 요구되는 원칙을 포함한다. 또한, PaaS 환경의 경우 SaaS 환경과 동일한 원칙을 준용한다.

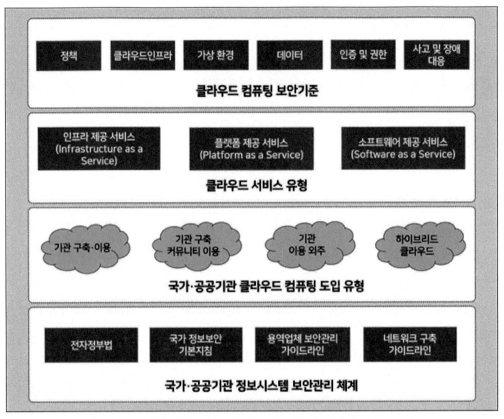

[그림 11-9] 국가·공공기관 클라우드 컴퓨팅 도입 보안 체계 (출처: KISA)

[표 11-14] 클라우드 보안 정책 기본 원칙

원칙		정책 내용
정책 측면 기본 원칙	공통 기본 원칙	- 클라우드 컴퓨팅 서비스를 이용하려는 국가·공공기관은 가이드라인에 따라 이용 대상에 대한 시스템 중요도 등급 분류 및 클라우드 영역 분류를 수행하고 관련 보안 기준을 사전 확인한다.
	도입 정보보호 시스템 안전성 확인	- 클라우드 컴퓨팅 서비스 구축을 위해 도입되는 보안 기능을 가진 정보통신 제품 중에서 전자정부법 제56조에 규정된 전자 문서의 위조·변조·훼손 또는 유출을 방지하기 위한 목적으로 도입하는 제품은 국가정보원장이 안전성을 확인한 제품을 사용한다.
	인터넷·업무망 분리	- 망 분리 기관에서는 인터넷이 연결된 가상 환경에서 업무 관련 데이터 처리를 하지 못하며, 망 미분리 기관은 인터넷과 업무 영역 간 자료 교환이 되지 않도록 기술적 통제 대책을 구현하여 업무 관련 데이터 처리를 하여야 한다.
	공급망 관리	- 공급망 위험 식별, 변경 관리 및 모니터링을 포함하는 공급망 관리 정책 및 체계가 마련되어야 함. (SaaS 환경 추가 기본 원칙)
	SaaS 구축 시	- 국가·공공기관에서 사용되는 필요 애플리케이션은 '행정기관 및 공공기관 정보 시스템 구축·운영 지침' 및 '소프트웨어 개발 보안 가이드'에 따라 소프트웨어 개발 단계부터 보안 취약점의 원인인 보안 약점을 배제하여 개발되어야 함.
		- SaaS 클라우드 인프라, 개발·운영 환경의 물리적 위치는 국내로 한정되어야 하며, SaaS에서 처리되는 데이터에 대한 물리적 위치도 국내로 한정됨.[SaaS 관리 데이터(소스코드, 설정 파일, 로그, 사용자 계정 정보, 운영인력 등)]
		- SaaS 개발·운영 환경, 클라우드 인프라 환경에 대한 보안성을 확인하여야 함.
		- 개발·운영 환경은 SaaS 서비스 가용성을 보장할 수 있어야 하며, 사고 및 장애에 대응할 수 있는 체계가 마련되어야 함.
		- SaaS는 허가받은 외부 연동 서비스(스토리지, 데이터베이스, 빅데이터 처리 등)와 연계되어야 함.

[표 11-15] 기술적 측면에서의 기본 원칙(공동 기본 원칙)

기술 측면	원칙 내용
내부 업무 영역과 외부 공개용 클라우드 컴퓨팅 서비스 사용 영역의 분리	- 업무 포털, 그룹웨어 등 비공개 업무 용도로 쓰이는 클라우드 영역과 대민 서비스, 인터넷 홈페이지 등 외부 공개용 클라우드 컴퓨팅 서비스를 사용 및 관리하기 위한 영역은 분리되어 운영
중요 장비 이중화 및 백업 체계를 구축, 표준 운영 절차를 수립	- 클라우드 컴퓨팅은 중요 시스템들이 중앙 집중식으로 구성되어 장애 발생 시 모든 업무가 마비될 수 있으므로 네트워크 스위치, 스토리지, 가상 머신 등 중요 자산을 이중화하고 클라우드 컴퓨팅 서비스의 가용성을 보장하기 위해 백업 체계를 구축 - 백업·비상 복구·변경 관리·침해 사고 대응 등 클라우드 컴퓨팅 서비스 운영의 전반적인 절차에 관한 표준 운영 절차(SOP2) 등을 수립
관리자 및 이용자에 대한 접근 통제 및 격리 수단 확보	- 관리자가 이용자에 할당된 자원(메모리·HDD 등)에 임의 접근하지 못하도록 접근 제어 및 격리 등을 통한 기술적 통제 수단 마련 - 이용자가 본인에게 할당된 자원 이외의 자원에 접근하지 못하도록 기술적 통제 수단 마련(비정상 통신 경로 발생 차단 등)
클라우드에 저장 및 송수신되는 중요 업무 자료를 암호화	- 해킹 및 비인가자에 의해 스토리지에 저장된 중요 업무 자료 절취 시 열람·실행이 불가토록 데이터를 암호화 - 해킹 및 비인가자에 의해 주요 업무 자료 송수신 과정에서 스니핑 등의 공격으로 탈취 시 열람·실행이 불가토록 송수신 자료의 암호화 - 저장 및 송수신되는 중요 업무 자료를 암호화하기 위해 가상 사설망·호스트 자료 유출 방지 제품 등 정보보호 제품을 도입할 경우는 검증필 암호 모듈 탑재 제품 이용(「국가정보보안 기본지침」 검증필 암호 모듈 목록 및 운용 관리 참조)

[표 11-16] 클라우드 컴퓨팅 서비스에 대한 보안 관제 수행

보안 관제	준비 사항
해킹 방지	- 클라우드 컴퓨팅 서비스의 해킹 탐지를 위한 보안 관제 및 대응 체계를 마련해야 함
직접 시스템 구축	- 자체 구축한 클라우드에 탑재된 정보 시스템에 대하여 해킹 탐지 및 대응 체계 마련을 위해 클라우드 환경에 적합한 보안 관제 시스템을 구축하고 이에 대한 직접 보안 관제를 수행하여야 함
위탁 가능	- 다른 기관이 운영하는 보안 관제 시스템을 활용하는 것이 더 효율적인 경우에는 「국가사이버안전관리규정」 제10조의2에 따라 다른 기관의 보안관제센터에 위탁 가능
인원 파견	- 책임 있는 보안 관제 업무 수행 및 관리 등을 위해 보안 관제에 필요한 전담 직원을 상시 배치해야 하며, 필요시 「국가사이버안전관리규정」 제10조의2 제4항에 따라 보안 관제 전문 업체의 인원을 파견받아 보안 관제 업무 수행
가이드라인 준용	- 클라우드에 구축된 보안 관제 시스템은 정부 보안 관제 체계와 연계되어야 하며, 세부 사항은 국가정보원의 클라우드 보안 관제 관련 별도 가이드라인(2023년 상반기 발간) 준용

기관이 자체적으로 클라우드 컴퓨팅 서비스를 안전하게 도입하기 위한 세부 보안 기준은 [표 11-17]과 같다. 정책, 클라우드 인프라, 가상 환경 보안, 데이터, 인증 및 권한, 사고 및 장애 대응 영역의 세부 보안 기준이 있으며, 모든 유형의 클라우드 컴퓨팅 서비스에 적용해야 하는 공통 보안 기준, IaaS 및 SaaS 환경에서 요구되는 추가 보안 기준을 포함한다. 또한, PaaS 환경의 경우 SaaS 환경과 동일한 기준을 준용한다.

[표 11-17] SaaS 환경 추가 기본 원칙

원칙	기본 내용
외부 공개용 SaaS 영역과 내부 업무용 SaaS 영역은 분리	- 외부 공개용 SaaS 가상 머신은 DMZ 영역 내에 위치 - 외부 공개용 SaaS 영역과 내부 업무용 SaaS 영역 간에 접근 통제 수단을 마련
SaaS 애플리케이션 보안성 강화 방안을 마련	- SaaS 애플리케이션을 공유하는 다수의 사용자 간 자원 격리 방안 마련 - SaaS 애플리케이션 개발 및 운영 시 인터페이스 및 API의 취약점에 대한 주기적인 검증 수행 - SaaS 애플리케이션 설계 및 개발 단계에서 취약점을 제거하고 SaaS 운영 중에도 주기적으로 취약점 제거를 수행 - SaaS 애플리케이션 접근을 위한 네트워크 프로토콜 보호 방안 마련 - SaaS 애플리케이션 관련 데이터(소스 코드, 설정 파일, 로그 정보 등)에 대한 보호 방안 마련

2. 모바일 보안(Security) 요구 사항

기존 클라우드 컴퓨팅 환경에서보다 모바일 단말을 사용하게 되는 모바일 클라우드 환경에서는 데이터를 교환하고 전송할 때 데이터 유출이나 변조 등의 위험성이 증가하고, 그에 대한 전송 성공률에 대한 보장이 필요하다. 정보 유출이나 데이터의 정확한 전송을 위하여 모바일 클라우드 서비스 플랫폼은 다음과 같은 프라이버시, 무결성, 기밀성, 가용성, 접근 제어와 같은 보안을 제공하여야 한다.

[표 11-18] 모바일 보안 요구 사항

구분	요구사항	내용
모바일보안	프라이버시	- 클라우드 환경의 구조적, 운영적인 특성으로 인한 데이터 유출의 위험성이 증가하며, 모바일 클라우드 서비스 플랫폼에서는 모바일 단말을 이용한 데이터의 교환과 전송이 이루어지므로 이에 대한 프라이버시 보호를 제공할 수 있어야 한다.
	무결성	- 모바일 클라우드 서비스 플랫폼을 통한 사용자의 데이터 이동에 있어 인가된 사람에 의해서만 접근과 변경이 가능함을 이야기하는 데이터의 무결성이 필요하다. 허가를 받은 사람이라 할지라도 기록을 이용하거나 수정한 기록을 남기는 메타데이터를 통해 무결성을 보호할 수도 있다.
	기밀성	- 합법적인 사용자가 아닌 사람들에게 모바일 클라우드 서비스 플랫폼상의 데이터 또는 모바일 단말을 통하여 교환, 전송되는 데이터의 내용을 볼 수 없도록 하여야 한다. 모바일 환경을 위한 암호화 등의 방법을 사용하여, 송수신 당사자가 아니면 데이터를 판독할 수 없게 하여, 유출이 되더라도 변조되거나 위조되지 못하게 하여야 한다.
	가용성	- 모바일 클라우드 서비스를 이용할 때 사용자의 입장에서 보아 어느 정도 사용할 수 있는가 하는 것을 표시하는 것으로 클라우드 이용 가능성을 의미한다. 다양한 형태의 공격에 의해 가용성이 줄어들거나 손실이 발생할 수 있으며, 모바일 환경에서는 보다 그 가능성이 높기 때문에 플랫폼에서는 가용성 손실 예방 또는 복구가 가능하도록 지원해야 한다.
	접근 제어	- 모바일 환경에서의 안전한 클라우드 서비스를 제공하기 위하여 모바일 클라우드 서비스 플랫폼에 인가된 클라우드 서비스 제공자, 개발자 그리고 사용자만이 접근 가능해야 하며 플랫폼 관리를 위한 서비스 제공자, 사용자에게 제공할 서비스를 개발하는 개발자, 실제로 플랫폼을 통하여 서비스를 제공받을 사용자로 서비스 접근 권한을 구분하여야 한다.

3. 클라우드 컴퓨팅 서비스 보안 인증 제도

클라우드 컴퓨팅 서비스(이하 '클라우드 서비스') 보안 인증 제도는 클라우드 서비스 제공자가 제공하는 서비스에 대해 「클라우드 컴퓨팅 발전 및 이용자 보호에 관한 법률」 제23조의2에 따라 정보보호 수준의 향상 및 보장을 위하여 보안 인증 기준에 적합한 클라우드 컴퓨팅 서비스에 대한 보안 인증을 수행하는 제도이다.

1) 목적 및 필요성
국가·공공기관에 안전성 및 신뢰성이 검증된 민간 클라우드 서비스를 공급한다. 객관적이고 공정한 클라우드 서비스 보안 인증 제도를 실시하여 이용자의 보안 우려를 해소하고, 클라우드 서비스의 경쟁력 확보한다.

2) 추진 근거(법률)
「클라우드 컴퓨팅 발전 및 이용자 보호에 관한 법률」 제5조에 의한 「제1차 클라우드 컴퓨팅 기본 계획」('15.11.10, 국무회의)에 따른 클라우드 서비스 보안 인증 제도 시행한다. 보안 인증은 공공기관이 안전하게 민간 클라우드를 이용할 수 있도록 클라우드 보안 인증 제도 마련(국가정보원·과학기술정보통신부·행정안전부, 2015년)한다. 공공기관 보안 지침(국가정보원), 민간 클라우드 보안 인증 제도(과학기술정보통신부), 인증·평가(KISA) 등 보안 인증 체계를 마련하고 인증 실시(2016년~)한다. [69]

3) 보안 인증 유형·등급 및 종류
클라우드서비스 보안 인증 제도의 인증 유형은 IaaS, SaaS(표준 등급, 간편 등급), DaaS이며, 인증 등급은 상·중·하로 구분된다. 또한, 평가 종류는 최초 평가, 사후 평가, 갱신 평가가 있다. (기존 인증 제도는 상·중 등급 변경 시행 전까지 인증 신청 가능)

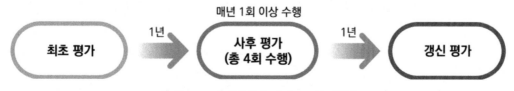

[그림 11-10] 클라우드 서비스 보안 인증제

---

69) 「클라우드컴퓨팅 발전 및 이용자 보호에 관한 법률」 제23조의2에 따라 보안 인증에 관한 업무 수행

(1) 인증 평가 종류

[표 11-19] 클라우드 인증 평가 종류

종류	평가 시행	유효 기간
최초 평가	처음으로 인증을 신청하거나 인증 범위에 중요한 변경이 있어 다시 인증을 신청한 때에 실시하는 평가	최초 평가를 통해 인증을 취득하면, 5년의 유효 기간을 부여
사후 평가	보안 인증을 취득한 이후 지속적으로 보안 인증 기준을 준수하고 있는지 확인하기 위한 평가	인증 유효 기간(5년) 안에 매년 시행
갱신 평가	보안 인증 유효 기간(5년)이 만료되기 전 보안 인증의 유효 기간 연장을 원하는 경우에 실시하는 평가	갱신 평가를 통과하는 경우, 5년의 유효 기간을 다시 부여

(2) 보안 인증 체계 조직과 역할

클라우드 서비스 보안 인증 체계는 역할과 책임에 따라 정책기관, 인증/평가기관, 인증 위원회, 기술자문기관, 인증 신청인으로 구분한다. 정책기관은 과학기술정보통신부, 인증 기관은 한국인터넷진흥원, 평가기관은 한국인터넷진흥원 및 과학기술정보통신부에서 지정한 기관, 공공 부문 기술자문기관은 국가보안기술연구소에서 그 역할을 수행하고 있다.

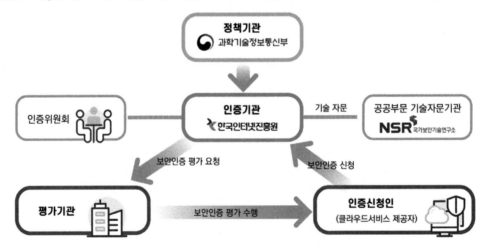

[그림 11-11] 보안 인증 체계 조직과 역할

4) 보안 인증 대상

(1) SaaS 보안 인증 대상

SaaS 서비스는 기본적으로 클라우드 서비스 보안 인증을 받은 IaaS 서비스 환경에서 구축되어야 하며, 다수의 기관을 대상으로 퍼블릭(Public)한 형태로 소프트웨어 제공이 필요하다. 보안 서비스(SECaaS)의 경우, 사전 인증 필수 제품 유형에 해당하는지 확인 후 도입 요건을 만족한 보안 기능으로 서비스를 구축 필요하다. [70]

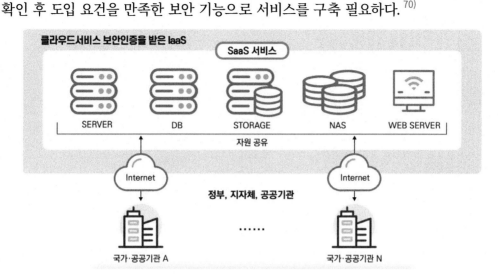

[그림 11-12] SaaS 보안 인증

(2) DaaS 보안 인증 대상

DaaS 서비스는 인프라(네트워크, 보안 장비, 하이퍼바이저 등) 영역에 구성되어야 하며, DaaS의 필수 보안 요건 만족이 필요하다. 가상 자원 초기화, DaaS 필수 SW 설치, 비인가 접속 단말 차단, 접속 구간 암호화 등이 있다.

---

70) 사전 인증 필수 제품 유형은 '국정원 홈페이지-보안 적합성 검증-개요 및 체계' 참조
    웹 방화벽 서비스, 스팸메일 차단 서비스 등 사전 인증(CC 인증 또는 보안 기능 확인서)이 필요한 정보보호 제품을 포함하고 있는 SECaaS는 사전 인증 없이 보안 인증 가능

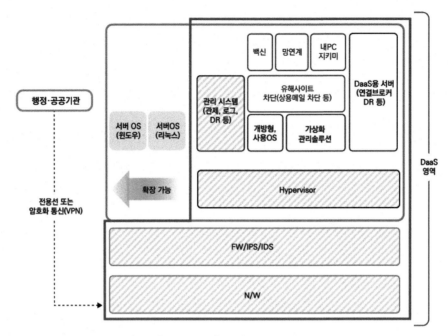

[그림 11-13] DaaS 보안 인증

[표 11-20] 보안 인증 기준(기존 인증 제도)

인증	항목 구성
IaaS 인증	- 관리적·기술적 및 국가기관용 추가 보호 조치로 총 14개 분야 116개 통제 항목으로 구성
SaaS 표준 등급 인증	- 관리적·기술적 및 국가기관용 추가 보호 조치로 총 13개 분야 79개 통제 항목으로 구성
SaaS 간편 등급 인증	- 관리적·기술적 및 국가기관용 추가 보호 조치로 총 11개 분야 31개 통제 항목으로 구성 - IaaS 위에 구축되어 IaaS보다 통제 항목이 약 73% 줄었으며, 서비스 특징 등을 고려하여 '예비 점검' 단계에서 인증 범위 및 항목이 일부 조정될 수 있음.
DaaS 인증	- 관리적·물리적·기술적 및 국가기관용 추가 보호 조치로 총 14개 분야 110개 통제 항목으로 구성

5) 기대 효과

(1) 클라우드 서비스 제공자(민간 사업자) 관점

객관적이고 공정한 클라우드 서비스 보안 인증을 통해 이용자 신뢰도 향상 및 클라우드 서비스 제공자의 정보보호 수준 향상이 된다. 디지털 전문 계약 제도를 통해 클라우드 서비스 이용을 희망하는 국가·공공기관에 수의계약 및 카탈로그 계약 체결 가능하다. 디지털 서비스 이용 지원 시스템에 등록이 필요하다.

(2) 클라우드 서비스 이용자(국가·공공기관) 관점

인증받은 클라우드 서비스를 이용함으로써 클라우드 도입의 걸림돌인 보안 우려를 해소하고, 안전한 클라우드 서비스 구축 및 이용 활성화된다. 클라우드 서비스 보안 인증서 목록 확인(https://isms.kisa.or.kr)이 가능하며 인증의 홍보는 클라우드 서비스 보안 인증을 받은 자는 인증받은 내용을 문서·송장·광고 등에 표시할 수 있으며, 클라우드 서비스 보안 인증 표시 사용 가능하다.

[인증번호] CSAP-0000-000호
[인증대상] ○○○서비스(OaaS)
[유효기간] 2023.00.00~2028.00.00

[인증번호] CSAP-0000-000호

[그림 11-14] 보안 인증 마크 [71]

* 클라우드 서비스 보안 인증을 받은 사업자의 클라우드 서비스가 100% 안전한 것은 아니다. 보안 인증을 받았다는 것은 국가·공공기관이 클라우드 서비스를 이용하기 위한 최소한의 정보보호 요건을 충족했음을 의미한다.

---

71) 보안 인증을 표시할 경우, 인증 대상, 인증 번호, 유효 기간 등을 함께 표시한다.

제12장

클라우드 오픈소스와 표준화

학습 목표

4차 산업혁명의 핵심 기술인 인공지능, 빅데이터, IoT, 클라우드 등의 다양한 분야에서 혁신을 이끌고 있다. 특히 세계 시장을 선도하고 있는 대형 IT 업체들이 각 분야에서 활용되고 있는 신기술의 많은 부분을 오픈소스 소프트웨어(SW)로 개방하여 생태계 구축을 확대하고, 개발 및 활용되고 있다. 주목할 것은 해외를 중심으로 오픈소스 SW 기업의 M&A와 IPO 사례들을 통해 오픈소스의 가치가 입증되고 있다는 점이다. 국내 기업이나 개발자들도 오픈소스에 대한 역량 강화와 저변을 확대하고 있어, 개발자들은 오픈소스 커뮤니티에 가입하여 활동하기 바란다.

국내 개발자들도 오픈소스 SW 개발과 활용 확대가 선택이 아닌 필수가 되었다. 활용 확대는 SW 기술 역량 확보에 기여함은 물론 신기술·신산업의 성장 동력이 될 것이다. 클라우드 컴퓨팅 기술의 등장과 함께 중요하게 대두되고 있는 것이 표준화 이슈이며, 각 벤더별로 자사 플랫폼 의존적인 솔루션 제공으로 인한 클라우드 컴퓨팅 플랫폼의 벤더 종속성은 플랫폼 신뢰성 문제와 함께 가장 우려되는 부분이다. 클라우드 컴퓨팅 분야는 그 특성상 개념 정립과 동시에 제품 출시가 이루어지고 있기 때문에 향후 제품 간 상호 호환성, 이식성, 보안성 등에 대한 심각한 문제가 야기될 것으로 예상되며, 이는 관련 이슈에 대한 표준화 작업이 요구되는 상황이다.

클라우드 컴퓨팅의 표준화는 사실상 국제 표준화 기구를 중심으로 표준화가 이루어지고 있다. 즉 DMTF, OGF, CSA, SNIA 등이 전문 분야별로 규격 개발을 진행되었으며, 공식 국제 표준으로 연계하여 진행되었다. 현재 클라우드 가입자와 서비스 간 연동을 위한 규격인 OCCI(OGF), CDMI(SNIA), 가상 머신의 이동성을 위한 OVF(DMTF)가 사실상 표준으로 제정이 완료되어 있다. 그중에서 DMTF가 개발한 클라우드 표준인 OVF(Open Virtual Format) 규격은 2011. 7월 ISO/IEC JTC1에 표준 규격으로 상정되어 최종 승인되었다.

제12장 목차

(웹사이트) 공개 SW: https://www.opensouce.org
https://www.oss.kr
오픈소스 코드: https://github.com/jwkanggist/EveryBodyTensorFlow
라이선스 종합: http://www.olis.or.kr
소프트웨어정책연구소: https://spri.kr/

제1절
클라우드 시스템 개발 오픈소스

1. 오픈소스 소프트웨어(Open Source Software: OSS) 정의

공개적(Open 혹은 reveal)으로 액세스할 수 있게 설계되어 누구나 자유롭게 생성 (create), 확인, 수정(modify), 복제, 사용, 배포(distribute)할 수 있는 프로그램 소스 코드로 정의한다. 저작권자가 SW를 개발하여 프로그래밍 언어로 나타낸 설계도인 소스코드가 특정 라이선스 조건으로 공개하는 것으로써 다른 사람이 관련 정보에 접근 (access)할 수 있고, 2차 저작물로 자유롭게 재배포·수정이 가능한 SW 개발 모델이다.

[표 12-1] OSI에서 정의한 오픈소스 기준 (출처: spri)

OSI 규정	내용
1) Free Redistribution	- SW 판매나 양도를 제한하지 않고 자유롭게 재배포 허용
2) Source Code	- 소스코드와 컴파일 형태를 모두 배포
3) Derived Works	- 변경이나 2차 저작물을 허용하고 원래의 SW 사용권과 동일한 조건으로 배포 허용
4) Integrity of The Author's Source Code	- 패치(Patch) 파일 형태의 재배포를 허용하지만, 원칙상 변경된 소스코드로 빌드(Build)가 가능한 SW로 배포
5) No Discrimination Against Person or Groups	- 어떠한 개인이나 단체에 대한 차별 금지
6) No Discrimination Against Fields of Endeavor	- SW 사용 분야에 대한 차별 금지
7) Distribution of License	- 사용권은 재배포 시에도 동일하게 적용
8) License Must Not Be Specific to a Product	- 사용권은 유형의 제품이 아니라 무형 SW에도 적용
9) License Must Not Restrict Other Software	- 같이 배포되는 다른 소프트웨어 사용 제약 금지(차별 금지)

10) "License Must Be Technology-Neutral" - Our Philosophy	- 사용권은 기술에 중립적(차별 금지)
* OSI(Open Source Initiative): 10개 오픈소스 정의 조건 제시(https://opensource.org/osd)	

2. 오픈소스 발전사

SW 기술 사유화를 반대하는 개발자들의 사회운동에서 출발하였다. 개인 개발자들이 자발적으로 커뮤니티에 참여하여 SW를 개발하고, 그 결과물을 공개하여 공유하는 행동이 SW 산업에서 관행으로 정착하였다. 이는 SW 생산에서 개방형 개발이 독점적인 대안보다 더 효과적이라는 아이디어에 기초하였다. 통상 지식이 협업(연구자)으로 생산(논문)되어 평가·공유(학회)되어 지속적으로 발전되는 것과 동일한 논리이다.

[표 12-2] 상용 SW와 오픈소스 저작권 비교 (출처: NIPA)

저작권	요구 사항
상용 SW 저작권자	- 저작물 코드를 공개하지 않고 적정한 사용료를 요구
오픈소스 저작권자	- 특정 라이선스로 소스 코드를 공개하고 누구나 복제, 설치, 사용, 변경, 재배포가 자유롭도록 허용

- MIT대 Cusumano 교수는 "기존 상용 SW 기업이 서비스 기업으로 변모하는 주된 이유도 기업의 전략적인 오픈소스 활용 때문"이라고 주장
- 미 상용 SW 기업은 설립 후 20년 경과하면 제품(라이선스) 매출보다 서비스 매출이 초과

[표 12-3] 사적(私的) 독점(상용)과 오픈소스 비교 (출처: NIPA)

구분	사적(私的) 독점 SW	오픈소스 SW
코드 판독	- 코드에 대한 정보를 바이너리 코드로 제공하기 때문에 코드 판독 불가능	- 코드에 대한 정보를 오픈소스로 제공하기 때문에 판독 가능
라이선스료	- 사용 시 라이선스료 부과(라이선스+서비스료)	- 라이선스료 부과 않음(서비스료)
SW 업그레이드 주체	- 개발 업체만 버그 수정과 업그레이드가 가능	- 사용자 혹은 커뮤니티 참가자
보안상 허점 인식 주체	- 개발 업체만 SW 보안상 허점을 알 수 있음	- 사용자들의 엄격한 검토로 보안성이 높음
신제품 출시 시간	- 신제품 출시에 통상 2~3년의 장시간 소요	- 개발 주기가 3개월로 짧음
IPR	- 개발 업체	- 여러 단체가 소유

3. SW는 오픈소스

SW는 오픈소스를 의미하고, 유능한 SW 개발자는 오픈소스에 익숙하고 활용 능력을 보유하고 있다는 점을 당연시하는 시대에 진입하였다. 소스코드는 사람이 읽을 수 있는 형식의 프로그램 코드를 의미하며, 실행 코드 또는 바이너리 코드는 컴퓨터가 인식하고 실행할 수 있는 형식의 코드를 지칭한다. 소스 코드를 컴퓨터가 읽을 수 있도록 바이너리 코드로 변화하는 것을 컴파일(compile)이라고 한다. 오픈소스 생산·공유는 인터넷을 이용하여 세분화된 노동 분업으로 생산되는 디지털 시대 이전의 생산 방식과는 완전히 다른 혁명적 SW 생산 방식이다. 최근 오픈소스 생산은 자발적 커뮤니티뿐만 아니라 기업의 적극적인 참여와 지원으로 발전되며, 특정 정보기술의 발전 방향을 결정하고 있다. 최근 상용 SW 기업은 소스 코드를 공개하고 커뮤니티를 운영 혹은 후원하며 SW 생산, 네트워크 및 판매 채널로 활용하고, 비즈니스 모델을 컨설팅·기술 지원 등 서비스 사용료를 청구하는 서비스 모델로 전환하였다.

> * 이론적 경제학에서는 기업 투자(Private)와 집단적(Collective) 투자로 개발된 제품을 공공재(Public Goods)라고 한다.

오픈소스 개발 생태계는 기업을 중심으로 고객(사용자), 오픈소스 커뮤니티, 재단·연합, 자발적인 개발자, 투자자 등으로 구성된다.

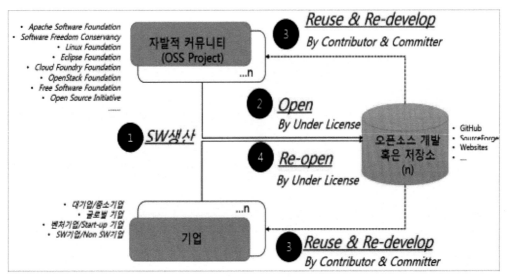

[그림 12-1] 오픈소스 생산·공유 개념도 (출처: NIPA)

4. 오픈소스 개발 모델

오픈소스 SW 개발 모델은 자발적인 개발자들이 특정 SW를 생산하는 오픈소스 프로젝트 커뮤니티와 공개된 SW에 대해 버그 확인, 테스트, 새로운 기능 향상, 기타 문서화 등 의견 제시를 수행하는 사용자 커뮤니티의 상호 작용으로 지속적으로 발전하였다.

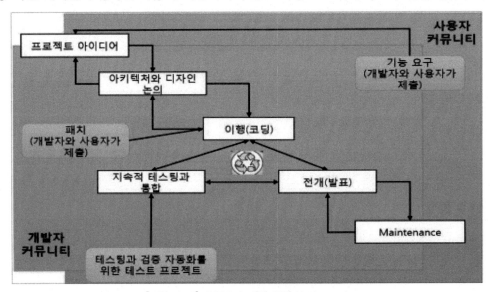

[그림 12-2] 오픈소스 개발 모델 (출처: NIPA)

5. 오픈소스 라이선스

오픈소스 라이선스는 기업 혹은 커뮤니티가 소스 코드를 공개할 때 제시하는 제반 (소스 코드의 사용·생산·수정·배포 등) 규정이다. 제정 목적은 소스 코드 공개를 강제하기보다는 오픈소스의 사유화 방지 목적이 강하다. 라이선스 유형은 5,000여 종 이상 존재한다. 소스 코드가 공개되고 추가·수정·배포할 수 있는 권리, 기타 조건을 포함하는 라이선스 모델은 크게 GPL, LGPL, MPL, QPL, Free BSD로 구분된다.

> - 아파치나 MIT 계열은 오픈소스를 활용할 때 제약이 거의 없으나, GPL은 2차 저작물에 대한 소스 코드 공개 의무 등이 강력함.

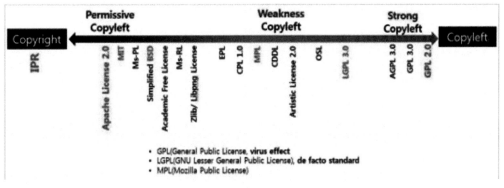

- GPL(General Public License, **virus effect**)
- LGPL(GNU Lesser General Public License), **de facto standard**
- MPL(Mozilla Public License)

[그림 12-3] 라이선스 유형 (출처: NIPA)

법적 관점에서 라이선스가 이용 허락 여부 또는 2차적 저작물의 문제에 대해서 어떻게 표현하고 있는가와 관련하여 permissive & Strong copyleft로 분류한다.

[표 12-4] 오픈소스 라이선스

분류	적용
이용 허락 (Permissive)	- 사용에 있어서 별다른 요구 사항을 부여하지 않고 광범위한 권한을 부여
Copyleft	- 소스 코드가 사용되어야 하며, 라이선스는 원래 저작물과 그에 따른 파생 저작물에 적용돼야 함.
Virus effects	- GPL 하에서 오픈소스를 사용하거나 이를 기반으로 제작된 모든 SW는 다시 오픈소스가 될 수밖에 없는 선순환적인 구조를 갖게 됨.

[표 12-5] 라이선스 범위

라이선스	유형
라이선스 준수 의무	- 오픈소스는 SW의 소스 코드가 특정 라이선스로 공개되어 수정·복제·사용·재배포 등이 자유로운 SW를 지칭 - 상업용 SW와 같이 오픈소스 이용 시 해당 라이선스를 준수해야 하며, 위반 시는 이용 권리가 박탈되고, 제품화한 경우에는 더 이상 제품 판매 불가 - 최근 저작권법 위반, 라이선스 위반 등에 관한 분쟁 사례가 급증
라이선스 유형 선택	- 기업, 커뮤니티, 개인 사용자 및 경쟁 업체 간의 협업을 위한 기반을 제공하고 SW 개발 활동 수준에 결정적인 영향
커뮤니티 가입	- 사용자는 해당 SW를 공개한 커뮤니티(저작권자)가 규정한 라이선스를 반드시 준수해야 할 의무가 있음

오픈소스 공개 범위 및 전략	- 기업이나 커뮤니티는 개발된 소스 코드를 어느 정도(물리적 공개 범위) 공개하고 어떻게 혹은 누구에게 공개(공개 전략)하는 전략을 구사 - 기업은 모듈화, 재사용성이 높은 오픈소스에 새로운 기능을 추가하여 차별화된 SW를 생산할 수 있으므로 개발 기간 단축, 비용 절감, 최신 SW 기술 학습에 활용할 수 있는 등 다양한 이점을 제공
공개 범위	- 통상 전부를 공개하지 않고, 선택적(Selectively)으로 일부 공개 - 부분적으로 공개하는 것은 고객 관점에서 소스 코드에 대한 접근 및 사용 등을 특정 그룹에만 부여하고, 이해관계자는 그룹별로 차별 공개
공개 수준	- 대부분 선택적으로 부분을 공개(Opening Part)하든지 부분적으로 공개(Partly Open)하는 2가지 전략을 채택 - 부분을 공개하는 것은 전체 SW에서 선택적으로 일부의 소스 코드를 공개하는 전략으로 이종(Hybrid) 라이선스가 대표적
오픈소스 공개 이유	- 소스 코드를 공개하는 이유로 기업의 상황에 따라 다양한 사유 제시 - 모든 것이 연결되는 4차 산업혁명 플랫폼에서 타 기업과 협력(개방형 혁신)하지 않으면 연결할 수 없고, 자사가 모든 표준을 주도할 수 없기 때문
오픈소스 공개 방법	- 기업이나 커뮤니티는 오픈소스 저장소(Github, Sourceforge 등)에 공개하거나 자사가 구축·운영하는 오픈소스 포털에 공개 - Github는 오픈소스 개발에 필요한 SW 저장과 버전 관리, 개발자 커뮤니티의 협업과 온라인 교류를 위한 다양한 기능을 제공하는 소셜 코딩의 대표적인 사이트
의무 사항	- 이를 위반하면 해당 오픈소스에 대한 이용 권리가 박탈되고 제품화한 경우에는 판매 중단 등으로 기업 이미지가 훼손되어 치명적 손실 초래
오픈소스 중요성	- 경제·사회 패러다임이 경쟁(→협업), 폐쇄(→개방), 소유(→공유), 파이프라인(→플랫폼) 경제로 변화하는 중심에는 오픈소스를 활용한 혁명적 SW 개발 방식 출현 - 국가 혁신 체제 관점에서도 오픈소스는 지식 전달 체계인 사회 인프라 확충과 구성원의 학습과 신기술 개발 의지를 고취시켜 주는 개방형 혁신의 핵심 수단(촉매제)으로 작동

전 세계 수백만 개의 오픈소스 프로젝트들은 모두 저작권이 존재하므로 해당 코드에 부여된 저작권, 라이선스 의무 사항을 면밀히 검토하여 사용하여야 한다. 최종 사용자 대상의 프로젝트는 상대적으로 제한적인 라이선스를 개발자, 인터넷 또는 상용 OS 지향 프로젝트에 대하여 제한이 적은 라이선스를 사용한다.

[표 12-6] 오픈소스 공개 여부와 라이선스

제공자	공개 여부
서비스 제공에 중점을 둔 기업	- 오픈소스 라이선스 하에 제품을 공급하는 경향이 있는 반면, 가족이나 개인 소유의 회사는 독점 SW에 의존하는 경향
	- 미국의 Jacobsen 사건, 오라클과 구글의 저작권 분쟁 소송, 국내 H사의 오픈소스 라이선스 위반 사건 등

Github(설립자: 프레스톤-베너)	- 핵심 비즈니스 가치가 있는 모듈(Rails)은 절대 공개하지 않고 IPR로 판매하고, 범용 도구(Grit, Resque 등)만 공개
	- 예를 들면, 기본 버전(Community Edition)은 공개하고, 특정 기능이나 추가 기능(엔터프라이즈 기능)은 상용(라이선스)으로 판매, 혹은 코어(핵심) 모듈은 비공개, 주변 모듈은 공개
	- 회사 광고, 코드를 공개하면 유능한 개발자(기여자)를 끌어들여 SW 개발에 힘의 승수 효과(Force multiplier) 창출, 이미 자사의 SW에 경험을 가진 유능한 개발자의 채용이 쉬움을 제시
	- 사용자는 저장소를 탐색하고 소스 코드의 다운로드 가능하며, 토론, 저장소 관리, 다른 저장소로 기여 제출, 코드 변경 사항 검토 등 기능 활용 가능
	- 깃(Git)은 2006년경 리누스 토발즈가 직접 개발한 분산 버전 관리 시스템
듀얼라이선스 (DualLicence)	- 어떤 고객 군(학생)에게는 공개하고, 타 그룹 군은 오픈소스 활용을 제한 혹은 영리 목적 vs. 비영리 목적 사용에 제한

[표 12-7] 인공지능과 오픈소스 (출처: NIPA)

기술 스펙	내용
Tensorflow 와 오픈소스	- 구글이 내부적으로 공개(DistBelief)하여 검색, 음성 인식 - 인공지능 관련 오픈소스 프로젝트 수는 2017년(14,000개)을 기점으로 급속 증가 - 학습, 추론, 인식 등 알고리즘을 개발할 수 있는 인공지능 플랫폼이 오픈소스로 공개되면서 이를 활용한 기술과 서비스 개발이 비약적으로 증가 - 번역, 지도, 유튜브 서비스 등 개발에 사용되던 기계학습용 엔진을 2015년에 오픈
정의	- Tensorflow는 딥러닝을 위한 오픈소스 SW 라이브러리, AI 애플리케이션을 위한 심층적인 학습 모델을 만드는 사람들을 위한 공통 도구
아키텍쳐	- 데이터 입력 및 처리, 모델 작성, 모델 훈련과 예측의 3부문으로 구성된 데이터 파이프라인 설계와 데이터 흐름 그래프 아키텍처
	- 데이터 로딩(데이터 생성, 데이터 증강), 학습 데이터/평가 데이터로 분리, 학습(DNN, RNN, CNN, VAE 등 알고리즘 커스트마이징), 평가(GAN), 모델 저장(정확도 확인 및 데이터 정제 수행), 서비스 활용 순
	- 다차원 배열의 데이터를 입력(tensors)하면, 다중 작업 시스템(선언형 프로그래밍)을 통해 흐르고(flow), 다른 쪽 끝에서 출력되는 구조로 수행 작업은 플로차트(그래프)로 제시
	- 전체 아키텍처는 C API를 기준으로 Runtime과 User 모듈이 구분

제2절
오픈소스 커뮤니티

　온라인에서 오픈소스 프로젝트가 생성되면 자발적으로 참여하는 사용자와 개발자로 구성되어 SW 개발을 위해 온오프라인으로 소통하고 협력하는 집단지성으로 정의한다. 누구에게나 프로그램의 소스 코드에 대한 동등한 접근을 보장하고 책임과 권한을 공유하며 지속적인 개발자와 사용자의 기여에 의해서 프로젝트가 발전하는 커뮤니티이다. 설립 주체(자발적 vs 기업), 참가자 유형별(개발자 vs 사용자) 등으로 구분한다.

1. 커뮤니티와 오픈소스 개발

　오픈소스 커뮤니티 참여자들의 지식 창출은 사회적, 집단적 검토·수정을 통해 체계적 형식지로 통합되고, 이러한 지식은 다시 커뮤니티에 내재화되는 누적적, 순환적 혁신 모델이다. 우선 개인이나 기업이 개발한 최초 SW를 공개하면 공개된 실행 파일과 소스 코드의 유용성으로 인해 개발자 사회에서 관심을 받는다.

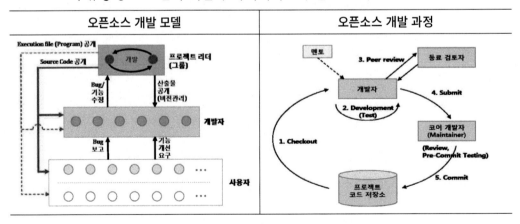

[그림 12-4] 오픈소스 SW 개발 모델 및 개발 과정 (출처: NIPA)

[표 12-8] 오픈소스 SW 사용자 (출처: NIPA)

사용자	참여 동기
개발자(소스 코드 및 실행 파일의 사용자)	- 프로젝트 운영자가 제공하는 관련 정보를 이용하거나 Q&A, 토론 등에 참여
	- 공개된 소스 코드에 자신만의 새롭고 개선된 코드를 추가하거나 버그를 보고하고 수정하는 기여자, 커미터, 메인테이너 등 역할로 커뮤니티에 참여
프로젝트 리더	- 사용자들에게 적극적인 오픈소스의 유용성을 알리고 적극적인 동참을 독려하기 위해 뉴스 그룹 등 다양한 활동을 전개
프로젝트 운영 성공 요소	- 초기 버전을 지속적으로 개선하고 유지할 수 있는 개발자들의 확보와 그들 간의 활성화된 사회적 상호 작용
커뮤니티 참여 동기	- 개인(미시적) 개발자 수준과 조직(거시적) 수준의 참여 동기는 기술·경제·사회적 동기에서 뚜렷한 차이를 보임

- 투명성(오픈소스 비전, 로드맵, 릴리스 계획, 형상 관리 계획, 커미터 자격 조건, 새 기능 추가 또는 패치의 제출 과정 등과 오픈소스 프로젝트 문서화)
- 통상 오픈소스 프로젝트는 핵심(core) 개발자, 프로젝트 리더, 코드 작성자, 사용자(active users)로 구성되고, 양파 모형이며 프로젝트별로 크기(size)에서 차이를 보인다.

커뮤니티는 일반적으로 기술적 단계, 오픈소스 단계, 생태계의 3단계로 성장한다.

커뮤니티 구성원		커뮤니티 구성원별 역할
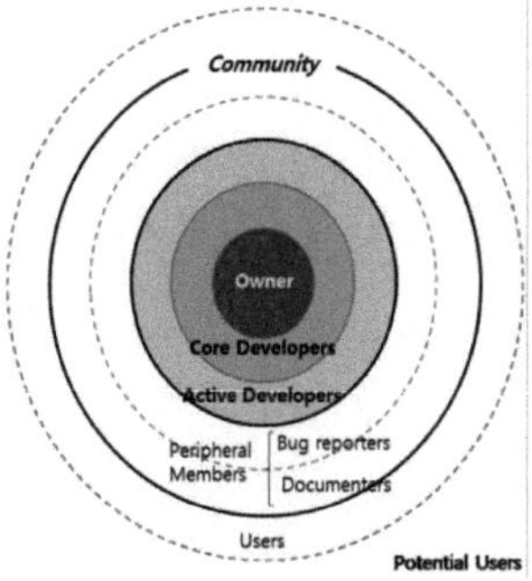	소유자	- 초기 오픈소스를 개발한 창시자로 커뮤니티의 비전과 방향에 대한 의사 결정, 라이선스 체계, 비즈니스 모델 수립 등 프로젝트에 대한 대부분의 중요한 책임과 역할
	핵심 개발자	- 소수의 핵심 개발자 그룹, 프로젝트의 결과물에 대해 코드 승인 권한과 투표의 권리를 갖고 배포 관리와 같은 책임
	액티브 멤버	- 액티브 개발자는 새로운 기능을 위한 코드 개발과 문서 작업, 버그를 수정하는 개발자로 코어 멤버들과 함께 커뮤니티의 중추적인 역할을 수행
		- 버그 수정자는 해당 프로젝트의 소스 코드에 이해를 바탕으로 커뮤니티에 보고된 버그들을 수정하며 특별 권한 없음.
	주변 멤버	- 커뮤니티의 대다수를 차지, 커뮤니티 내의 지식과 관심사, 버그 등을 공유하며 산발적으로 버그 수정이나 중요하지 않은 기능 수정, 테스트에 참여하면서 프로젝트에 기여
	일반 사용자	- 커뮤니티 멤버가 아닌 해당 오픈소스 사용자로 때때로 의견이나 질문 등을 통해 프로젝트에 기여
	기업	- 기업은 개발 비용 절감, 개발 기간 단축, 고품질 SW 개발, 종속성 탈피 등이고, 개인 개발자는 이타주의와 개인주의 사이의 동기가 골고루 분포

[그림 12-5] 오픈소스 커뮤니티 구조 및 구성원별 역할 (출처: NIPA)

[표 12-9] 오픈소스 개발 참여·공유 동기

	개인 개발자 수준(미시적) 동기	조직 수준(거시적) 동기
기술적 동기	- 개인적 기술적 필요성 충족시키기 위해 - 동료 평가 시스템 활용으로 SW 개발 효율성을 높이기 위해 - 최첨단 기술을 익혀 사용하기 위해 - 사용자 및 고급 개발자와 상호작용을 통한 기술 학습 기회 확보 - 사용자 니즈 파악 및 멘토십을 활용한 학습	- 개발 비용이 높아지고 질은 떨어지는 SW 위기에 대응하기 위해(오픈소스 개발 방식 도입을 통해 적은 비용으로 신속히 고품질 SW 개발) - 단순하고 지루한 개발 작업(테스트나 문서화)을 사용자와 나누어서 협업으로 수행하기 위해 - 오픈소스 커뮤니티를 통한 기업 R&D 활동의 보완 및 강화 - 기업의 혁신을 촉진하기 위해 - 소스 코드 공개로 SW 개발 및 활용의 투명성을 확인하기 위해
경제적 동기	- 경력 관리(오픈소스 경력)에서 이익을 얻기 위해 - 코딩 스킬 향상을 위해 - 스톡옵션으로 부를 얻기 위해 - 낮은 기회비용(잃을 것이 없음)	- 오픈소스를 가지고 투자자의 열정을 이끌어 내기 위해 - 상용 SW 중심의 SW 산업을 서비스 산업 패러다임으로 전환하기 위해 - 기업의 브랜드 가치를 높이기 위해 - 관련 제품과 서비스 등을 판매하여 간접적인 수익을 얻기 위해 - GVC(Gloval Value Chain) 국제 무역 규정을 지키면서 상품+서비스 수출하기 위해 - 사적 독점 SW에 비해 저렴한 가격으로 비용절감을 위해
사회, 정치적 동기	- 자기 성취 욕구(SW 기획, 개발에서 경영진이 아니라 개발자자신이 직접 통제로 성취 욕구 달성) - 자신의 능력을 알리기 위해 - 코딩 자체에 대한 동기 - 커뮤니티 소속감, 이타주의	- MS에 대항하는 사회운동 - 디지털 격차의 극복(SW는 누구에게나 자유로워야 함) - 미래의 직업 모델 개발(SW 영역을 넘어서는 새로운 작업 방식으로 오픈소스 SW 개발 방식)

2. 오픈 커뮤니티와 절차

[표 12-10] 오픈 커뮤니티

커뮤니티	내용
기업과 오픈소스 커뮤니티	- 최근 기업은 자체적으로 개발한 SW의 소스 코드를 공개하고 자체적으로 커뮤니티를 구축하여 운영하거나 후원하는 추세가 증가
기업 능력	- 자체적으로 구축 혹은 후원하는 커뮤니티 SW 생산 기지(developer community), 네트워크 혹은 판매 채널(사용자)로 활용 - 기업이 구축·운영하는 커뮤니티는 사용자에서 시작하여 SW 생산 커뮤니티로 발전 - 기업은 커뮤니티에 접근(access)하여 회사와 커뮤니티의 전략을 일치(align)시키고, 커뮤니티에서 개발된 결과물을 통합(integrate)·동화(assimilate)시키는 능력이 필요
기업의 오픈소스 활용 단계	- 특정 SW가 생산되어 소스 코드가 공개되면, 기업은 이를 활용하면서 자발적인 개발자 혹은 사용자의 개선 사항 등을 피드백 받아 반영하거나, 혹은 제3의 기업이 핵심 기능을 개발하는 등 애초 SW가 선순환적으로 지속 발전

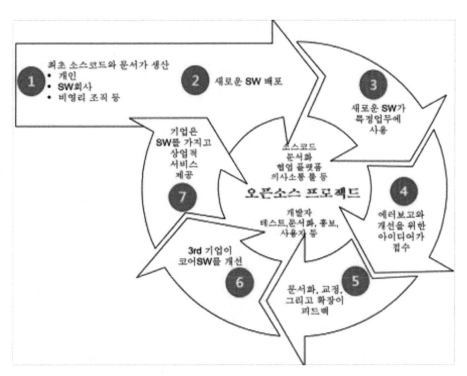

[그림 12-6] 기업의 오픈소스 활용 절차 (출처: NIPA)

[표 12-11] 오픈소스 발전 과정

역할	발전 과정
벤처기업과 커뮤니티	- 오픈소스 경험 정도, 인적 자본 보유 수준 등에 따라 벤처기업의 혁신 성과(매출액, 이익 등)가 증가하는 경향 - 커뮤니티와 협력한(vs 협력 않음) 벤처기업이 상대적으로 혁신성과 탁월 - 커뮤니티와의 공동 작업하는 벤처기업은 높은 품질 등으로 VC의 주목을 받아 재원 부족을 보완할 수 있음. - 커뮤니티와 협력하는 벤처기업은 SW 생산에 사용된 프로그램에 대해 라이선스 비용을 지급하지 않아 원가 절감이 가능
경제·혁신 패러다임	ICT 발전으로 경제 및 사회 패러다임이 경쟁→ 협업, 수직→ 수평, 폐쇄→ 개방, 소유 → 공유, 파이프라인→ 플랫폼 기반, 제조→ 서비스 등으로 급속히 전환 중

경쟁·폐쇄적에서 협업·개방형 혁신으로 기업 활동의 초점이 기업 내부 중심의 폐쇄적 혁신에서 단계마다 외부와 협력하는 개방형 혁신으로 이동 중이다.

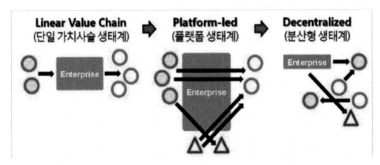

[그림 12-7] 과거·현재·미래 비즈니스 생태계 진화 과정 (출처: NIPA)

[표 12-12] 기술 혁신과 오픈소스 성공을 위한 공통 조직 역량(예)

조직 역량	기술 혁신과 오픈소스 세부 역량
외부 공동체와의 협업	- 기업이 자체적으로 모든 것을 하는(기술 개발, SW 개발, 제조 등) 것보다 외부와 협력하는 것이 혁신을 가속화 - 소스 코드는 기업 혁신을 위한 외부 지식 및 리소스
아이디어를 외부로 공유	- 비즈니스 아이디어를 외부에 공유하고 외부에서 자사에 기꺼이 기여할 수 있는지 확인하면 혁신을 가속화
조직 학습, 외부 아이디어의 내부 동화	- 외부 기술 혁신이나 오픈소스를 관찰하여 외부 지식과 코드를 자사에 동화시킬 수 있는 역량을 갖춤.
재사용/수정의 효율성	- 오픈소스와 기술 혁신에서 기존 혁신 결과물의 재사용 또는 수정으로 혁신을 가속화
고객 가치에 대한 전략적 접근	- '전략적 오픈소스'는 어떤 것을 아웃소싱하고 어느 것을 사내 제작해야 하는지, 어떤 부분은 고객이 가치 창조에 참여토록 할 것인지 등을 결정
기술의 낮은 진입 장벽	- 외부와 공유하고 협력하면 새로운 기술 개발이 더 쉬움

제3절
클라우드 표준 시스템 개발

1. 플랫폼 독립성 제공

클라우드 컴퓨팅의 가장 큰 문제점 중 하나는 플랫폼 간 상호 호환성이 없다는 것이다. 이는 개발자가 특정 클라우드 플랫폼을 기반으로 애플리케이션을 개발하게 되면, 그 프로그램은 여타 클라우드 플랫폼에서 동작하지 않는 것을 의미한다.

이러한 문제점으로 인해 클라우드 컴퓨팅의 확산에 제약이 발생하고 있다. 기업이나 조직에서 클라우드 컴퓨팅을 도입하려는 경우, 특정 클라우드 플랫폼에 종속될 위험을 감수해야 한다. 또한, 개발자는 특정 클라우드 플랫폼에 최적화된 애플리케이션을 개발해야 하기 때문에, 플랫폼 간 이동성이 떨어진다.

클라우드 표준은 이러한 문제를 해결하기 위해 제안된다. 클라우드 표준은 클라우드 컴퓨팅의 다양한 요소에 대한 표준을 정의하여 플랫폼 간 상호 호환성을 향상시키는 것을 목표로 한다.

[표 12-13] 클라우드 표준 영역 구분

영역	표준 내용
기술 표준	- 클라우드 컴퓨팅의 기술적인 요소에 대한 표준을 정의 (사례) 가상화, 컨테이너, 네트워킹, 보안 등의 기술 표준
관리 표준	- 클라우드 컴퓨팅의 관리와 운영에 대한 표준을 정의 (사례) 인프라 관리, 애플리케이션 관리, 보안 관리 등의 표준
서비스 표준	- 클라우드 컴퓨팅 서비스의 제공과 소비에 대한 표준을 정의 (사례) 청구, 계약, SLA 등의 표준

1) 클라우드 표준화 제공 기여

클라우드 표준은 발전 단계이지만 주요 클라우드 서비스 제공 업체들은 클라우드 표준을 준수하는 서비스를 제공하기 위해 노력하고 있다. 플랫폼 간 상호 호환성이 향상되면, 기업이나 조직은 특정 클라우드 플랫폼에 종속될 위험을 줄이고 보다 유연하게 클라우드 컴퓨팅을 도입하고 활용할 수 있다. 개발자는 플랫폼 간 이동성이 향상되어 보다 효율적으로 애플리케이션을 개발하고 배포할 수 있다.

2) 플랫폼 간 통합 서비스와 이동성 제공

클라우드의 또 다른 문제점으로 데이터 이동성을 들 수 있다. 클라우드 플랫폼에서 각각의 데이터는 서로 다른 형태로 저장/관리되고 있으며, 사용도 각기 다르다. 특정 클라우드 플랫폼에서 다른 클라우드 플랫폼으로 서비스와 데이터를 이동하고자 할 경우에 문제가 발생하고, 특정 클라우드 플랫폼에 종속적으로 서비스가 제공될 수밖에 없게 된다. 그러므로 '클라우드 서버 연동'에 대한 표준화가 요구된다.

3) 선택적이고 안전한 데이터 및 서비스 제공

구글의 AppEngine, 아마존의 EC2, S3를 포함한 AWS(아마존 웹서비스) 등 클라우드 컴퓨팅 플랫폼을 제공하는 서비스들이 많아지고 있고, 제공되고 있는 클라우드 플랫폼은 안정적인 서비스 및 데이터 관리를 표방하고 있다.

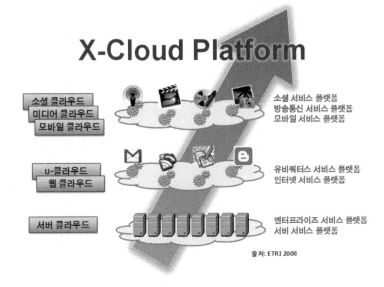

[그림 12-8] 클라우드 플랫폼의 X-Cloud 플랫폼 (출처: ETRI)

그러나 비즈니스의 주요 데이터를 타사의 서버에 저장/관리하는 데에는 보다 강력하고 안전한 데이터와 서비스의 보안 정책이 요구된다. 아마존의 EC2가 웹 UI를 지원하는 서비스가 되고 있으며, 클라우드 지원 보안 프락시 등의 표준화된 모델로서 안전 보안 대책이 요구되고 있는 상황이다.

4) 단말 독립적인 서비스 제공

현재까지 대부분의 클라우드 서비스는 데스크톱에만 국한되어 제공되고 있고, 일부 모바일 단말을 지원하는 경우도 특정 단말로 한정되고 있다. 아마존의 서비스는 모바일 단말을 고려하고 있지 않기 때문에 단말 독립적인 서비스를 제공하기 위해서는 개발자가 일일이 작업을 해야 하는 수고가 발생하게 된다. 향후 클라우드 플랫폼은 다양한 단말과 유기적으로 연동 가능한 유비쿼터스 서비스 플랫폼으로 발전할 것으로 예상되며, 국내와 같이 모바일 및 유비쿼터스에 대한 인프라가 갖추어진 경우, 단말 독립적인 서비스는 필수적이다. 클라우드 컴퓨팅뿐만 아니라, 이를 통하여 단말 시장의 활성화도 기대할 수 있게 된다. 단말 독립적인 서비스는 기본적으로 웹 표준을 준수하며 W3C 모바일 웹 표준화(MWI), 유비쿼터스 웹 표준화(UWA) 활동과 연계한 표준화 작업이 요구된다.

5) 도메인별 서비스 확장성 및 상호 운용성 제공

현재의 클라우드 플랫폼은 기본적인 인터페이스를 제공하고 개발자가 어떠한 서비스에 대해서도 개발 가능하게 하며, 대부분이 기업용 서비스를 제공하고 있다. 서비스가 확산되기 위해서는 도메인별 서비스를 특화한 클라우드 플랫폼의 제공과 상호 운용성을 제공할 필요가 있다. 기업용 서비스뿐만 아니라 모바일 분야, 유비쿼터스 분야, 미디어 분야 등의 특정 도메인을 기반으로 서비스하는 특성을 살려서 상호 운용 가능한 클라우드 플랫폼의 표준화가 요구되고 있다.

2. 플랫폼 서비스 공통 요소 기술 표준

컴퓨팅 및 서비스 환경은 시간과 공간을 초월하는 서비스 기능성과 유비쿼터스 환경에서 다양한 유무선 단말의 무결절성(Seamless) 서비스 제공이 필수적으로 요구되고 있다. 가상화 기술은 서버 자원, 운영 체제(OS), 애플리케이션을 대상으로 하고, 스토리지, 서버, 네트워크 자원 등을 대상으로 개별적인 가상화(Virtualization) 기술 개발이 이루어졌다. 조만간 개별 가상화 기술이 하나로 통합된 형태로 제공되는 클라우드 플랫폼으로 발전된다. 유비쿼터스 단말에서의 무결절성 서비스 및 웹 운영 체제 기능 등이 포함된 웹 클라우드 플랫폼 기술같은 선도적이고 차별화된 기술 개발이 가능한 분야이다.

[그림 12-9] 클라우드 컴퓨팅 플랫폼의 기술 구조 (출처: NIPA)

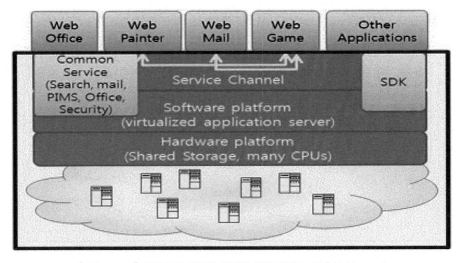

[그림 12-10] 클라우드 컴퓨팅 플랫폼 기업 서비스 모델 (출처: NIPA)

컴퓨팅 기술 발전의 관점에서 보면 클라우드 컴퓨팅은 새로운 개념이 아니다. 러스터 컴퓨팅부터 시작하여 그리드 컴퓨팅, 유틸리티 컴퓨팅, 서비스 지향 컴퓨팅 등의 핵심 철학이 하나로 녹아들어 클라우드 컴퓨팅이 구성된 것이다. 필연적으로 클라우드 컴퓨팅 플랫폼의 기술적 토대는 현존하는 여러 기반 기술로 구성된다.

[표 12-14] 클라우드 기술 표준화 대상 내용

기술	내용
① 자원 가상화 (Virtualization) 기술	- 컴퓨팅 자원의 활용률을 극대화하고 대규모 데이터센터의 관리 편리성을 확보하기 위해서 자원을 가상화하여 운용 관리하는 자원 가상화 기술은 기본 기술이다. VMware와 Citrix 등 서버 가상화 솔루션 업체가 클라우드 솔루션 시장에 적극 참여하고 있다.
② 대용량 분산 시스템 기술	- 대규모 사용자와 많은 서비스가 기본이므로 대용량 저장 능력과 고성능 컴퓨팅 파워를 제공하고 신속한 확장성을 보장할 수 있는 분산 시스템 기술이 필수이다.
③ 자원 및 서비스 운영/관리 기술	- 서비스 및 사용자의 동적인 변화에 능동적으로 대응하여 자원을 관리하고 글로벌 규모로 서비스를 배포 및 관리 기술로서 Autonomic Computing, SLA, Workflow Management, Global Service Provisioning 기술 등이 있다.
④ 서비스 지향 인터페이스 기술	- 클라우드 컴퓨팅은 'As a Service' 형태의 기능 접근 방법을 제공한다. 따라서 자원에 대한 접근에서 플랫폼 자체에 대한 제어까지 서비스 지향 인터페이스로 정의되고 구현된다.
⑤ 클라우드 보안 및 프라이버시 기술	- 클라우드 컴퓨팅으로 인한 데이터와 서비스의 중앙 집중화는 악의적인 공격에 치명적인 결함을 초래할 수 있으며, 여러 서비스에 의해 자원이 공유되는 환경은 Intra-Cloud에서 보다 강력한 보안 및 프라이버시 기술이 필요하다.

클라우드 컴퓨팅은 기존의 컴퓨팅 환경의 모델임에 따라 기존의 인터넷, 웹 표준 등 클라우드에도 공통으로 적용 가능한 표준에 대한 분석이 매우 중요하다. 가능하면 기존의 표준을 활용하되 클라우드에서 독특하게 필요로 하는 표준을 중심으로 별도의 개발을 하는 것으로 추진될 전망이다. [그림 12-11]은 미국의 NIST가 개발한 Cloud Computing Reference Architecture에 있어서 현재 가용한 표준을 Mapping 한 결과이다.

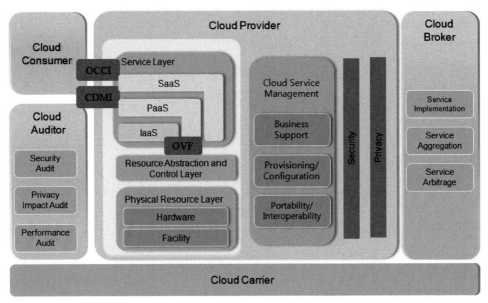

주: **OVF(Open Virtualization Format)**즉 **가상머신의 기술표현 표준은 ISO/IEC JTC1 SC38 에 Fast Track (DIS) 으로 상정되어 승인이 된 상태임**

[그림 12-11] 클라우드 참조 모델과 표준 적용 현황 (출처: NIST, 2011. 7월)

'공적국제표준화기구'인 ISO/IEC JTC1 SC38에서는 클라우드 표준화를 전담하는 Working Group을 서울 회의에서 신설하였다. 새 워킹그룹은 한국이 주도하여 표준화를 이끌어가고 있다. 이에 앞서 ISO/IEC 합동기술위원회(JTC1)에서는 2009년 10월 클라우드 컴퓨팅 분야를 포함하는 전략 그룹(SC38)을 신설하고, 2010년부터 국제 표준화를 논의하였다. 클라우드를 전담하는 SGCC(Study Group for Cloud Computing)를 통해 표준화 방향에 대하여 종합 보고서를 작성하였다. ITU-T는 2011년 말까지 한시적으로 Focus Group Cloud를 운영키로 하고, 2012년부터 본격적으로 표준화 SG 구성을 준비하였다.

클라우드 생태계 소개, 클라우드 보안 표준(안) 등 6개의 표준 문서를 개발하고, 국내 표준은 산업자원부 기술표준원과 방송통신위원회가 클라우드 국내 표준 개발과 국제 표준화를 병행하여 추진하였다. 표준화 협력 조정을 위해 클라우드 컴퓨팅 표준 기술연구회를 설치 운영하고 표준화 전략 로드맵을 수립하는 등 활발하게 활동 중이다. 한국정보통신기술협회(TTA)를 통해 클라우드 단체 표준 조직인 PG420을 구성하고 정부의 위임을 받아 요소 기술에 대한 국내 표준을 개발하였다. SLA 품질 요소, 데스크톱(DaaS) 요구 사항, Personal Cloud 보안, 클라우드 플랫폼 인터페이스 등을 제정하였다. 국내외 표준화 활동은 한국을 비롯하여 미국, 캐나다, 중국, 일본의 경우 분야별 민간기업 중심으로 공공·연구·학계 등 사전 역할 분담, 대응 방향 공유, 발표 자료 및 기고문 작성 등을 함으로써 효율성과 일관성을 동시에 확보하고 있다.

3. 엣지 클라우드 표준화

1) 표준화 현황 및 전망

국제 공식 표준화 기구인 ITU-T SG13에서 2019년 엣지 클라우드의 기본 정의와 엣지 클라우드를 포함하는 분산 클라우드의 기본 개념 및 고수준 요구 사항 표준을 제정 완료하였다. 2020년부터 엣지 클라우드에 대한 기본적인 개념 및 기존 클라우드 와 차이점을 정립 및 엣지 클라우드의 세부적인 기능, 서비스 유형, 요구 사항에 대한 표준 개발을 시작하였다. 또한, ITU-T에서는 엣지 클라우드를 효율적으로 관리하기 위한 '엣지 클라우드 관리 요구 사항 표준'을 2021년 제정 완료하였다.

[표 12-15] 엣지 클라우드 국제 표준화 현황

표준화 기구 (ITU-T SG13)	표준(안) 명	완료 연도
ITU-T Y.3508	Cloud computingOverview and high-level requirements of distributed cloud	2019년
TU-T Y.3526	ITU-T Y.3526, Cloud Computing-Requirements of edge cloud managemen	2021년
Y.ecloud-reqts	"Cloud computin-Functional requirements of edge cloud"	2022년

국내에서는 2017년부터 한국정보통신기술협회(TTA)의 클라우드 컴퓨팅 프로젝트 그룹 PG(PG1003)과 All@CLOUD 포럼을 중심으로 엣지 클라우드 관련 표준화 작업 을 진행하였다.

[표 12-16] 엣지 클라우드 국내 표준화 현황

표준화 기구	표준(안) 명	완료 연도
TTA PG1003	TTAE.IT-Y.3508, 클라우드 컴퓨팅 - 분산 클라우드 개요 및 고수준 요구 사항	2020
TTA PG1003	TTAK.KO-10.1040, 분산 클라우드 - 개념, 정의 및 고수준 요구 사항	2017
All@CLOUD 포럼	CCF.ET-1086, 클라우드 컴퓨팅 - 분산 클라우드 개요 및 고수준 요구 사항	2021
All@CLOUD 포럼	CCF.KO-1069, 분산 클라우드: - 개념, 정의 및 고수준 요구 사항	2018

엣지 클라우드는 진행 단계에 있으며, 글로벌 클라우드 업체의 각축장이 되고 있다. 그러나 엣지 클라우드의 특성상 국내에 엣지 클라우드의 장비 및 서비스가 제공되어야 하므로 국내에서는 새로운 기회가 될 수 있다. 이에 국내 연구기관/기업 간 긴밀한 협력을 통하여 기술 개발을 수행하고, 이를 국제 표준과 연계하여 경쟁력을 높일 필요가 있다.

ITU-T 등과 같은 공식 표준화 기구에서 엣지 클라우드 개념 정립, 요구 사항 도출 및 글로벌한 엣지 클라우드 관리에 대한 표준을 제정하는 단계에 있다. 국내 연구소와 학계를 중심으로 이들 표준화 기구에서 해당 표준 개발 작업에 참여하고 있다. 향후에는 이러한 선도적인 활동을 기반으로 산업계의 의견을 수렴하여 국제 표준에 반영하고 국내 산업이 글로벌화될 수 있는 기획 마련이 필요하다. 국제 표준화의 진행과 보조를 맞춰서 TTA 클라우드 컴퓨팅 PG(PG1003)와 All@CLOUD 포럼을 중심으로 엣지 클라우드 표준의 개발을 꾸준히 추진하고, 나아서 선제적 표준 개발 및 국제표준을 주도할 수 있는 전략이 필요하다.

4. 클라우드 표준화 추진 방향

1) Cloud Computing 표준화 추진 체계 정비

민간기업이 주축이 되어 만들어진 사실상 표준화 기구의 활동은 매우 활발하여, DMTF, OCCI, CSA 등 Cloud Computing의 분야별 전문 기구들은 이미 상당 부분 자체 표준안을 만들어 놓은 상태로, 공식 표준화 기구에서 본격적으로 착수하면 곧바로 단체 표준안을 제출하여 국제 표준화가 되고 있다. 사실상 표준화 기구에 대한 대한민국의 대응이 필요하며, 앞으로는 이들 민간단체에 대한 국내 참석자를 늘리고, 동향을 파악하는 등 활동의 확대가 필요한 상황이다. 분산되어 있는 클라우드 국내 표준화 조직을 정비하고, 민간 전문가 중심의 표준화 확대를 통한 산업과 표준을 연계하는 추진 체계를 구축하고 있다. 표준화와 관련하여 분산되어 있는 회의체는 '범정부 클라우드 컴퓨팅 정책협의회', '표준화위원회', '표준기술연구회'의 3개 계층으로 통합하여 운영함으로써 효율적 운영이 가능하도록 진행하고 있다. 또한, 국제기구 대응 등을 위해 별도의 조직이 필요하므로, 표준화위원회 내 별도 WG을 개설하여 운영하고 있다.

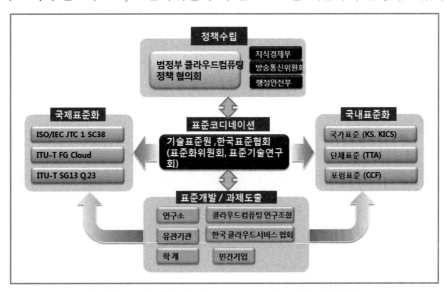

[그림 12-12] 대한민국 Cloud Computing 표준 추진 체계

2) 표준화 통한 산업 발전 기여

대한민국의 Cloud 분야 국제 표준화는 주로 국책연구소, 대학을 중심으로 추진되고 있다. 이것도 주로 ISO/IEC, ITU-T 등 공적 국제 표준화 기구를 중심으로 활동을

하고 있다. 세계적으로 정보기술 특히 소프트웨어 중심의 표준화는 사실상 표준화 기구가 실질적으로 주도하고 있는 상황이다. 이는 국내의 정보기술 분야의 경쟁력에서, 글로벌 기업이 나오고 있으므로 글로벌 기업의 국제 표준화에의 적극적인 참여 유인이 있어야 한다. 지금까지는 이미 표준화가 된 기술을 가져다 적용만 해도 된다는 생각을 하고 있었다는 의미가 된다. 그동안은 국제 표준화의 수요가 크지 않았으나, 이제 클라우드는 전 세계적으로 시작 단계이다. 오픈소스를 활용한 클라우드 솔루션이 매일같이 쏟아지는 상황에서는 후발 기업에도 많은 시장 기회를 제공하고 있다.

이러한 급속한 환경 변화에 대응하기 위해서는 공식, 비공식 표준화 기구에 적극 참여를 통한 최신 기술의 습득과 트렌드를 따라잡는 것이 우선하여야 한다. 앞으로의 추진 방향은, 우선 Cloud 표준화를 선도하기에 앞서 사실상 국제 표준화 기구 각각에 대해 전담자를 지정하고 정부와 기업이 분담하여 지원하고 각 기구의 활동 결과는 국내에 전달하게 하고 있다. 이를 위해 각 기술 분야별 클라우드 전문가 MAP을 작성하고 상시 업데이트를 통하여 국제 표준화에 실시간 대응 체계를 구축하고 중점 관리 대상으로 선정된 '사실상 국제 표준화 단체'에 민간 전문가가 지속적으로 참여할 수 있도록 보장하되, 결과 전파 등의 의무를 부여하는 방식으로 추진하고 있다. 분야별 전문가로 하여금 지속적으로 회의에 참가하게 하여 미래의 프로젝트 리더로 육성하고, 이들의 활동 결과는 공공기관 적용, 국내 표준화에 반영하고, 국제 표준화 단체에 우수한 우리 기술을 반영하도록 하여 표준과 산업이 연계되도록 하고, 새로운 기술을 조기에 습득하고 대응하도록 하는 시스템을 갖추고 있다. 이렇게 하면 지속적으로 지적되어온 표준화와 산업 연계 문제는 어느 정도 해결이 가능하게 되고, 새로운 개선 방안도 나오고 있다.

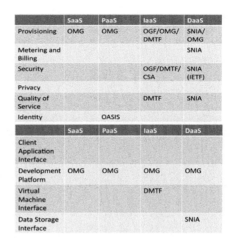

Activities in Cloud Computing Standardization: Repository (Version 1.1, May 2010), http://www.itu.int/ITU-T/focusgroups/cloud/

[그림 12-13] 클라우드 표준화 기구 구성

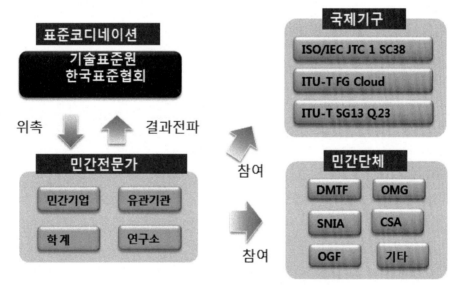

[그림 12-14] 민간 전문가 클라우드 표준화 활용 체제

　　미국, 영국, 일본 등 선진국의 경우 Cloud 분야는 민간 중심의 국제 표준화 대응 체계로 이미 전환하였으며, 정부는 이들의 활동을 돕는 역할을 함으로써 민간의 창의력과 순발력을 최대한 보장하고 있다. 미국의 경우 IBM, Oracle, MS, HP 등 민간 산업체가 국제 표준화 활동을 주도적으로 추진하도록 대표(National Body) 자격을 부여하고 정부는 공공 부문 표준 규격을 제정하는 것으로 역할 분담을 하고 있다.

3) 오픈소스 SW의 창조적 활용으로 Cloud 기술 격차 해소

패키지화된 상용 서버, OS, S/W, DB, Storage 제품은 글로벌 기업이 국내 시장을 이미 장악한 상태이며, 클라우드 서비스 시장에서도 큰 변화가 없을 것으로 보인다.

저가형 서버, 오픈소스 기반의 OS, DB, Storage 관리 시스템이 급속히 시장에 밀려 들어오면서 기존 상용 제품을 상당 부분 대체하고 있고, 일부는 대등한 경쟁을 하고 있는 상황이다. 이러한 변화는 대한민국의 저가형 HW, 오픈소스형 SW 개발 기업에는 절호의 기회 제공과 아울러 글로벌 경쟁력 확보도 가능하게 되었다. 수요자 입장에서도 오픈소스를 활용한 프로젝트의 수를 늘리고 개발 기간을 여유 있게 설정하는 등의 제반 여건을 제공하는 등을 포함한 가이드라인이 필요한 상황이다. 또한, 공공 분야를 중심으로 오픈소스 활용을 대폭 확대하고, 기존의 정보 시스템 구축 관련 제도를 오픈소스 기반의 Cloud 환경에 맞도록 개선할 필요가 있다. 어느 정도 궤도에 진입하면 우리나라의 Cloud 기술력은 한 단계 상승이 가능하고, 프로젝트의 보안성 향상, 장애 대응 능력이 향상되는 성과도 기대된다. 세계 최고 수준의 전자정부, Smart-City 등 사업에 적용 시 특정 분야에서는 대한민국 IT 기술이 세계를 선도할 수도 있을 것이다. 국내에 기반을 둔 오픈소스 SW 프로젝트들의 성과가 가시화되고 있다.

해외의 주요 소프트웨어 기업의 특징은 오픈소스 소프트웨어로 출발해 빠르게 사용자층을 확대하고 해외 시장의 고객을 흡수하고 있다. 이는 Cloud Computing 확산에 대처하며, 정보기술 서비스 분야의 경쟁력을 높여야 한다. 아울러 선도적 표준화 추진은 정보기술 특히 소프트웨어 분야의 산업 발전 및 인력 양성에 기여하고, 이용자가 안심하고 저렴한 가격에 서비스를 받을 수 있는 환경 마련에 기여한다.

4) 클라우드 컴퓨팅은 IT 서비스 산업의 방향

클라우드는 '가상화, 자원 공유'라는 경제적인 이점 이외에 복잡하고 어려운 정보 시스템을 직접 구축할 필요 없이 간단한 조작만으로 쉽게 빌려 쓸 수 있다는 점에서 지속적인 확산이 이루게 된다. 이러한 변화는 IT 서비스와 솔루션 기업에게는 새로운 시장 기회를 제공하고 있으며, 글로벌 경쟁력을 갖출 수 있는 기회가 되고 있다.

모바일 환경에서의 클라우드 컴퓨팅 확산이 미래 클라우드 시장을 선도함에 따라 모바일 환경으로의 전환은 플랫폼 의존성과 서비스의 폐쇄성이 앞으로 표준화 관점에서 해결해야 할 주요 이슈이다. 클라우드 컴퓨팅 분야 표준화는 전반적인 글로벌 수준을 선도하고 있으며, 정책적인 대안이 필수이다. 첫째, 국내의 표준화 추진 체계의 일원화를 통하여 제한된 표준화 인적 자원의 효율적인 활용을 추진하고 둘째, 민간과 G-Cloud 중심의 국제 표준화와 실질적인 표준화를 주도하고 있는 사실상 표준화 기구에 대한 적극적인 대응이다. 셋째는 오픈소스 활용의 강화를 추진할 필요가 있다. 주요 선진국의 경우 대부분이 내부적인 기술 경쟁력을 표준화라는 형태로 외부에 표출하는 점을 고려할 때, 오픈소스를 활용한 핵심 기술의 내재화를 우선적으로 추진해야 한다. 클라우드 국제 표준 서비스를 가능케 하는 핵심 기술 개발에 선도적으로 기여하여야 한다.

부록 1
클라우드 용어집
(Cloud Computing Glossary ver.1.1)

■ 클라우드 기본 용어

1. 클라우드 컴퓨팅(Cloud Computing): 인터넷 기술을 활용하여 가상화된 정보기술(IT) 자원을 서비스로 제공하는 컴퓨팅 사용자는 IT 자원(소프트웨어, 스토리지, 서버, 네트워크 등)을 필요한 만큼 사용하고, 서비스 부하에 따라 실시간 확장성을 지원받으며, 사용한 만큼 비용을 지불하는 컴퓨팅을 의미한다.

2. 공공용 클라우드 서비스(Public Cloud Service): 국가 내 국민에게 인터넷을 통해 클라우드 서비스를 제공하며, 공공용 서비스가 무료로서 데이터 및 오픈소스(Open Source)를 의미하지는 않으나 사용자 접근 제어 및 일부 요금 청구 등의 서비스를 제공한다. 퍼블릭 클라우드, 개방형 클라우드(External Cloud)라고도 한다.

3. 사설용 클라우드 서비스(Private Cloud Service): 기업 또는 기관 내부에 클라우드 컴퓨팅 환경을 구축하여 내외부 고객들(B2B, B2C, C2C)에게만 컴퓨팅 서비스를 제공 관리하는 서비스를 의미한다. 폐쇄형 클라우드(Internal Cloud)라고도 한다.

4. 단체용 클라우드 서비스(Community Cloud Service): 특정 집단을 위한 클라우드 컴퓨팅 서비스로 구성원들에게만 접근 권한을 부여하며, 집단 구성원들은 서로 데이터 및 응용 프로그램 등을 공유한다. (커뮤니티 클라우드)

5. 혼합형 클라우드 서비스(Hybrid Cloud Service): 둘 이상의 클라우드 운용 모델을 결합한 서비스로, 일반적으로 공공용 클라우드 서비스를 기본으로 제공하며 공유를 원치 않는 데이터 및 서비스는 사설 서비스 정책을 따른다. (하이브리드 클라우드)

6. 인프라형 서비스(IaaS, Infrastructure as a Service): 사용자가 클라우드 서버의 네트워크, 메모리, CPU 등의 하드웨어를 가상화를 통하여 제공받는 서비스로서. 사용자의 요구에 맞춰 하드웨어 성능을 조절하고 서비스 이용한 만큼 요금을 지급한다.

7. 플랫폼형 서비스(PaaS, Platform as a Service): 사용자에게 소프트웨어를 개발할 수 있는 플랫폼을 제공해 주는 서비스 사업자는 플랫폼형 서비스(PaaS)를 통해 서비스 구성 부품인 컴파일 언어, 웹 프로그램, 제작 툴, 데이터베이스 인터페이스, 과금 모듈(module) 등을 제공하고, 개발자는 서비스 사업자가 마련해 놓은 플랫폼상에서 데이터베이스와 애플리케이션 서버, 파일 시스템과 관련한 솔루션 등 미들웨어(middleware)까지 확장된 자원을 활용하여 새로운 애플리케이션을 만들어 사용할 수 있다.

8. 서비스형 소프트웨어(SaaS, Software as a Service): 인터넷 환경에서 사용자가 원하는 소프트웨어를 서비스 형태로 제공하는 서비스형 소프트웨어(SaaS)로서, 유통 방식은 공급 업체가 하나의 플랫폼을 이용해 다수의 고객에게 소프트웨어 서비스를 제공하고, 사용자는 이용한 만큼 비용을 지급한다. 전통적 소프트웨어 비즈니스 모델과 비교할 때 서비스형 소프트웨어의 가장 큰 차이점은 제품 소유의 여부이다.

9. 컴퓨팅형 서비스(CaaS, Computing as a Service): 서비스 고객에게 가상 머신(Virtual Machine) 또는 OpenAPI를 통해 클라우드 컴퓨팅 자원을 제공한다.

10. 데이터 저장형 서비스(DSaaS, Data Storage as a Service): 사용자가 클라우드 컴퓨팅 서비스를 이용할 때 필요한 데이터를 저장할 수 있는 저장소를 제공한다.

■ 서비스 유형

11. 통신형 서비스(CaaS, Communications as a Service): 는 기업들이 필요한 통신(VoIP, Instant Messaging, 협업, 영상회의 애플리케이션 등) 관련 솔루션(HW, SW 포함)을 제공하는 서비스이다.

12. 네트워크형 서비스(NaaS, Network as a Service): 는 클라우드 서비스 고객, 제공자, 파트너 간 제공되는 네트워크 연결성과 네트워크 기능 관리를 제공한다.

13. 데스크톱형 서비스(DaaS, Desktop as a Service): 는 서비스 공급자가 사용자에게 사용자의 데스크톱 기능을 원격으로 생성, 구성, 관리, 저장, 실행, 전달 제공한다.

14. 보안형 서비스(SECaaS, Security as a Service): 는 클라우드 서비스 제공자가 각종 보안 솔루션을 서비스 형태로 사용자에게 제공하는 서비스이다.

15. 퍼스널 클라우드 서비스(Personal Cloud Service): 서비스 제공자 및 사용자 단말에 독립적으로 사용자 정보 기반의 개인화된 콘텐츠를 제공하는 사용자 중심형(user-centric) 클라우드 서비스이다.

16. 모바일 클라우드 서비스(Mobile Cloud Service): 모바일 응용 서비스 개발자와 모바일 단말 사용자에게 서버 기반의 클라우드 컴퓨팅 서비스를 제공하고 모바일 단말로 구성된 클라우드에서 단말 간 정보와 자원을 공유하는 서비스이다.

17. 미디어 클라우드 서비스(Media Cloud Service): 클라우드 기반으로 개인/단체/기업의 미디어 콘텐츠를 공유 및 방송을 제공하는 서비스로서, 통신 및 방송 사업자와 더불어 개인에 이르기까지 누구나 미디어 콘텐츠 제공자가 될 수 있는 동시에 사용자가 될 수 있으며, 단말기나 플랫폼에 구애받지 않고 실시간 방송 및 미디어 콘텐츠를 사용하여 새로운 콘텐츠를 제작하는 환경을 제공한다.

18. 이용 요금 청구(Billing): 클라우드 컴퓨팅 서비스를 이용에 대한 요금 확인 및 요금 청구를 제공하는 서비스이다.

19. 인터클라우드(Intercloud): 클라우드 서비스 제공자와 타 클라우드 서비스 제공자 사이에서 클라우드 서비스 및 자원 간의 상호 운용성을 제공하는 서비스이다.

20. 클라우드 인프라(Cloud Infrastructure): 인터넷을 통해 컴퓨팅 자원, 저장 공간, 네트워킹 등을 제공하는 컴퓨팅 환경

21. 서비스 수준 협약(SLA: Service Level Agreement): 클라우드 서비스 제공자와 사용자 간에 맺는 클라우드 서비스 품질에 대한 협약이다. 협약을 통해 사전에 정의된 수준의 서비스를 가입자에게 제공하며 서비스의 품질이 협약된 내용에 미달하면 서비스 제공 업체로부터 품질 보증 위반에 따른 서비스 이용료를 감면 또는 환급 제공한다.

■ 서비스 브로커/문서

22. 클라우드 브로커(Service Broker): 클라우드 서비스 사용자와 클라우드 서비스 제공자 간의 서비스 협상을 제공하는 클라우드 서비스 제공자이다.

23. 클라우드 감사자(Cloud Auditor): 클라우드 서비스 제공자의 요청에 의해 보안, 프라이버시, 성능 그리고 다른 클라우드 서비스에 대한 감사를 수행한다.

24. 의도(Intent): 사용자가 챗봇과 상호 작용할 때 원하는 목적

25. 에이전트(Agent): 챗봇 시스템의 핵심 구성 요소로서 사용자와 상호 작용하고 의도를 파악하며 응답을 제공

26. 멀티 에이전트(MultiAgent): 여러 개의 에이전트가 협력해 작업을 수행하는 시스템

27. API(ApplicationProgrammingInterface): 다른 소프트웨어와 상호 작용할 수 있도록 하는 인터페이스로 하나의 SW에 다른 SW를 쉽게 통합할 수 있도록 하는 표준화된 방법을 제공함. API를 사용하면 프로그래머가가 처음부터 모든 기능을 구현하지 않아도 되므로 개발 시간 단축

28. 오픈소스 파운데이션 모델(Open-Source foundation Models): 누구나 사용하고 수정할 수 있는 생성형 AI 모델로서 GPT-3, LaMDA, Megatron-Turing NLG, Github Copilot 등이 있다.

29. 시스템/소프트웨어 개발 수명 주기(SDLC): 시스템 개발 수명 주기는 시스템 엔지니어 및 시스템 개발자가 정보 시스템을 계획, 설계, 구축, 테스트 및 전달하는 데 사용한 명확히 정의되고 분명한 여러 작업 단계로 이루어진다.

30. 폭포수 모델(Waterfall Model): 소프트웨어 개발에 이용되는 순차적 설계 과정으로, 개념화, 개시, 분석, 디자인, 구축, 테스트, 생산/구현 및 유지 관리의 단계를 거치는 이 과정은 폭포와 같이 아래로 꾸준히 흐르는 것처럼 보인다.

31. 애자일(Agile): 애자일 소프트웨어 개발은 자체적으로 조직화가 가능한 복합 기능 팀 간의 협업을 통해 요구 사항과 솔루션을 발전시켜 나가는 소프트웨어 개발 방법이다. 적응형 계획, 점진적인 개발, 조기 인도, 지속적인 개선을 지원하고 변화에 대해 빠르고 유연한 대응을 강화한다. Android Device Manager 사용자가 Android 장치를 원격으로 추적하고, 위치를 찾고, 영구 삭제할 수 있는 구성 요소이다.

32. 응용 프로그램 소프트웨어(Application Program Software): 사용자가 여러 가지 조정된 기능, 작업 또는 활동을 수행할 수 있도록 설계된 일련의 컴퓨터 프로그램이다. 응용 프로그램 소프트웨어는 자체적으로 실행되지 않지만 실행할 시스템 소프트웨어에 따라 달라진다.

■ 암호화

33. 클라우드 보안협회(CESA, Cloud Security Alliance): CSA는 '클라우드 컴퓨팅 환경 내에서 보안을 보장하는 모범 사례의 사용을 권장하고 다른 모든 형의 컴퓨팅 보안에 도움이 되는 클라우드 컴퓨팅 사용에 대한 교육을 제공하는' 것을 목적으로 하는 비영리 단체이다.

34. 고급 암호화 표준(AES, Advanced Encryption Standard): 미국표준기술연구소(NIST)가 개발한 대칭 키 암호화 표준으로 128비트 블록과 128, 192, 또는 256비트의 키 길이를 사용한다.

35. 쿠키(Cookies): 인증 쿠키는 웹서버에서 사용자가 계정에 로그인했는지를 판단하기 위해 사용되는 방법으로, 이 메커니즘이 없으면 사이트는 전송하는 페이지에 민감한 정보가 포함되어 있는지 또는 사용자가 로그인하여 스스로 인증하는지 알 수 없다. 인증 쿠키의 보안은 일반적인 발행 웹사이트의 보안, 사용자 웹 브라우저 및 쿠키 데이터의 암호화 여부에 따라 달라진다.

36. 교차 사이트 스크립팅: 교차 사이트 스크립팅(XSS)은 웹 응용 프로그램에서 일반적으로 볼 수 있는 컴퓨터 보안 취약성의 유형이다. XSS는 공격자로 하여금 다른 사용자가 보는 웹 페이지에 클라이언트 측 스크립트를 삽입할 수 있다.

37. 서비스 거부 공격: 컴퓨팅 환경에서 서비스 거부(DoS) 또는 배포 서비스 거부(DDoS) 공격은 의도된 사용자가 시스템 또는 네트워크 리소스를 사용할 수 없도록 하는 시도이다.

38. 인증: 하나의 데이터 또는 항목의 속성이 진실인지 확인하는 행동이다. 사람 또는 사물의 ID를 보증하는 것으로 알려진 클레임을 기술하거나 나타내는 행동 사물의 ID를 보증하는 것으로, 알려진 클레임을 기술하거나 나타내는 행동을 의미하는 식별과는 대조적으로 인증은 해당 ID를 실제로 확인하는 과정이다. 인증은 종종 최소한 하나의 ID에 대한 유효성 확인을 포함한다.

39. 권한 부여: 권한 부여는 접근 권한을 일반적으로 정보 보안 및 컴퓨터 보안 및 특히 접근 권한 관리와 관련된 리소스에 지정하는 기능이다. 좀 더 공식적으로는 '권한을 부여하는 것'은 접근 권한 정책을 정의하는 것이다.

40. 암호화: 권한 없는 사람이 쉽게 이해할 수 없는 암호문 형태로의 데이터 변환을 의미한다.

41. 오류 처리: 오류 또는 예외 처리는 계산 중에 발생하고 특별한 처리가 필요한 비정상적 또는 예외적인 조건인 예외에 대응하는 작업으로 종종 정상적인 프로그램 실행의 흐름을 변경시킨다. 이는 특수 프로그래밍 언어 구문 또는 컴퓨터 하드웨어 메커니즘으로 제공된다.

42. 침투 테스트: 침투 테스트 또는 약식 펜 테스트는 보안 취약점을 찾아내기 위한 의도로 컴퓨터 시스템을 공격하는 것으로 잠재적으로 해당 시스템과 그 기능 및 데이터에 대한 접근 권한을 얻을 수 있다

43. 방화벽(FireWall): 로컬 보안 정책에 따라 네트워크 간 접속을 제한하는 게이트웨이

44. PCI 데이터 보안 표준: 결제 카드 산업정보 보안 표준(PCI DSS)은 Visa, MasterCard, American Express, Discover 및 JCB를 비롯하여 주요 카드 회사의 신용카드를 처리하는 기관의 독점 정보 보안 표준이다. 주요 카드회사에 포함되지 않은 자사 브랜드 카드는 PCI DSS에 적용되지 않는다.

■ 보안

45. NIST 800-53: NIST Special Publication 800-53, '정보 시스템과 조직의 보안 및 개인정보 보호 평가 가이드'는 국가 보안과 관련된 경우를 제외한 모든 미연방 정보 시스템에 대한 보안 관리 수단의 카탈로그를 제공한다. 이 가이드는 미국 상무부의 비규제 기관인 미 표준기술연구소(NIST)에서 발행한다.

46. OWASP: OWASP(Open Web Application Security Project)는 웹 응용 프로그램 보안을 연구하는 온라인 커뮤니티이다. OWASP 커뮤니티에는 전 세계 기업, 교육 단체 및 개인들이 활동하고 있다. 이 커뮤니티는 무료로 이용할 수 있는 기사, 방법론, 문서, 도구 및 기술을 만들고 있다.

47. 보안 부팅 : 시스템 부팅 프로세스의 무결성을 보장하는 Windows와 linux 등의 기본 보안기능이다. 부트로더와 운영 체제의 디지털 서명 확인하여 신뢰있는 서명 코드만 실행 방식으로 작동한다.

이 부팅은 멀웨어, 랜섬웨어 등 악성 코드 보안 공격으로 부터 부팅 프로세스를 보호한다.

48. 소셜 엔지니어링: 정보 보안 분야에서 소셜 엔지니어링은 사람의 행동을 유도하고 기밀 정보를 누설하도록 하는 심리적인 조작을 의미한다. 정보 수집, 사기 또는 시스템 접근을 목적으로 한 신용 사기의 유형으로, 일반적으로 좀 더 복잡한 사기 수법으로 발전하는 전통적인 '사기'와는 구분된다.

49. SQL 삽입: SQL 삽입은 코드 삽입 기법으로 악의적인 SQL 문을 실행 입력 필드에 삽입하여 데이터 기반 응용 프로그램을 공격하는 데 사용된다(예: 데이터베이스 콘텐츠를 공격자에게 덤핑).

50. 워터마크 표시: 디지털 자산에 정보를 (가능한) 비가역적으로 포함시키는 과정이다.

51. 웹 응용 프로그램 보안: 웹 응용 프로그램 보안은 정보 보안의 한 종류로 특히 웹사이트, 웹 응용

프로그램 및 웹 서비스의 보안을 처리한다.

52. 화이트 리스팅: 화이트 리스트는 특정 권한, 서비스, 이동성, 접근 권한 또는 인식 기능을 제공하고 있는 엔티티를 등록한 목록으로써, 등록된 엔티티는 허용, 승인 및 인식된다.

53. 스택 오버플로: 스택 오버플로는 스택 포인터가 스택 바운드를 초과할 때 발생한다. 콜 스택은, 종종 프로그램 초기에 결정된 주소 공간의 제한된 양으로 이루어질 수 있다. 콜 스택의 크기는 프로그래밍 언어, 기계 아키텍처, 멀티-스레딩 및 유용한 메모리양과 같은 여러 요소에 의존한다. 프로그램이 콜 스택에 유용한 공간보다 더 많은 공간을 이용하려고 시도할 경우(즉 콜 스택의 바운드 이상의 메모리를 접속하려고 시도할 때, 근본적으로 버퍼 오버플로), 스택은 오버플로하고 프로그램 충돌을 야기한다.

54. TOR: TOR은 익명 통신을 가능하게 하는 무료 소프트웨어로서, 소프트웨어 프로젝트의 원래 명칭인 The Onion Router에서 따온 약어이다. Tor는 6천 릴레이 이상의 무료, 전 세계 자원봉사 네트워크를 통한 인터넷 트래픽을 이용하여 사용자의 위치와 네트워크 감시나 트래픽 분석을 실시 위치 및 사용을 감추도록 한다.

55. SOC 1 보고서: SOC 1 보고서(Service Organization Controls Report)는 재무 보고 대비 사용자 엔티티의 내부 제어와 관련된 Controls at a Service Organization에 대한 보고서이다. SOC 1 보고서는 이전에 표준 SAS70으로 간주되었던 것으로 Type I 및 Type II 보고서가 포함되어 있으며 SSAE 16 지침에 포함된다.

■ 클라우드 표준

56. 하이퍼바이저(Hypervisor): VMM(Virtual Machine Monitor)은 가상 시스템을 생성하고 실행하는 컴퓨터 소프트웨어이며 펌웨어이다.

57. IP 주소: 컴퓨터 네트워크에 참여하는 장치에 할당된 숫자 형식의 식별자(논리 주소)

58. ISO/IEC 12207: ISO/IEC 12207 시스템 및 소프트웨어 엔지니어링 - 소프트웨어 수명 주기 프로세스는 소프트웨어 수명 주기 프로세스에 대한 국제 표준이다. 이 표준의 목표는 소프트웨어의 개발 및 유지 관리에 필요한 모든 작업을 정의하는 것이다.

59. ISO 15489: 국제 표준으로 '정보 및 문서화 – 기록 관리'라는 제목을 가진다.

60. ISO27000/27001: ISO/IEC 27000은 정보 기술 - 보안 기술 - 정보 보안 관리 시스템 - 개요 및 용어라는 제목의 국제 표준이다. ISO 27001:2013은 정보 보안 표준으로 '정보 기술 - 보안 기술 - 정보 보안 관리 시스템 – 요구사항'이라는 제목을 가진다.

61. URL(Uniform Resource Locator): 컴퓨터 네트워크에 있는 리소스의 위치를 지정하는 리소스를 참조하고 이를 검색하는 메커니즘이다. URL은 URI(Uniform Resource Identifier)의 특정 유형이지만, 많은 사람은 두 개의 용어를 혼용하고 있다. A URL은 제시된 리소스에의 접속 수단을 의미하지만, 이는 모든

URI에 해당하는 것은 아니다. URL은 가장 흔하게 참고 웹페이지(http)에서 사용하지만, 또한 파일 전송(ftp), 이메일(mailto), 데이터베이스 접속(JDBC) 및 다른 많은 응용 프로그램에도 사용된다.

62. 미 국방부 5220.22-M(NISP 운영 매뉴얼): DoD 5220.22-M 혹은 NISP 운영 지침서는 기밀 정보에 관하여 표준 절차 및 정부 계약 기관의 요구 사항을 규정한다. NISP 혹은 국가 산업 보안 프로그램은 사설 산업체가 기밀 정보에 접속해야 하는 필요를 관리하는 (미국 내) 공식 공공기관이다.

63. 가상 근거 통신망(VLAN): Virtual Local Area Network: VLAN는 LAN/Internal Network의 성격을 가지고 있지만, 물리적 위치에 제한받지 않는 컴퓨터 네트워크

64. 가상 사설 통신망(VPN): Virtual Private Network은 사용자가 보다 큰 규모의 다른 네트워크에 접속하도록 허용하는 컴퓨터 네트워크

65. 광역 통신망: 광역(WAN): Wide Area Networ(예: 회사)을 동작 범위로 포함하는 컴퓨터 네트워크

66. SSL/TLS: 전송 계층 보안(TLS) 및 그 전신, Secure Sockets Layer(SSL)는 컴퓨터 네트워크상에서 통신 보안을 위해 암호화된 프로토콜이다. 이 두 계층은 X.509 인증서와 비대칭 암호화를 이용하여 그들이 소통하는 상대방을 확인하고 대칭 키를 협상한다. 그런 다음 이 세션 키는 쌍방 사이에 교환하는 데이터를 암호화하는 데 사용된다.

■ 클라우드 네이티브

67. 클라우드 컴퓨팅 서비스: 「클라우드컴퓨팅법」 제2조 제3호에 따라 클라우드 컴퓨팅을 활용하여 상용(商用)으로 타인에게 정보통신 자원을 제공하는 서비스

68. 클라우드 전환: 현 서비스 환경에서 클라우드 서비스 환경으로 바꾸기 위한 일련의 작업 과정[분석 → 설계 → 구축(서비스 환경 구성) → 시험 → 서비스 전환(Cut-Over) → 안정화]

69. Cloud Service Provider: CSP로서 민간 클라우드 서비스 제공자

70. 클라우드 서비스 환경: 실서비스 제공을 위한 가상의 자원 및 네트워크 보안 등 서비스가 적용되는 환경

71. 클라우드 네이티브(Cloud Native): 클라우드의 이점을 최대로 활용할 수 있도록 애플리케이션을 구축하고 실행하는 방식

72. 네이티브 시스템 상세 설계: 클라우드의 장점을 최대한 활용하여 정보 시스템을 구축 및 실행 환경을 구축하기 위한 세부 설계(4 구성 요소: 마이크로 서비스, 컨테이너, 데브옵스, CI/CD)

73. 모놀리식(Monolithic): 하나의 큰 덩어리를 의미하는 말로 모든 구성 요소(UI/UX, 비즈니스 로직, DB 등)가 하나의 단일 코드 베이스에 합쳐져 있는 형태

74. MSA(Micro Service Architecture): 애플리케이션을 여러 개의 서비스로 분리하고, 느슨하게 결합하여 독립적으로 배치 가능하도록 구성하는 방식

75. 컨테이너(Container): 소프트웨어 서비스를 실행하는 데 필요한 특정 버전의 프로그래밍 언어 런타임 및 라이브러리와 같은 종속 항목과 애플리케이션 코드를 함께 포함하는 경량 패키지

76. 도커(Docker): 리눅스의 응용 프로그램들을 프로세스 격리 기술들을 사용해 컨테이너로 실행하고 관리하는 오픈소스 프로젝트

77. 쿠버네티스(Kubernetes): 컨테이너화된 애플리케이션을 배포, 관리, 확장할 때 수반되는 다수의 수동 프로세스를 자동화하는 오픈소스 컨테이너 오케스트레이션 플랫폼

78. 서비스 메시(Service Mesh): 마이크로 서비스 간의 통신을 담당하는 요소로서 네트워크 기능을 비즈니스 로직과 분리한 네트워크 통신 인프라로, 내부 서비스(Internal)에 위치하여 서비스를 관리하는 구조로 많이 사용됨.

79. CI/CD파이프라인(Pipeline): CI/CD 전반의 라이프 사이클인 지속적인 자동화와 지속적인 모니터링을 수행하는 일련의 프로세스를 의미

80. 데브섹옵스(DevSecOps): 소프트웨어 개발과 보안을 통합하여 개발 (Development), 보안 (Security), 그리고 운영 (Operation)의 단어들을 결합해 탄생한 개발 방법론으로 시스템 개발자와 시스템 운영자 사이의 소통, 협업, 통합 및 자동화를 강조하고 보안이 적용된 소프트웨어 개발 방법론

81. 전환 유형: 전환 시 난이도, 수정의 범위 등에 따라 3가지 형태로 구분, Rehost(단순 전환), Replatform (플랫폼 전환), Refactor(재구성)

■ 네이티브 아키텍처

82. Rehost(단순 전환): 시스템 SW 버전 업그레이드의 변경으로 클라우드 환경으로 전환 가능한 유형

83. Replatform(플랫폼 전환): 클라우드에서 제공하는 시스템 SW(OS, WEB, WAS, DBMS) 등의 플랫폼 변경을 통해 클라우드 적합 환경으로 AP 소스의 수정 및 데이터 변환 작업 등이 수반되는 전환 유형

84. Refactor(재구성): 시스템 SW 변경 외에도 AP의 소스 코드까지 다수의 변경 요소가 발생하는 경우로서 변경 정도에 따라 Revise(일부 개정) 또는 Rebuild(전면 재개발: 클라우드 환경에 최적화되도록 아키텍처 전체를 재구축) 하는 유형으로 본 사업에서는 사업 기간 내 완료가 불가한 경우 Rebuild 유형은 제외함

85. 시스템 SW: 정보 시스템의 AP 동작에 필요한 필수적인 SW로 OS, WEB, WAS, DBMS를 포함

86. 보안/네트워크/부가서비스: 물리 기반의 장비에서 제공되는 보안이 클라우드 기반 환경에서는 서비스로 통용되며, 보안 분야(웹 방화벽 등), 네트워크 분야(로드 밸런서 등), 기타 (모니터링 등) 서비스로 구분(이용료 발생)

87. 3rd Party SW: 애플리케이션(AP)에서 사용되는 제3자가 공급하는 SW로 클라우드 전환 시, 환경 변화에 따른 커스터마이징 또는 추가 라이선스 구매 등 발생

88. AP(Application Program): 특정 업무용으로 개발된 응용 프로그램

89. 통합 발주: 장비(HW, SW)와 시스템 통합 등을 일괄 발주 및 계약하는 형태

90. 정보 시스템 감리: 발주자와 사업자 등의 이해관계로부터 독립된 자가 정보 시스템의 효율성을 향상시키고 안전성을 확보하기 위하여 제3자의 관점에서 정보 시스템의 구축 및 운영 등에 관한 사항을 종합적으로 점검하고 문제점을 개선하도록 하는 활동

91. 개인정보: 어떤 개인의 정체성을 특징짓는 사항으로 그 개인의 신원을 파악할 수 있는 정보. 즉 생존하는 개인에 관한 정보로서 성명, 주민등록번호, 영상 등을 통하여 개인을 알아볼 수 있는 정보 (개인정보 및 개인을 나타낼 수 있는 정보, 개인 특정 정보)

92. 개인정보 영향 평가: 개인정보를 활용하는 새로운 정보 시스템의 구축 또는 기존에 운영 중인 개인정보 시스템의 중대한 변경 시 동 시스템의 구축·운영·변경 등이 프라이버시에 미치는 영향에 대하여 사전에 조사·예측·검토하여 개선 방안을 도출하는 체계적인 절차

93. CC(국제 공통 평가 기준) 인증: 국가마다 상이한 평가 기준을 연동시키고 평가 결과를 상호 인증하기 위해 제정된 평가 기준

94. 소프트웨어 개발 보안: 안전한 소프트웨어 개발을 위해 소스 코드 등에 존재할 수 있는 잠재적인 보안 취약점을 제거하고, 보안을 고려하여 기능을 설계 및 구현하는 등 소프트웨어 개발 과정에서 일련의 보안 활동

95. 보안 취약점: 해킹 등 실제 보안 사고에 이용되는 소프트웨어 보안 약점

96. 소프트웨어 보안 취약점: 소프트웨어 결함과 오류로 해킹 등 사이버 공격을 유발 가능한 잠재적 보안 취약점

97. 웹 접근성: 사용자(장애인, 노인 등)가 기술 환경에서도 전문 능력없이 웹사이트 제공 정보 접근할 수 있도록 보장하는 것

98. 표준 프레임워크: 정보 시스템을 효율적으로 개발하기 위해 미리 만들어 둔 코어 코드(클래스, 인터페이스)의 집합으로 자바 기반의 시스템 개발·운영 시 필요한 기본 기능들을 표준화하여 미리 구현해 둔 도구 및 가이드의 모음(표준 프레임워크 포털 http://www.egovframe.go.kr 참고)

99. 공통 컴포넌트: 자바 기반의 정보 시스템 구축 시 자주 사용하는 기능들로써 재사용이 가능하게 패키지로 제공하는 독립된 모듈(표준 프레임워크 포털 www.egovframe.go.kr)

100. 행정 정보 데이터베이스(행정 DB): 행정기관이 행정 정보의 저장·처리·검색·공동 이용 등을 위하여 구축·개선 또는 운영하는 데이터베이스

클라우드 컴퓨팅 발전 및 이용자 보호에 관한 법률

클라우드 컴퓨팅 발전 및 이용자 보호에 관한 법률(약칭: 클라우드컴퓨팅법: "Cloud First")
[시행 2023. 1. 12.] [법률 제18738호, 2022. 1. 11., 일부 개정]
과학기술정보통신부(인터넷진흥과), 044-202-6286, 6366
과학기술정보통신부(사이버침해대응과·신뢰성확보 및 이용자보호관련) 044-202-6468

제1장 총칙

제1조(목적) 이 법은 클라우드컴퓨팅의 발전 및 이용을 촉진하고 클라우드컴퓨팅서비스를 안전하게 이용할 수 있는 환경을 조성함으로써 국민생활의 향상과 국민경제의 발전에 이바지함을 목적으로 한다.

제2조(정의) 이 법에서 사용하는 용어의 뜻은 다음과 같다. <개정 2020. 6. 9.>

1. "클라우드컴퓨팅"(Cloud Computing)이란 직접·공유된 정보통신기기, 정보통신설비, 소프트웨어 등 정보통신자원(이하 "정보통신자원"이라 한다)을 이용자의 요구나 수요 변화에 따라 정보통신망을 통하여 신축적으로 이용할 수 있도록 하는 정보처리체계를 말한다.
2. "클라우드컴퓨팅기술"이란 클라우드컴퓨팅의 구축 및 이용에 관한 정보통신기술로서 가상화 기술, 분산처리 기술 등 대통령령으로 정하는 것을 말한다.
3. "클라우드컴퓨팅서비스"란 클라우드컴퓨팅을 활용하여 상용(商用)으로 타인에게 정보통신자원을 제공하는 서비스로서 대통령령으로 정하는 것을 말한다.
4. "이용자 정보"란 클라우드컴퓨팅서비스 이용자(이하 "이용자"라 한다)가 클라우드컴퓨팅서비스를 이용하여 클라우드컴퓨팅서비스를 제공하는 자(이하 "클라우드컴퓨팅서비스 제공자"라 한다)의 정보통신자원에 저장하는 정보(「지능정보화 기본법」 제2조제1호에 따른 정보를 말한다)로서 이용자가 소유 또는 관리하는 정보를 말한다.

제3조(국가 등의 책무) ① 국가와 지방자치단체는 클라우드컴퓨팅의 발전 및 이용 촉진, 클라우드컴퓨팅서비스 이용 활성화, 클라우드컴퓨팅서비스의 안전한 이용 환경 조성 등에 필요한 시책을 마련하여야 한다. <개정 2022. 1. 11.>

② 클라우드컴퓨팅서비스 제공자는 이용자 정보를 보호하고 신뢰할 수 있는 클라우드컴퓨팅서비스를 제공하도록 노력하여야 한다.

③ 이용자는 클라우드컴퓨팅서비스의 안전성을 해치지 아니하도록 하여야 한다.

제4조(다른 법률과의 관계) 이 법은 클라우드컴퓨팅의 발전과 이용 촉진 및 이용자 보호에 관하여 다른 법률에 우선하여 적용하여야 한다. 다만, 개인정보 보호에 관하여는「개인정보 보호법」,「정보통신망 이용촉진 및 정보보호 등에 관한 법률」등 관련 법률에서 정하는 바에 따른다.

제2장 클라우드컴퓨팅 발전 기반의 조성

제5조(기본계획 및 시행계획의 수립) ① 과학기술정보통신부장관은 클라우드컴퓨팅의 발전과 이용 촉진 및 이용자 보호와 관련된 중앙행정기관(이하 "관계 중앙행정기관"이라 한다)의 클라우드컴퓨팅 관련 계획과 시책 등을 종합하여 3년마다 기본계획(이하 "기본계획"이라 한다)을 수립하고「정보통신 진흥 및 융합 활성화 등에 관한 특별법」제7조에 따른 정보통신 전략위원회의 심의를 거쳐 확정하여야 한다. <개정 2017. 7. 26.>

② 기본계획에는 다음 각 호의 사항이 포함되어야 한다.
1. 클라우드컴퓨팅 발전과 이용 촉진 및 이용자 보호를 위한 시책의 기본 방향
2. 클라우드컴퓨팅 산업의 진흥 및 이용 촉진을 위한 기반 조성에 관한 사항
3. 클라우드컴퓨팅의 도입과 이용 활성화에 관한 사항
4. 클라우드컴퓨팅기술의 연구개발 촉진에 관한 사항
5. 클라우드컴퓨팅 관련 전문인력의 양성에 관한 사항
6. 클라우드컴퓨팅 관련 국제협력과 해외진출 촉진에 관한 사항
7. 클라우드컴퓨팅서비스 이용자 정보 보호에 관한 사항
8. 클라우드컴퓨팅 관련 법령·제도 개선에 관한 사항
9. 클라우드컴퓨팅 관련 기술 및 산업 간 융합 촉진에 관한 사항
10. 그 밖에 클라우드컴퓨팅기술 및 클라우드컴퓨팅서비스의 발전과 안전한 이용환경 조성을 위하여 필요한 사항

③ 관계 중앙행정기관의 장은 기본계획에 따라 매년 소관별 시행계획(이하 "시행계획"이라 한다)을 수립·시행하여야 한다.

④ 관계 중앙행정기관의 장은 다음 연도의 시행계획 및 전년도의 시행계획에 따른 추진실적을 대통령령으로 정하는 바에 따라 매년 과학기술정보통신부장관에게 제출하고, 과학기술정보통신부장관은 매년 시행계획에 따른 추진실적을 평가하여야 한다. <개정 2017. 7. 26.>

⑤ 제1항부터 제4항까지에서 규정한 사항 외에 기본계획 및 시행계획의 수립·시행, 추진실적의 제출·평가에 필요한 사항은 대통령령으로 정한다.

제6조(관계 기관의 협조) ① 과학기술정보통신부장관 및 관계 중앙행정기관의 장은 기본계획 또는 시행계획의 수립·시행을 위하여 필요한 경우에는 국가기관, 지방자치단체 및「전자정부법」제2조제3호에 따른 공공기관(이하 "국가기관등"이라 한다)의 장에게

협조를 요청할 수 있다. <개정 2017. 7. 26.>

② 제1항에 따른 요청을 받은 자는 정당한 사유가 없으면 이에 따라야 한다.

제7조(실태조사) ① 과학기술정보통신부장관은 클라우드컴퓨팅에 관한 정책의 효과적인 수립·시행에 필요한 산업 현황과 통계를 확보하기 위하여 실태조사를 할 수 있다. <개정 2017. 7. 26.>

② 과학기술정보통신부장관은 제1항에 따른 실태조사를 위하여 필요한 경우에는 클라우드컴퓨팅서비스 제공자나 그 밖의 관련 기관 또는 단체에 자료의 제출이나 의견의 진술 등을 요청할 수 있다. <개정 2017. 7. 26.>

③ 과학기술정보통신부장관은 관계 중앙행정기관의 장이 요구하는 경우 실태조사 결과를 통보하여야 한다. <개정 2017. 7. 26.>

④ 제1항부터 제3항까지에 따른 실태조사에 필요한 사항은 대통령령으로 정한다.

제8조(연구개발) ① 관계 중앙행정기관의 장은 클라우드컴퓨팅기술 및 클라우드컴퓨팅서비스에 관한 연구개발사업을 추진할 수 있다.

② 관계 중앙행정기관의 장은 기업·연구기관 등에 제1항에 따른 연구개발사업을 수행하게 하고 그 사업 수행에 드는 비용의 전부 또는 일부를 지원할 수 있다.

제9조(시범사업) ① 관계 중앙행정기관의 장은 클라우드컴퓨팅기술 및 클라우드컴퓨팅서비스의 이용·보급을 촉진하기 위하여 시범사업을 추진할 수 있으며, 시범사업의 추진과 관련하여 지방자치단체에 협력을 요청할 수 있다.

② 관계 중앙행정기관의 장은 제1항에 따른 시범사업에 참여하는 자에게 재정적 지원을 할 수 있다.

제10조(세제 지원) 국가와 지방자치단체는 클라우드컴퓨팅기술 및 클라우드컴퓨팅서비스의 발전과 이용 촉진을 위하여 「조세특례제한법」, 「지방세특례제한법」, 그 밖의 조세 관련 법률에서 정하는 바에 따라 조세감면 등 필요한 조치를 할 수 있다.

제11조(중소기업에 대한 지원) ① 정부는 클라우드컴퓨팅의 발전과 이용 촉진 및 이용자 보호를 위하여 클라우드컴퓨팅 관련 중소기업(「중소기업기본법」 제2조에 따른 중소기업을 말한다. 이하 같다)에 다음 각 호의 지원을 할 수 있다.

1. 클라우드컴퓨팅서비스에 관한 정보 제공 및 자문
2. 이용자 정보를 보호하기 위하여 필요한 기술 및 경비의 지원
3. 클라우드컴퓨팅 관련 전문인력의 양성
4. 그 밖에 클라우드컴퓨팅 관련 중소기업의 육성을 위하여 필요한 사항

② 관계 중앙행정기관의 장은 제8조에 따른 연구개발사업을 추진할 때에는 클라우드컴퓨팅 관련 중소기업의 참여를 확대할 수 있는 조치를 마련하여야 한다.

③ 제1항 및 제2항에 따른 지원의 대상과 방법 등에 필요한 사항은 대통령령으로 정한다.

제12조(국가기관등의 클라우드컴퓨팅 도입 촉진) ① 국가기관등은 클라우드컴퓨팅을 도입하도록 노력하여야 한다.

② 정부는 「지능정보화 기본법」에 따른 지능정보화 정책이나 사업 추진에 필요한 예산을 편성할 때에는 클라우드컴퓨팅 도입을 우선적으로 고려하여야 한다. <개정 2020. 6. 9.>

제13조(클라우드컴퓨팅 사업의 수요예보) ① 국가기관등의 장은 연 1회 이상 소관 기관의 클라우드컴퓨팅 사업의 수요정보를 과학기술정보통신부장관에게 제출하여야 한다. <개정 2017. 7. 26.>

② 과학기술정보통신부장관은 제1항에 따라 접수된 클라우드컴퓨팅 수요정보를 연 1회 이상 클라우드컴퓨팅서비스 제공자에게 공개하여야 한다. <개정 2017. 7. 26.>

③ 제1항에 따른 제출 및 제2항에 따른 공개의 구체적인 횟수·시기·방법·절차 등에 필요한 사항은 대통령령으로 정한다.

제14조(전문인력의 양성) ① 과학기술정보통신부장관은 클라우드컴퓨팅에 관한 전문인력을 양성하기 위하여 필요한 정책을 수립하고 추진할 수 있다. <개정 2017. 7. 26.>

② 과학기술정보통신부장관은 클라우드컴퓨팅 관련 교육훈련을 실시하는 교육기관 중 대통령령으로 정하는 요건을 갖춘 기관을 지정하여 필요한 경비의 전부 또는 일부를 지원할 수 있다. <개정 2017. 7. 26.>

③ 과학기술정보통신부장관은 제2항에 따라 지정한 교육기관이 다음 각 호의 어느 하나에 해당하는 경우 그 지정을 취소할 수 있다. 다만 제1호에 해당하는 경우에는 그 지정을 취소하여야 한다. <개정 2017. 7. 26.>

1. 거짓이나 그 밖의 부정한 방법으로 지정받은 경우
2. 제2항에 따른 지정 요건에 적합하지 아니하게 된 경우
3. 교육기관 지정일부터 1년 이상 교육 실적이 없는 경우

④ 제1항부터 제3항까지에 따른 정책의 수립, 교육기관의 지정 요건, 지정 및 지정 취소 절차와 지원 내용 등에 필요한 사항은 대통령령으로 정한다.

제15조(국제협력과 해외진출의 촉진) 정부는 클라우드컴퓨팅 관련 국제협력과 클라우드컴퓨팅기술 및 클라우드컴퓨팅서비스의 해외진출을 촉진하기 위하여 다음 각 호의 사업을 추진할 수 있다.

1. 클라우드컴퓨팅 관련 정보·기술·인력의 국제교류
2. 클라우드컴퓨팅 관련 전시회 등 홍보와 해외 마케팅
3. 국가 간 클라우드컴퓨팅 공동 연구·개발
4. 클라우드컴퓨팅 관련 해외진출에 관한 정보의 수집·분석 및 제공
5. 클라우드컴퓨팅 관련 국제협력의 실효성 확보를 위한 국가 간 공조
6. 그 밖에 클라우드컴퓨팅 관련 국제협력 및 해외진출 촉진을 위하여 필요한 사업

제16조(클라우드컴퓨팅기술 기반 집적정보통신시설의 구축 지원) ① 국가와 지방자치단체는 클라우드컴퓨팅의 발전과 이용을 촉진하기 위하여 클라우드컴퓨팅기술을 이용하여 집적된 정보통신시설을 구축하려는 자에게 행정적·재정적·기술적 지원을 할 수 있다.

②제1항에 따른 지원의 대상, 방법 및 절차 등에 필요한 사항은 대통령령으로 정한다.

제17조(산업단지의 조성) ① 국가와 지방자치단체는 클라우드컴퓨팅 산업 관련 기술의 연구·개발과 전문인력 양성 등을 통하여 클라우드컴퓨팅 산업의 진흥과 클라우드컴퓨팅의 활용 촉진을 위한 산업단지를 조성할 수 있다.

② 산업단지의 조성은 「산업입지 및 개발에 관한 법률」에 따른 국가산업단지, 일반산업단지 또는 도시첨단산업단지의 지정·개발 절차에 따른다.

③ 과학기술정보통신부장관은 산업단지의 조성을 촉진하기 위하여 필요하다고 인정하는 경우에는 국토교통부장관에게 산업단지로의 지정을 요청할 수 있다. <개정 2017. 7. 26.>

제18조(공정한 경쟁 환경 조성 등) ① 정부는 대기업(「중소기업기본법」 제2조에 따른 중소기업 및 「중견기업 성장촉진 및 경쟁력 강화에 관한 특별법」 제2조제1호에 따른 중견기업이 아닌 기업을 말한다)인 클라우드컴퓨팅서비스 제공자와 중소기업인 클라우드컴퓨팅서비스 제공자 간의 공정한 경쟁환경을 조성하고 상호간 협력을 촉진하여야 한다.

② 대기업인 클라우드컴퓨팅서비스 제공자는 중소기업인 클라우드컴퓨팅서비스 제공자에게 합리적인 이유 없이 그 지위를 이용하여 불공정한 계약을 강요하거나 부당한 이익을 취득하여서는 아니 된다.

③ 정부는 클라우드컴퓨팅 산업의 공정한 경쟁 환경 조성을 위하여 클라우드컴퓨팅 산업 경쟁 환경의 현황 분석 및 평가, 그 밖에 공정한 유통 환경을 조성하기 위하여 필요한 사업을 할 수 있다.

제19조(전담기관의 지정 등) ① 과학기술정보통신부장관은 클라우드컴퓨팅산업 진흥과 클라우드컴퓨팅 이용 촉진을 위하여 필요한 때에는 전담기관을 지정할 수 있다. <개정 2017. 7. 26.>

② 과학기술정보통신부장관은 전담기관의 사업 수행에 필요한 경비의 전부 또는 일부를 지원할 수 있다. <개정 2017. 7. 26.>

③ 전담기관의 지정 및 운영 등에 필요한 사항은 대통령령으로 정한다.

제3장 클라우드컴퓨팅 서비스의 이용 촉진

제20조(국가기관등의 클라우드컴퓨팅서비스 이용 촉진) ① 국가기관등은 업무를 위하여 클라우드컴퓨팅서비스 제공자의 클라우드컴퓨팅서비스를 이용할 수 있도록 노력하여야 한다. <개정 2022. 1. 11.>

② 국가기관등은 제1항에 따른 클라우드컴퓨팅서비스 이용에 있어서 제23조의2제1항에 따른 보안인증을 받은 클라우드컴퓨팅서비스를 우선적으로 고려하여야 한다. <신설 2022. 1. 11.>

③ 과학기술정보통신부장관은 국가기관등이 제1항에 따른 클라우드컴퓨팅서비스를 이용할 수 있도록 다음 각 호의 어느 하나에 해당하는 서비스(이하 "디지털서비스"라 한다)를 선정할 수 있으며, 선정된 디지털서비스를 등록 및 관리하는 시스템(이하 "이용지원시스템"이라 한다)을 구축하여 운영할 수 있다. <신설 2022. 1. 11.>
1. 클라우드컴퓨팅서비스
2. 클라우드컴퓨팅서비스를 지원하는 서비스
3. 지능정보기술 등 다른 기술·서비스와 클라우드컴퓨팅기술을 융합한 서비스

④ 그 밖에 디지털서비스의 선정 및 이용지원시스템의 구축·운영에 필요한 사항은 대통령령으로 정한다. <신설 2022. 1. 11.> [제목개정 2022. 1. 11.]

제21조(전산시설등의 구비) 다른 법령에서 인가·허가·등록·지정 등의 요건으로 전산 시설·장비·설비 등(이하 "전산시설등"이라 한다)을 규정한 경우 해당 전산시설등에 클라우드컴퓨팅서비스가 포함되는 것으로 본다. 다만, 다음 각 호의 어느 하나에 해당하는 경우에는 그러하지 아니하다.
1. 해당 법령에서 클라우드컴퓨팅서비스의 이용을 명시적으로 금지한 경우
2. 해당 법령에서 회선 또는 설비의 물리적 분리구축 등을 요구하여 사실상 클라우드컴퓨팅서비스 이용을 제한한 경우
3. 해당법령에서 요구하는 전산시설등의 요건을 충족하지 못하는 클라우드컴퓨팅서비스를 이용하는 경우

제22조(상호 운용성의 확보) 과학기술정보통신부장관은 클라우드컴퓨팅서비스의 상호 운용성을 확보하기 위하여 필요한 경우에는 클라우드컴퓨팅서비스 제공자에게 협력 체계를 구축하도록 권고할 수 있다. <개정 2017. 7. 26.>

제4장 클라우드컴퓨팅서비스의 신뢰성 향상 및 이용자 보호

제23조(신뢰성 향상) ① 클라우드컴퓨팅서비스 제공자는 클라우드컴퓨팅서비스의 품질·성능 및 정보보호 수준을 향상시키기 위하여 노력하여야 한다.

② 과학기술정보통신부장관은 클라우드컴퓨팅서비스의 품질·성능에 관한 기준 및 정보보호에 관한 기준(관리적·물리적·기술적 보호조치를 포함한다. 이하 "보안인증기준"이라 한다)을 정하여 고시하고, 클라우드컴퓨팅서비스 제공자에게 그 기준을 지킬 것을 권고할 수 있다. <개정 2017. 7. 26., 2022. 1. 11.>

③ 과학기술정보통신부장관이 제2항에 따라 클라우드컴퓨팅서비스의 품질·성능에 관한 기준을 고시하려는 경우에는 미리 방송통신위원회의 의견을 들어야 한다. <개정 2017. 7. 26.> 위임행정규칙

제23조의2(클라우드컴퓨팅서비스의 보안인증) ① 과학기술정보통신부장관은 정보보호 수준의 향상 및 보장을 위하여 보안인증기준에 적합한 클라우드컴퓨팅서비스에 대하여 대통령령으로 정하는 바에 따라 인증(이하 "보

안인증"이라 한다)을 할 수 있다.

② 보안인증의 유효기간은 인증 서비스 등을 고려하여 대통령령으로 정하는 5년 내의 범위로 하고, 보안인증의 유효기간을 연장받으려는 자는 대통령령으로 정하는 바에 따라 유효기간의 갱신을 신청하여야 한다.

③ 클라우드컴퓨팅서비스 제공자는 보안인증을 받은 클라우드컴퓨팅서비스에 대하여 보안인증을 표시할 수 있다.

④ 누구든지 보안인증을 받지 아니한 클라우드컴퓨팅서비스에 대하여 보안인증 표시 또는 이와 유사한 표시를 하여서는 아니 된다.

⑤ 과학기술정보통신부장관은 「정보통신망 이용촉진 및 정보보호 등에 관한 법률」 제52조에 따른 한국인터넷진흥원 또는 대통령령에 따라 과학기술정보통신부장관이 지정한 기관(이하 "인증기관"이라 한다)으로 하여금 보안인증에 관한 업무로서 다음 각 호의 업무를 수행하게 할 수 있다.

1. 보안인증기준에 적합한지 여부를 확인하기 위한 평가(이하 "인증평가"라 한다)
2. 인증평가 결과의 심의
3. 보안인증서의 발급·관리
4. 보안인증의 사후관리
5. 보안인증평가원의 양성 및 자격관리
6. 그 밖에 보안인증에 관한 업무

⑥ 과학기술정보통신부장관은 보안인증에 관한 업무를 효율적으로 수행하기 위하여 필요한 경우 인증평가 업무를 수행하는 기관(이하 "평가기관"이라 한다)을 지정할 수 있다.

⑦ 평가기관은 보안인증을 받으려는 자에 대하여 대통령령으로 정하는 바에 따라 수수료를 받을 수 있다.

⑧ 제1항에 따른 보안인증의 대상, 제2항에 따른 유효기간의 연장, 제5항 및 제6항에 따른 인증기관 및 평가기관 지정의 기준·절차·유효기간 등에 필요한 사항은 대통령령으로 정한다. [본조신설 2022. 1. 11.] 위임행정규칙

제23조의3(보안인증의 취소) ① 과학기술정보통신부장관은 보안인증을 받은 클라우드컴퓨팅서비스가 다음 각 호의 어느 하나에 해당하는 때에는 그 보안인증을 취소할 수 있다. 다만, 제1호에 해당하는 경우에는 그 보안인증을 취소하여야 한다.
1. 거짓이나 그 밖의 부정한 방법으로 보안인증이 이루어진 경우
2. 보안인증기준에 적합하지 아니하게 된 경우

② 과학기술정보통신부장관은 제1항에 따라 보안인증을 취소하려는 경우에는 청문을 하여야 한다.

제23조의4(인증기관 및 평가기관의 지정취소 등) ① 과학기술정보통신부장관은 제23조의2제5항 또는 같은 조 제6항에 따라 인증기관 또는 평가기관으로 지정받은 법인 또는 단체가 다음 각 호의 어느 하나에 해당하면 그 지정을 취소하거나 1년 이내의 기간을 정하여 해당 업무의

전부 또는 일부의 정지를 명할 수 있다. 다만, 제1호 또는 제2호에 해당하는 경우에는 그 지정을 취소하여야 한다.

1. 거짓이나 그 밖의 부정한 방법으로 인증기관 또는 평가기관의 지정을 받은 경우
2. 업무정지 기간 중에 보안인증 또는 인증평가를 한 경우
3. 정당한 사유 없이 보안인증 또는 인증평가를 하지 아니한 경우
4. 제23조의2제1항에 따른 보안인증기준을 위반하여 보안인증 또는 인증평가를 한 경우
5. 제23조의2제8항에 따른 지정기준에 적합하지 아니하게 된 경우

② 제1항에 따른 지정취소 및 업무정지 등에 필요한 사항은 대통령령으로 정한다.

[본조신설 2022. 1. 11.] 위임행정규칙

제24조(표준계약서) ① 과학기술정보통신부장관은 이용자를 보호하고 공정한 거래질서를 확립하기 위하여 공정거래위원회와 협의를 거쳐 클라우드컴퓨팅서비스 관련 표준계약서를 제정·개정하고, 클라우드컴퓨팅서비스 제공자에게 그 사용을 권고할 수 있다. 이 경우 클라우드컴퓨팅서비스 제공자, 이용자 등의 의견을 들을 수 있다. <개정 2017. 7. 26.>

② 과학기술정보통신부장관이 제1항에 따라 표준계약서를 제정·개정하려는 경우에는 미리 방송통신위원회의 의견을 들어야 한다. <개정 2017. 7. 26.>

제25조(침해사고 등의 통지 등) ① 클라우드컴퓨팅서비스 제공자는 다음 각 호의 어느 하나에 해당하는 경우에는 지체 없이 그 사실을 해당 이용자에게 알려야 한다.
    1. 「정보통신망 이용촉진 및 정보보호 등에 관한 법률」 제2조제7호에 따른 침해사고(이하 "침해사고"라 한다)가 발생한 때
    2. 이용자 정보가 유출된 때
    3. 사전예고 없이 대통령령으로 정하는 기간(당사자 간 계약으로 기간을 정하였을 경우에는 그 기간을 말한다) 이상 서비스 중단이 발생한 때

② 클라우드컴퓨팅서비스 제공자는 제1항제2호에 해당하는 경우에는 즉시 그 사실을 과학기술정보통신부장관에게 알려야 한다. <개정 2017. 7. 26.>

③ 과학기술정보통신부장관은 제2항에 따른 통지를 받거나 해당 사실을 알게 되면 피해 확산 및 재발의 방지와 복구 등을 위하여 필요한 조치를 할 수 있다. <개정 2017. 7. 26.>

④ 제1항부터 제3항까지의 규정에 따른 통지 및 조치에 필요한 사항은 대통령령으로 정한다.

제26조(이용자 보호 등을 위한 정보 공개) ① 이용자는 클라우드컴퓨팅서비스 제공자에게 이용자 정보가 저장되는 국가의 명칭을 알려 줄 것을 요구할 수 있다.

② 정보통신서비스(「정보통신망 이용촉진 및 정보보호 등에 관한 법률」 제2조제2호에 따른 정보통신서비스를 말한다. 이하 제3항에서 같다)를 이용하는 자는 정보통신서비스 제공자(「정보통신망 이용촉진 및 정보보호 등에 관한 법률」 제2조제3호에 따른 정보통신서비스 제공자를 말한다. 이하 제3항에서 같다)에게 클라우드컴퓨팅서비스 이

용 여부와 자신의 정보가 저장되는 국가의 명칭을 알려 줄 것을 요구할 수 있다.

③ 과학기술정보통신부장관은 이용자 또는 정보통신서비스 이용자의 보호를 위하여 필요하다고 인정하는 경우에는 클라우드컴퓨팅서비스 제공자 또는 정보통신서비스 제공자에게 제1항 및 제2항에 따른 정보를 공개하도록 권고할 수 있다. <개정 2017. 7. 26.>

④ 과학기술정보통신부장관이 제3항에 따라 정보를 공개하도록 권고하려는 경우에는 미리 방송통신위원회의 의견을 들어야 한다. <개정 2017. 7. 26.>

제27조(이용자 정보의 보호) ① 클라우드컴퓨팅서비스 제공자는 법원의 제출명령이나 법관이 발부한 영장에 의하지 아니하고는 이용자의 동의 없이 이용자 정보를 제3자에게 제공하거나 서비스 제공 목적 외의 용도로 이용할 수 없다. 클라우드컴퓨팅서비스 제공자로부터 이용자 정보를 제공받은 제3자도 또한 같다.

② 클라우드컴퓨팅서비스 제공자는 이용자 정보를 제3자에게 제공하거나 서비스 제공 목적 외의 용도로 이용할 경우에는 다음 각 호의 사항을 이용자에게 알리고 동의를 받아야 한다. 다음 각 호의 어느 하나의 사항이 변경되는 경우에도 또한 같다.

1. 이용자 정보를 제공받는 자
2. 이용자 정보의 이용 목적(제공 시에는 제공받는 자의 이용 목적을 말한다)
3. 이용 또는 제공하는 이용자 정보의 항목
4. 이용자 정보의 보유 및 이용 기간(제공 시에는 제공받는 자의 보유 및 이용 기간을 말한다)
5. 동의를 거부할 권리가 있다는 사실 및 동의 거부에 따른 불이익이 있는 경우에는 그 불이익의 내용

③ 클라우드컴퓨팅서비스 제공자는 이용자와의 계약이 종료되었을 때에는 이용자에게 이용자 정보를 반환하여야 하고 클라우드컴퓨팅서비스 제공자가 보유하고 있는 이용자 정보를 파기하여야 한다. 다만, 이용자가 반환받지 아니하거나 반환을 원하지 아니하는 등의 이유로 사실상 반환이 불가능한 경우에는 이용자 정보를 파기하여야 한다.

④ 클라우드컴퓨팅서비스 제공자는 사업을 종료하려는 경우에는 그 이용자에게 사업 종료 사실을 알리고 사업 종료일 전까지 이용자 정보를 반환하여야 하며 클라우드컴퓨팅서비스 제공자가 보유하고 있는 이용자 정보를 파기하여야 한다. 다만, 이용자가 사업 종료일 전까지 반환받지 아니하거나 반환을 원하지 아니하는 등의 이유로 사실상 반환이 불가능한 경우에는 이용자 정보를 파기하여야 한다.

⑤ 제3항 및 제4항에도 불구하고 클라우드컴퓨팅서비스 제공자와 이용자 간의 계약으로 특별히 다르게 정한 경우에는 그에 따른다.

⑥ 제3항 및 제4항에 따른 이용자 정보의 반환 및 파기의 방법·시기, 계약 종료 및 사업 종료 사실의 통지 방법 등에 필요한 사항은 대통령령으로 정한다.

제28조(이용자 정보의 임치) ① 클라우드컴퓨팅서비스 제공자와 이용자는 전문인력과 설비 등을 갖춘 기관[이하 "수치인"(受置人)이라 한다]과 서로 합의하여 이용자 정보를 수치인에게 임치(任置)할 수 있다.

② 이용자는 제1항에 따른 합의에서 정한 사유가 발생한 때에 수치인에게 이용자 정보의 제공을 요구할 수 있다.

제29조(손해배상책임) 이용자는 클라우드컴퓨팅서비스 제공자가 이 법의 규정을 위반한 행위로 인하여 손해를 입었을 때에는 그 클라우드컴퓨팅서비스 제공자에게 손해배상을 청구할 수 있다. 이 경우 해당 클라우드컴퓨팅서비스 제공자는 고의 또는 과실이 없음을 입증하지 아니하면 책임을 면할 수 없다.

제5장 보칙

제30조(사실조사 및 시정조치) ① 과학기술정보통신부장관은 클라우드컴퓨팅서비스 제공자가 이 법을 위반한 행위가 있다고 인정하면 소속 공무원에게 이를 확인하기 위하여 필요한 조사를 하게 할 수 있다. <개정 2017. 7. 26.>

② 과학기술정보통신부장관은 제1항에 따른 조사를 위하여 필요하면 소속 공무원에게 클라우드컴퓨팅서비스 제공자의 사무소·사업장에 출입하여 장부·서류, 그 밖의 자료나 물건을 조사하게 할 수 있다. <개정 2017. 7. 26.>

③ 과학기술정보통신부장관은 제1항에 따라 조사를 하는 경우 조사 7일 전까지 조사 기간·이유·내용 등을 포함한 조사계획을 해당 클라우드컴퓨팅서비스 제공자에게 알려야 한다. 다만, 긴급한 경우나 사전에 통지하면 증거인멸 등으로 조사 목적을 달성할 수 없다고 인정하는 경우에는 그러하지 아니하다. <개정 2017. 7. 26.>

④ 제2항에 따라 클라우드컴퓨팅서비스 제공자의 사무소·사업장에 출입하여 조사하는 사람은 그 권한을 표시하는 증표를 관계인에게 보여주어야 하며, 조사를 할 때에는 해당 사무소나 사업장의 관계인을 참여시켜야 한다.

⑤ 과학기술정보통신부장관은 제25조제1항 또는 제27조를 위반한 클라우드컴퓨팅서비스 제공자에게 해당 위반행위의 중지나 시정을 위하여 필요한 조치를 명할 수 있다. <개정 2017. 7. 26.>

제31조(위임 및 위탁) ① 이 법에 따른 과학기술정보통신부장관 및 관계 중앙행정기관의 장의 권한은 대통령령으로 정하는 바에 따라 그 일부를 그 소속 기관의 장에게 위임할 수 있다. <개정 2017. 7. 26.>

② 이 법에 따른 과학기술정보통신부장관 및 관계 중앙행정기관의 업무는 대통령령으로 정하는 바에 따라 그 일부를 전문기관에 위탁할 수 있다. <개정 2017. 7. 26.>

제32조(비밀 엄수) 이 법에 따라 위탁받은 업무에 종사하거나 종사하였던 자는 업무를 수행하는 과정에서 알게 된 클라우드컴퓨팅서비스 제공자의 사업상 비밀을 누설하여서는 아니 된다.

제33조(벌칙 적용 시 공무원 의제) 제31조제2항에 따라 위탁받은 업무에 종사하는 전문기관의 임직원은 「형법」 제129조부터 제132조까지의 규정에 따른 벌칙을 적용할 때에는 공무원으로 본다.

제6장 벌칙

제34조(벌칙) 제27조제1항을 위반하여 이용자의 동의 없이 이용자 정보를 이용하거나 제3자에게 제공한 자 및 이용자의 동의 없음을 알면서도 영리 또는 부정한 목적으로 이용자 정보를 제공받은 자는 5년이하의 징역 또는 5천만원이하의 벌금에 처한다.

제35조(벌칙) 제32조를 위반하여 위탁받은 업무를 수행하는 과정에서 알게 된 비밀을 누설하는 자는 3년 이하의 징역 또는 3천만원 이하의 벌금에 처한다.

제36조(양벌규정) 법인의 대표자나 법인 또는 개인의 대리인, 사용인, 그 밖의 종업원이 그 법인 또는 개인의 업무에 관하여 제34조 및 제35조의 위반행위를 하면 그 행위자를 벌하는 외에 그 법인 또는 개인에게도 해당 조문의 벌금형을 과(科)한다. 다만, 법인 또는 개인이 그 위반행위를 방지하기 위하여 해당 업무에 관하여 상당한 주의와 감독을 게을리하지 아니한 경우에는 그러하지 아니하다.

제37조(과태료) ① 다음 각 호의 어느 하나에 해당하는 자에게는 1천만원 이하의 과태료를 부과한다. <개정 2017. 7. 26., 2022. 1. 11.>

1. 제23조의2제4항을 위반하여 보안인증 표시 또는 이와 유사한 표시를 한 자
2. 제25조제1항을 위반하여 침해사고, 이용자 정보 유출, 서비스 중단 발생 사실을 이용자에게 알리지 아니한 자
3. 제25조제2항을 위반하여 이용자 정보유출 발생 사실을 과학기술정보통신부장관에게 알리지 아니한 자
4. 제27조제3항 또는 제4항을 위반하여 이용자 정보를 반환하지 아니하거나 파기하지 아니한 자
5. 제30조제5항에 따른 중지명령이나 시정명령을 이행하지 아니한 자

② 제1항에 따른 과태료는 대통령령으로 정하는 바에 따라 과학기술정보통신부장관이 부과·징수한다. <개정 2017. 7. 26.>

부칙   부칙 <법률 제13234호, 2015. 3. 27.>

이 법은 공포 후 6개월이 경과한 날부터 시행한다.

부칙조문닫기   부칙 <법률 제14839호, 2017. 7. 26.> (정부조직법) 부칙보기

제1조(시행일) ① 이 법은 공포한 날부터 시행한다. 다만, 부칙 제5조에 따라 개정되는 법률 중 이 법 시행 전에 공포되었으나 시행일이 도래하지 아니한 법률을 개정한 부분은 각각 해당 법률의 시행일부터 시행한다.

제2조 부터 제4조까지 생략

제5조(다른 법률의 개정) ①부터 <335>까지 생략

<336>클라우드컴퓨팅 발전 및 이용자보호에 관한 법률 일부를 다음과 같이 개정한다.

제5조제1항·제4항, 제6조제1항, 제7조제1항부터 제3항까지, 제13조제1항·제2항, 제14조제1항·제2항, 같은 조 제3항 각 호 외의 부분 본문, 제17조제3항, 제19조제1항·제2항, 제22조, 제23조제2항·제3항, 제24조제1항 전단, 같은 조 제2항, 제25조제2항·제3항, 제26조제3항·제4항, 제30조제1항·제2항, 같은 조 제3항 본문, 같은 조 제5항, 제31조제1항·제2항, 제37조제1항제2호 및 같은 조 제2항 중 "미래창조과학부장관"을 각각 "과학기술정보통신부장관"으로 한다.

<337>부터 <382>까지 생략

제6조 생략

부칙 <법률 제17344호, 2020. 6. 9.> (지능정보화 기본법)

제1조(시행일) 이 법은 공포 후 6개월이 경과한 날부터 시행한다. <단서 생략>

제2조 부터 제6조까지 생략

제7조(다른 법률의 개정) ①부터 ⑰까지 생략

⑱ 클라우드컴퓨팅 발전 및 이용자 보호에 관한 법률 일부를 다음과 같이 개정한다.

제2조제4호 중 "「국가정보화 기본법」 제3조제1호"를 "「지능정보화 기본법」 제2조제1호"로 한다.

제12조제2항 중 "「국가정보화 기본법」에 따른 국가정보화"를 "「지능정보화 기본법」에 따른 지능정보화"로 한다. ⑲ 및 ⑳ 생략

제8조 생략

부칙 <법률 제18738호, 2022. 1. 11.>

이 법은 공포 후 1년이 경과한 날부터 시행한다.

※ prof : Professional Support(전문업체 기술 지원)
※ community : Community Support(커뮤니티 기술 지원)

순번	분류	솔루션 명	라이선스	기술 지원	홈페이지	제품 개요
1	BI/OLAP	Pentaho	Apache License 2.0	prof/ community	https://www.hitachivantara.com/go/pentaho.html	데이터 통합 , OLAP 서비스 ,보고, 정보 대시 보드 , 데이터 마이닝 및 추출, 변환,로드 (ETL) 기능 을 제공하는 비즈니스 인텔리전스 (BI) 소프트웨어
2	Graph Database	FlockDB	Apache License 2.0	community	https://github.com/twitter/flockdb	Twitter에서 사용된 것으로 알려진, 분산 그래프 데이터 보관용 데이터 베이스
3		neo4j	GPL v3	prof/ community	https://neo4j.com/	네이티브 그래프 저장 및 처리 기능을 갖춘 ACID를 준수하는 트랜잭셔널 데이터베이스
4	NoSQL	Apache Accumulo	Apache License 2.0	community	https://accumulo.apache.org/	클러스터 전체에서 대규모 데이터 세트를 저장하고 관리
5		Apache CouchDB	Apache License 2.0	community	http://couchdb.apache.org	스케일러블 아키텍처를 쉽게 이용하고 보유하는데 초점을 둔 오픈 소스 데이터베이스 소프트웨어
6		OrientDB	Apache License 2.0	Prof	http://orientdb.org/	Java로 작성된 오픈 소스 NoSQL 데이터베이스 관리 시스템
7		Redis	BSD	prof/ community	https://redis.io	인메모리 기반 NoSQL 데이터베이스
8		Riak	Apache License 2.0	prof/ community	https://riak.com/	고 가용성, 내결함성, 운영 단순성 및 확장성을 제공 하는 분산 NoSQL 키-값 데이터 저장소

순번	분류	솔루션 명	라이선스	기술 지원	홈페이지	제품 개요
9	Search	Apache Lucene	Apache License 2.0	community	http://lucene.apache.org	자바로 개발된 오픈소스 정보검색 라이브러리
10		Apache Solr	Apache License 2.0	community	http://lucene.apache.org/solr	Apache Lucene 프로젝트에서 Java로 작성된 오픈 소스 엔터프라이즈 검색 플랫폼
11	가상화	Docker	Apache 2.0	prof/community	https://www.docker.com	리눅스컨테이너 가상화 기술. SW컨테이너 내에 애플리케이션 배포를 자동화하는 공개SW
12		KVM	GPL v3	community, blog, IRC	https://www.linux-kvm.org/page/Main_ Page	x86, x86_64, S/390, PowerPC, IA64 등 아키텍쳐와 리눅스, 솔라리스, BSD, 윈도우 등의 게스트 OS를 지원하는 가상화 공개SW 솔루션
13		Red Hat Enterprise Virtualization	GPL & Various others	prof	https://www.redhat.com/en/technologi es/virtualization/enterprise-virtual ization	레드햇의 가상화 솔루션 프로그램
14		Xen project	GPL v2	community	http://www.xenproject.org	다양한 아키텍쳐 지원 하이퍼바이저
15		버추얼 박스 (VirtualBox)	GPL v2, CDDL	prof/community	https://www.virtualbox.org	Windows, Mac, Linux 등 다른 OS를 함께 실행시킬 수 있는 가상OS 구동 프로그램
16	가상화 API	Libvirt	GPL v2, LGPL v2.1	community, wiki	https://libvirt.org/	플랫폼 가상화 관리를 위한 오픈 소스 API, 데몬 및 관리 도구
17	가상화 관리	Ganeti	BSD	prof/community	http://www.ganeti.org/	Xen 또는 KVM과 같은 기존 가상화 기술 및 기타 오픈 소스 소프트웨어 위에 구축 된 가상 머신 클러스터 관리 도구
18		Open vSwitch	Apache 2.0	prof/community	http://openvswitch.org	멀티 레이어 가상 스위치
19	구성관리 도구	Ansible	GPL v3	prof/community	https://www.ansible.com/	서버를 시작할 때 미리 설정 파일에 따라 소프트웨어 설치 및 설정을 자동으로 수행하는 구성 관리 도구
20	네트워크 모니터링	Nagios	GNU GPL V2	training, certification	https://www.nagios.org/	컴퓨터 시스템을위한 오픈 소스 모니터링 시스템

순번	분류	솔루션 명	라이선스	기술 지원	홈페이지	제품 개요
20	네트워크 모니터링	Nagios	GNU GPL V2	training, certification	https://www.nagios.org/	컴퓨터 시스템을위한 오픈 소스 모니터링 시스템
21	대용량 machine learning 알고리즘	Mahout	Apache License 2.0	community	http://mahout.apache.org	분산 선형 대수 프레임 워크 및 수학적으로 표현 가능한 Scala DSL
22	데이터 분석	pandas	BSD	community	http://pandas.pydata.org	"관계형"또는 "레이블 이있는"데이터로 쉽고 유연하며 표현력있는 데이터 구조를 제공하는 Python 패키지
23	데이터 웨어하우스	Hive	Apache License 2.0	community, wiki	http://hive.apache.org	대용량 데이터 분석에 적합한 하둡의 상위에 위치한 SQL기반의 Data Warehouse 구성요소
24	데이터 테이블 및 스토리지 관리	Hcatalog	Apache License 2.0	community	https://cwiki.apache.org/confluence/display/Hive/Hcatalog	Pig, Spark SQL 및/또는 사용자 지정 MapReduce 애플리케이션 내의 Hive 메타스토어 테이블에 액세스할 수 있는 도구
25	데이터 관리	ankus	Apache License 2.0	prof/community	https://github.com/openankus/ankus	데이터 마이닝 / 기계 학습(Machine Learning) 지원 분석 도구
26	분산 관리 시스템	주키퍼 (Zookeeper)	Apache License 2.0	community, wiki	http://zookeeper.apache.org	분산 환경에서 노드들 간의 분산 동기화, 그룹 서비스, 공유, 락 등을 관리하는 시스템
27	분산 로그 관리 시스템	Flume	Apache License 2.0	community	https://flume.apache.org/	대용량 로그데이터를 중앙집중화된 데이터 저장소로 효율적으로 수집, 통합,저장하기 위한 시스템
28	분산 캐싱 시스템	Memcached	The BSD 3-Clause	wiki, chat	http://www.memcached.org	분산 메모리 캐싱 시스템, 데이터베이스 부하를 줄여 웹 애플리케이션 성능향상도움
29		couchbase	Apache License 2.0	prof	https://developer.couchbase.com/open-source-projects	NoSQL DB로 분류되며 DB모델은 key-value이고, Schema-less모델로 문서지향형

순번	분류	솔루션 명	라이선스	기술 지원	홈페이지	제품 개요
30	분산 검색 엔진	ElasticSearch	Server Side Public License v1,	community, blog	https://www.elastic.co/kr/	시간이 갈수록 증가하는 문제를 처리하는 분산형 RESTful 검색 및 분석 엔진 (Elastic License v2 or Apache License v2)
31	분산 데이터 베이스 시스템	Cassandra	Apache License 2.0	community	http://cassandra.apache.org	Ruby, Perl, Python, Scala, Java, PHP, C++, C# 등 다양한 언어를 지원하고 Facebook, Twitter 등에 사용된 분산 데이터베이스 시스템
32		Hbase	Apache License 2.0	community	http://hbase.apache.org	HDFS에 구현한 분산 컬럼 기반이며 대규모 데이터셋에 실시간으로 랜덤 액세스가 가능한 분산 데이타베이스 시스템
33		Mongodb	Server Side Public License v1	community	https://www.mongodb.com/	JSON 형태의 문서 콜렉션으로 데이터를 저장하는 오픈 소스 문서 지향 데이터베이스
34	분산 파일 시스템	Apache Storm	Apache License 2.0	community, blog	https://storm.apache.org/	클로저 프로그래밍 언어로 작성된 분산형 스트림 프로세싱 연산 프레임워크
35		Ceph	GPL v2, LGPL v2.1, v3	prof/ community	https://ceph.com/community/	간단하며 대규모 확장이 가능한 개방형 스토리지 솔루션
36		GlusterFS	GPL v2, LGPL v3	prof/ community	http://www.gluster.org	무료 및 오픈 소스 소프트웨어로 확장 가능한 네트워크 파일 시스템
37		Hadoop	Apache License 2.0	community, wiki	http://hadoop.apache.org	컴퓨터 클러스터를 이용하여 대용량 데이터셋의 분산 처리를 지원하는 분산 파일 시스템
38		XtreemFS	new BSD1.3	community	http://www.xtreemfs.org	광대역 네트워크를 위한 객체 기반 분산파일 시스템으로 클라우드를 위한 분산/복제 파일 시스템
39	블록 체인	Ethereum	GNU LGPL v3	Community	https://www.ethereum.org/	블록체인 기술을 기반으로 스마트 계약 기능을 구현하기 위한 분산 컴퓨팅 플랫폼

순번	분류	솔루션 명	라이선스	기술 지원	홈페이지	제품 개요
40	빅데이터 관리	Apache Ambari	Apache 2.0	community	http://ambari.apache.org	Apache Hadoop 클러스터 프로비저닝, 관리 및 모니터링을위한 소프트웨어를 개발하여 Hadoop 관리를 단순화하는 것을 목표
41		Hue	Apache 2.0	prof/community	http://gethue.com	하둡을 위한 Web 인터페이스. 웹브라우저를 통한 시스템 접근 및 파일 시스템 열람, 사용자 계정 생성 및 관리, 클러스터 모니터링 등 다양한 기능 제공
42	빅데이터 분석 프레임워크	Apache Spark	Apache v2.0	community	http://spark.apache.org	메모리상에서 동작하는 분산 데이터 분석 시스템 대규모 데이터 처리를위한 통합 분석 엔진.
43		MapReduce	Apache License 2.0	community	http://hadoop.apache.org	분산 컴퓨팅을 지원하기 위한 소프트웨어 프레임워크
44		Tensorflow	Apache 2.0 License	community	https://www.tensorflow.org	분산 데이터를 사용해 머신러닝 및 기타 계산을 수행할 수 있는 오픈소스 프레임워크입니다.
45		spark	Apache License 2.0	community	https://spark.apache.org	대규모 데이터 처리를 위한 통합 분석 엔진.
46	빅데이터 분석 플랫폼	R	GNU GPL	prof/community	https://www.r-project.org/	통계계산 및 시각화를 위한 언어 및 개발환경을 제공
47		피그(Pig)	Apache License 2.0	community, wiki	http://pig.apache.org	데이터-흐름 기반의 스크립트 프로그래밍 언어
48	빅데이터 프레임워크	Apache Avro	Apache 2.0	community	http://avro.apache.org	오픈소스 데이터 직렬화 프레임워크. 이기종간 데이터 타입을 교환할 수 있는 체계를 제공. 다양한 데이터 구조 지원
49		Apahce Giraph	Apache License 2.0	community	http://giraph.apache.org	높은 확장 성을 위해 구축 된 반복적 인 그래프 처리 시스템
50	빅데이터 플랫폼	Apache Impala	Apache License 2.0	prof/community	http://impala.io	Apache Hadoop 용 오픈 소스 네이티브 분석 데이터베이스

순번	분류	솔루션 명	라이선스	기술 지원	홈페이지	제품 개요
51	빅데이터 플랫폼 빅데이터 플랫폼	Apache Sqoop	Apache License 2.0	community	https:// sqoop. apache.org	RDBMS와 아파치 하둡간의 대용량 데이터들을 변환하여 주는 Command-Line Interface 애플리케이션. 데이터 커넥터와 일치하지 않는 데이터 포맷을 사용할 수 있도록 지원
52		Apache Tajo	Apache License 2.0	community	http://tajo. apache.org	Apache Hadoop을 위한 강력한 빅 데이터 관계형 및 분산 데이터 웨어 하우스 시스템
53		Cascading	Apache License 2.0	prof/community	http://www. cascading. org	다양한 클러스터 컴퓨팅 플랫폼에서 복잡하고 내결함성이있는 데이터 처리 워크 플로를 정의하고 실행하기위한 풍부한 기능의 API
54		Gephi	CDDL, GPL v3	community	https://gephi. org/	1백만 노드 규모의 네트워크와 다양한 크래프 타입을 지원하는 시각적 분석 도구
55		HPCC (High-Performance Computing Cluster)	Apache License 2.0	prof/community	https:// hpccsystems. com	빅데이터 문제를 해결하기 위해 엔터프라이즈 용 오픈 소스 슈퍼 컴퓨팅 플랫폼
56		Hiho	Apache License 2.0	community	https:// github.com/ sonalgoyal/ hiho	정형 데이터 수집
57	시스템 모니터링	prometheus	Apache License 2.0	community	https:// prometheus. io	컨테이너에 최적화된 모니터링 및 경고 툴킷
58	워크플로우 스케쥴러	Apache Oozie	Apache License 2.0	community	http://oozie. apache.org	Apache Hadoop 작업을 관리하기위한 워크 플로우 스케줄러 시스템
59	컨테이너 플랫폼	Kubernetes	Apache License 2.0	prof,community	https:// kubernetes. io/	컨테이너 화 된 애플리케이션의 배치, 확장 및 관리를 자동화하는 오픈 소스 시스템입니다.
60		Mesos	Apache License 2.0	community	http://mesos. apache.org	CPU, 메모리, 스토리지 및 기타 컴퓨팅 리소스를 머신에서 추상화하여 내결함성 및 탄력적 분산 시스템을 쉽게 구축하고 효과적으로 실행

순번	분류	솔루션 명	라이선스	기술 지원	홈페이지	제품 개요
61	클라우드 관리	CloudForms	Apache License 2.0	prof	https://www.redhat.com/en/technologies/management/cloudforms	하이브리드 클라우드를 IaaS 클라우드로 구축 및 관리기능을 제공하는 프레임워크
62		Juju	AGPL v3	prof/community	https://jaas.ai/	베어 메탈 서버 및 로컬 컨테이너 기반 배포와 함께 광범위한 퍼블릭 및 프라이빗 클라우드 서비스에서 운영 작업을 신속하게 배포, 구성, 확장, 통합 및 수행
63		Scalr	Apache License 2.0, MPL 2.0, MIT	prof/community	https://www.scalr.com/	프라이빗 및 퍼블릭 클라우드 플랫폼을 관리하기위한 하이브리드 클라우드 관리 플랫폼
64	클라우드 플랫폼	Apache jclouds	Apache 2.0	community	https://jclouds.apache.org	Java 플랫폼 용 오픈 소스 멀티 클라우드 툴킷으로, 클라우드에서 이식 가능한 애플리케이션을 자유롭게 개발
65		Cloud Foundry	Apache 2.0	prof / community	https://www.cloudfoundry.org/	클라우드 플랫폼 서비스 솔루션
66		CloudStack	Apache License 2.0	community	http://cloudstack.apache.org	가용성이 높고 확장성이 뛰어난 IaaS 클라우드 컴퓨팅 플랫폼
67		Cloudify	Apache 2.0	prof/community	https://cloudify.co/	오픈 소스 클라우드 및 네트워크 기능 가상화 (NFV) 오케스트레이션 플랫폼
68		OpenNebula	Apache License 2.0	community, blog	https://opennebula.org/	엔터프라이즈 클라우드를 구축하고 관리 하기 위한 간단하지만 강력한 오픈 소스 솔루션
69		OpenQRM	GPL v2 & commercial	prof/community	https://openqrm-enterprise.com/	이기종 데이터 센터 인프라를 관리하기위한 무료 오픈 소스 클라우드 컴퓨팅 관리 플랫폼
70		OpenShift	Apache License 2.0	prof/community	https://www.redhat.com/en/technologies/cloud-computing/openshift	레드햇 OpenShift를 지원하는 kubernetes의 커뮤니티 배포판

순번	분류	솔루션 명	라이선스	기술 지원	홈페이지	제품 개요
71	클라우드 플랫폼	OpenStack	Apache License 2.0	community, blog, wiki	https://www.openstack.org/	Rackspace와 NASA가 주축이 되어 시작한 프로젝트로, 서버, 스토리지, 네트워크, 가상화를 묶어서 제어
72		Osv	BSD	prof/community	http://osv.io	클라우드 환경에 맞게 고안된 오픈소스 운영체제. Hypervisor 기반의 클러스터 배포 관리를 지원
73		VMware Tanzu	Apache 2.0	prof/community	https://tanzu.vmware.com/	클라우드 플랫폼 서비스 솔루션

[참고 문헌]

■ 국내 도서

[1] 최성, 차세대 성장동력 "가상화 스토리지 네트워크"(홍릉과학기술출판사, 500p),(세계 최초 클라우드 관련 저서), 2006년 1월

[2] 최성, 비즈니스리엔지니어링 핵심(BPR, 94년도베스트셀러),한국생산성본부 간, 1994.1.1.

[3] 최성, ERP시스템 기초, 전자신문사 출판국, 2004.3

[4] 최성, 4차산업혁명핵심 "인공지능" 저서, '21.11.11.(우수도서상:한국MIS학회), 광문각출판

[5] 최성, "중고대학생을 위한 "인공지능교과서"(기본원리)저서, 2022.11., 광문각출판사

[6] 금융보안(블록체인)사이버교육교재 개발, 금융보안원(휴넷교재개발), 2017.8.

[7] 최성(연구책임)외, (클라우드발전법)클라우드 규제개선연구,2015년11월, 과기정보통신부

[8] 최성(연구책임)외, 국내외 핀테크 관련 기술 및 정책 동향 분석을 통한 연구분야 발굴(우수연구상) 2016년2월, 한국인터넷진흥원

[9] 최성(연구책임)외, 중소기업 클라우드 적용연구, 2014년9월, 미래창조과학부

[10] 최성(연구책임)외, 클라우드 서비스 브로커리지 육성정책 방안(A Study of Policy Fostering for Cloud Service Brokerage), 2013년11월, 정보통신부, 정보통신정책개발지원사업(13-정책-08)

[11] 최성, "클라우드컴퓨팅 서비스 플랫폼 기술 동향" NIPA, 주간기술동향, 2010.3.

[12] 행정기관담당자를 위한 G-클라우드이용가이드 및 AP개발자를위한 G-클라우드전환가이드,행정 자치부 정부전산센터,2022년

[13] 클라우드컴퓨팅 발전 및 이용자 보호에 관한 법률 설명자료, 정보통신산업진흥원, 2013.

[14] 국가 클라우드 컴퓨팅 보안 가이드라인, 국가정보원, 국가보안기술연구소, 2022.

[15] 과학기술정보통신부(관계부처 합동), 4차 산업혁명 체감을 위한 클라우드 컴퓨팅 실행(ACT) 전략 - 제2차 클라우드컴퓨팅 발전 기본계획('19~'21), 2018.12

[16] 과학기술정보통신부(관계부처 합동), 데이터 경제와 인공지능 시대를 대비한 클라우드 산업 발전전 략(안), 2020.6

[17] 한국지능정보사회진흥원, 파스-타 대표포탈(https://paas-ta. kr) 파스-타 소개/교육/알림마당 자료 실, 깃허브(github.com/paas-ta), 유튜브PaaSTA교육자료채널

[18] 한국지능정보사회진흥원, 개방형 클라우드 플랫폼 파스-타PUB 2021('21.2.4), 개방형 클라우드 플랫폼 파스-타5.5(Semini), 개방형 클라우드 플랫폼 등 발표자료

[19] 한국지능정보사회진흥원, 디지털서비스 마켓 씨앗(https:// www.ceart.kr) 클라우드 허브, 매년 파 스-타 신버전을 공개 하는 행사인 파스-타 PUB 관련 발표자료

[20] 클라우드 컴퓨팅보안 기술(Cloud Computing Security Technolgy), 전자통신동향분석 제24권 제4 호 2009년 8월, 클라우드 컴퓨팅 특집, 은성경외 3인(암호기술연구팀 책임연구)

[21] Edge Cloud기술표준화-All@CLOUD포럼, INNOPOLIS, 글로벌시장동향보고서, 2021

[22] 홍정하, 엣지 컴퓨팅 기술 동향, 전자통신동향분석, vol. 35 No.6, 2020

[23] 이노그리드, "클라우드 넘어 엣지컴퓨팅으로 영토 확장, 디지털투데이,2022년 (https://www. digitaltoday.co.kr/)

[24] 이강찬외, "서비스지향 클라우드 컴퓨팅 플랫폼기술 및 표준화", ETRI, KIPS특집 2009.

[25] 한재선(NexR), "클라우드 컴퓨팅 플랫폼과 오픈플랫폼 기술", KIPS지특집, 2009. 3

[26] 김양우, "클라우드컴퓨팅", 동국대학교 IT학부 정보통신공학전공 교수, ywkim@dgu.edu

[27] TTA, '용어사전' http://word.tta.or.kr/terms/terms.jsp

[28] ITU-T FG Cloud, Cloud-o-0079 'Deliverable on Introduction to the cloud ecosystem: definitions, taxonomies, use cases and high level requirements', 2011

[29] TTAK.KO-10.0618, '모바일 클라우드 개요', 2010.1223.

[30] 클라우드 가상화 기술의 변화(Changes in Cloud Virtualization Technology)- (Container-based cloud virtualization and DevOps) 2018. 12. 10. 제2018-008호SPRI.

[31] 클라우드 네이티브 애플리케이션 개발 가이드라인, 한국정보통신기술협회, 2022년간

[32] Redhat, Linux 컨테이너 : https://www.redhat.com/ko/topics/containers/

[33] Redhat, 가상화 이해 : https://www.redhat.com/ko/topics/virtualization

[34] Redhat, 클라우드 컴퓨팅 이해 : https://www.redhat.com/ko/topics/cloud

[35] <참고 사이트> http://www.etri.re.kr [한국전자통신연구원]
    https://www.egovframe.go.kr/ [클라우드 네이티브 표준프레임포탈]

■ 국외 도서

[1] Cloud Native Computing Foundation: https://www.cncf.io/

[2] Kubernetes, https://kubernetes.io/

[3] Kubernetes Concepts, https://kubernetes.io/docs/concepts/

[4] Kubernetes Architecture, https://kubernetes.io/docs/concepts/architecture/node

[5] Docker, https://www.docker.com/

[6] Docker Blog, https://blog.docker.com/

[7] https://docker-curriculum.com/

[8] https://opensource.com/resources/what-docker(What is Docker?)

[9] Wired, Google Open Sources Its Secret Weapon in Cloud Computing, 2015.

[10] Wired, Google Made Its Secret Blueprint Public to Boost Its Cloud, 2015.

저자: 최 성 교수 (Ph.D)

1. 연구과제(연구책임 100여편)
- 클라우드 컴퓨팅 서비스 브로커리지(CSB)육성 정책방안, 미래창조과학부, 2014년
- 클라우드 발전법, "Cloud First" 클라우드 규제개선 연구, 과학기술정보통신부, 2015년
- 중소기업 클라우드 적용 성공모델 연구(정보통신부, 2012년)
- 국내외 핀테크관련 기술 동향 분석을 통한 연구분야 발굴(KISA, 2016년)
- 국내SW수요 현황조사(1987년) 등 정책연구보고서 60편
- 남북IT용어 표준화 연구보고서(2002년) 등 정책연구보고서 20편
- 지식재산권권보호원 등 60기관 AI/BigData 감리전문가 컨설팅
- KBS, KOBACO등 12기관 MIS/OA컨설팅보고서

2. 표준화 위원
- TTA 클라우드 표준화 위원(2000~2024년 현재)
- 남북 언어정보 표준화 연구위원((사)한국어정보학회장 역임)
- (특허)이러닝 학습시스템 등 7건 등록

3. 주요 저서(42권 출간)
- 비즈니스리엔지니어링 핵심(94년도 베스트셀러, KPC)
- CBD엔지니어링기초(2004년, 홍릉과학출판사)
- 21세기 사이버대학 가이드(2003년, 한국경제출판국)
- 차세대성장동력 가상화스토리지네트워크(2006년, 홍릉과학출판사, 세계최초 클라우드 저술)
- 4차산업 혁명핵심 "인공지능 AI" 광문각 출간(2022년, 광문각, MIS학회 우수도서 수상)
- 중고대학생을 위한 "인공지능교과서(기본원리)"(2023년, 광문각)
- 클라우드, 클라우드 네이티브(2024년10월, 광문각)

4. 수상 내역
- SW산업 발전 및 해외장애우 IT교육 단체봉사{대통령 표창 2회(2004년, 2008년)}
- 대한민국 정보문화 대상수상(근정포장 수훈, 2012년도)
- 교육부총리상(2000년), 정보통신부장관상(2002년), 방송통신위원장상(2012년)등 다수

클라우드,
클라우드 네이티브
"Cloud vs. Cloud Native"

| 2024년 9월 24일 | 1판 | 1쇄 | 인 쇄 |
| 2024년 9월 30일 | 1판 | 1쇄 | 발 행 |

지 은 이 : 최　　　　　성

펴 낸 이 : 박　　정　　태

펴 낸 곳 : **주식회사 광문각출판미디어**

10881
경기도 파주시 파주출판문화도시 광인사길 161
광문각 B/D 3층
등　　　록 : 2022. 9. 2 제2022-000102호
전　화(代): 031-955-8787
팩　　　스 : 031-955-3730
E - mail : kwangmk7@hanmail.net
홈페이지 : www.kwangmoonkag.co.k

ISBN : 979-11-93205-35-8　　93500

값 : 28,000원

한국과학기술출판협회회원